国防科技图书出版基金

"十三五" 国家重点出版物出版规划项目

现代电子战技术丛书

数字通信信号侦察分析技术

Reconnaissance and Analysis Technology of Digital Communication Signals

高晓滨　张君毅　史　飞　张华冲　杜宇峰

谢　军　高　杰　姚　勇　编著

国防工业出版社

·北京·

图书在版编目(CIP)数据

数字通信信号侦察分析技术/高晓滨等编著.—北
京:国防工业出版社,2024.3
(现代电子战技术丛书)
ISBN 978 – 7 – 118 – 12858 – 1

Ⅰ.①数…　Ⅱ.①高…　Ⅲ.①数字通信–信号分析
Ⅳ.①TN914.3

中国国家版本馆 CIP 数据核字(2024)第 045453 号

※

国防工业出版社出版发行

(北京市海淀区紫竹院南路 23 号　邮政编码 100048)
雅迪云印(天津)科技有限公司印刷
新华书店经售

*

开本 710×1000　1/16　插页 2　印张 19　字数 320 千字
2024 年 3 月第 1 版第 1 次印刷　印数 1—1500 册　　定价 138.00 元

(本书如有印装错误,我社负责调换)

国防书店:(010)88540777　　　书店传真:(010)88540776
发行业务:(010)88540717　　　发行传真:(010)88540762

致 读 者

本书由中央军委装备发展部**国防科技图书出版基金**资助出版。

为了促进国防科技和武器装备发展,加强社会主义物质文明和精神文明建设,培养优秀科技人才,确保国防科技优秀图书的出版,原国防科工委于 1988 年初决定每年拨出专款,设立国防科技图书出版基金,成立评审委员会,扶持、审定出版国防科技优秀图书。这是一项具有深远意义的创举。

国防科技图书出版基金资助的对象是:

1. 在国防科学技术领域中,学术水平高,内容有创见,在学科上居领先地位的基础科学理论图书;在工程技术理论方面有突破的应用科学专著。

2. 学术思想新颖,内容具体、实用,对国防科技和武器装备发展具有较大推动作用的专著;密切结合国防现代化和武器装备现代化需要的高新技术内容的专著。

3. 有重要发展前景和有重大开拓使用价值,密切结合国防现代化和武器装备现代化需要的新工艺、新材料内容的专著。

4. 填补目前我国科技领域空白并具有军事应用前景的薄弱学科和边缘学科的科技图书。

国防科技图书出版基金评审委员会在中央军委装备发展部的领导下开展工作,负责掌握出版基金的使用方向,评审受理的图书选题,决定资助的图书选题和资助金额,以及决定中断或取消资助等。经评审给予资助的图书,由国防工业出版社出版发行。

国防科技和武器装备发展已经取得了举世瞩目的成就,国防科技图书承担着记载和弘扬这些成就,积累和传播科技知识的使命。开展好评审工作,使有限的基金发挥出巨大的效能,需要不断摸索、认真总结和及时改进,更需要国防科技和武器装备建设战线广大科技工作者、专家、教授,以及社会各界朋友的热情支持。

让我们携起手来,为祖国昌盛、科技腾飞、出版繁荣而共同奋斗!

国防科技图书出版基金
评审委员会

国防科技图书出版基金
2019 年度评审委员会组成人员

"现代电子战技术丛书"编委会

编委会主任 杨小牛

院士顾问 张锡祥　凌永顺　吕跃广　刘泽金　刘永坚

　　　　　　王沙飞　陆　军

编委会副主任 刘　涛　王大鹏　楼才义

编委会委员

(排名不分先后)

　　　许西安　张友益　张春磊　郭　劲　季华益　胡以华

　　　高晓滨　赵国庆　黄知涛　安　红　甘荣兵　郭福成

　　　高　颖

丛书总策划 王晓光

丛书序

新时代的电子战与电子战的新时代

广义上讲，电子战领域也是电子信息领域中的一员或者叫一个分支。然而，这种"广义"而言的貌似其实也没有太多意义。如果说电子战想用一首歌来唱响它的旋律的话，那一定是《我们不一样》。

的确，作为需要靠不断博弈、对抗来"吃饭"的领域，电子战有着太多的特殊之处——其中最为明显、最为突出的一点就是，从博弈的基本逻辑上来讲，电子战的发展节奏永远无法超越作战对象的发展节奏。就如同谍战片里面的跟踪镜头一样，再强大的跟踪人员也只能做到近距离跟踪而不被发现，却永远无法做到跑到跟踪目标的前方去跟踪。

换言之，无论是电子战装备还是其技术的预先布局必须基于具体的作战对象的发展现状或者发展趋势、发展规划。即便如此，考虑到对作战对象现状的把握无法做到完备，而作战对象的发展趋势、发展规划又大多存在诸多变数，因此，基于这些考虑的电子战预先布局通常也存在很大的风险。

总之，尽管世界各国对电子战重要性的认识不断提升——甚至电磁频谱都已经被视作一个独立的作战域，电子战（甚至是更为广义的电磁频谱战）作为一种独立作战样式的前景也非常乐观——但电子战的发展模式似乎并未由于所受重视程度的提升而有任何改变。更为严重的问题是，电子战发展模式的这种"惰性"又直接导致了电子战理论与技术方面发展模式的"滞后性"——新理论、新技术为电子战领域带来实质性影响的时间总是滞后于其他电子信息领域，主动性、自发性、仅适用于本领域的电子战理论与技术创新较之其他电子信息领域也进展缓慢。

凡此种种，不一而足。总的来说，电子战领域有一个确定的过去，有一个相对确定的现在，但没法拥有一个确定的未来。通常我们将电子战领域与其作战对象之间的博弈称作"猫鼠游戏"或者"魔道相长"，乍看这两种说法好像对于博弈双方一视同仁，但殊不知无论"猫鼠"也好，还是"魔道"也好，从逻辑上来讲都是有先后的。作战对象的发展直接能够决定或"引领"电子战的发展方向，而反之则非常困难。也就是说，博弈的起点总是作战对象，博弈的主动权也掌握在作战对象手中，而电子战所能做的就是在作战对象所制定规则的"引领下"一次次轮回，无法跳出。

然而，凡事皆有例外。而具体到电子战领域，足以导致"例外"的原因可归纳为如下两方面。

其一，"新时代的电子战"。

电子信息领域新理论新技术层出不穷、飞速发展的当前，总有一些新理论、新技术能够为电子战跳出"轮回"提供可能性。这其中，颇具潜力的理论与技术很多，但大数据分析与人工智能无疑会位列其中。

大数据分析为电子战领域带来的革命性影响可归纳为**"有望实现电子战领域从精度驱动到数据驱动的变革"**。在采用大数据分析之前，电子战理论与技术都可视作是围绕"测量精度"展开的，从信号的发现、测向、定位、识别一直到干扰引导与干扰等诸多环节，无一例外都是在不断提升"测量精度"的过程中实现综合能力提升的。然而，大数据分析为我们提供了另外一种思路——只要能够获得足够多的数据样本（样本的精度高低并不重要），就可以通过各种分析方法来得到远高于"基于精度的"理论与技术的性能（通常是跨数量级的性能提升）。因此，可以看出，大数据分析不仅仅是提升电子战性能的又一种技术，而是有望改变整个电子战领域性能提升思路的顶层理论。从这一点来看，该技术很有可能为电子战领域跳出上面所述之"轮回"提供一种途径。

人工智能为电子战领域带来的革命性影响可归纳为**"有望实现电子战领域从功能固化到自我提升的变革"**。人工智能用于电子战领域则催生出认知电子战这一新理念，而认知电子战理念的重要性在于，它不仅仅让电子战具备思考、推理、记忆、想象、学习等能力，而且还有望让认知电子战与其他认知化电子信息系统一起，催生出一种新的战法，即，

"智能战"。因此,可以看出,人工智能有望改变整个电子战领域的作战模式。从这一点来看,该技术也有可能为电子战领域跳出上面所述之"轮回"提供一种备选途径。

总之,电子信息领域理论与技术发展的新时代也为电子战领域带来无限的可能性。

其二,"电子战的新时代"。

自 1905 年诞生以来,电子战领域发展到现在已经有 100 多年历史,这一历史远超雷达、敌我识别、导航等领域的发展历史。在这么长的发展历史中,尽管电子战领域一直未能跳出"猫鼠游戏"的怪圈,但也形成了很多本领域专有的、与具体作战对象关系不那么密切的理论与技术积淀,而这些理论与技术的发展相对成体系、有脉络。近年来,这些理论与技术已经突破或即将突破一些"瓶颈",有望将电子战领域带入一个新的时代。

这些理论与技术大致可分为两类:一类是符合电子战发展脉络且与电子战发展历史一脉相承的理论与技术,例如,网络化电子战理论与技术(网络中心电子战理论与技术)、软件化电子战理论与技术、无人化电子战理论与技术等;另一类是基础性电子战技术,例如,信号盲源分离理论与技术、电子战能力评估理论与技术、电磁环境仿真与模拟技术、测向与定位技术等。

总之,电子战领域 100 多年的理论与技术积淀终于在当前厚积薄发,有望将电子战带入一个新的时代。

本套丛书即是在上述背景下组织撰写的,尽管无法一次性完备地覆盖电子战所有理论与技术,但组织撰写这套丛书本身至少可以表明这样一个事实——有一群志同道合之士,已经发愿让电子战领域有一个确定且美好的未来。

一愿生,则万缘相随。

愿心到处,必有所获。

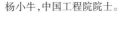

2018 年 6 月

杨小牛,中国工程院院士。

PREFACE

前 言

    随着通信技术的发展,数字通信在通信领域已占据主导地位,对数字通信信号的侦察分析成为通信侦察的主要研究方向。通信侦察广泛应用于军事、民用、频谱监测与管理以及反恐维稳等多个领域。本书旨在阐明数字通信侦察的基本理论、相关技术与方法,为读者系统性地介绍数字通信信号侦察近年来取得的技术发展和研究成果。

    本书重点讲述:针对非合作信号特别是衰落信道条件下数字通信信号的信号检测、参数估计与调制类型识别,数字调制信号非合作解调和数字通信信道编码识别等。

    全书共分6章。第1章概述,介绍通信侦察的对象与信道环境、侦察流程以及典型的数字通信侦察设备。第2章数字通信信号检测,阐述数字通信信号检测的基本原理及方法,介绍基于二元检测模型的贝叶斯准则和尼曼–皮尔逊准则,在此基础上结合数字通信信号特点,对基于时频能量、二阶统计量和循环平稳特征等检测方法的理论原理及性能进行了分析总结。第3章信号参数估计与调制类型识别,深入分析传统及现代信号处理技术在典型参数估计中的应用原理和估计性能。归纳总结调制识别技术的发展现状,对各种算法在典型高斯白噪声及衰落信道下的处理性能进行了分析。第4章数字通信信号非合作解调,阐述常规数字调制信号非合作解调的基本原理与方法,分析各种误差因素对非合作解调性能的影响以及同步的作用。在此基础上,根据不同信道条件,分析通信信号非合作解调需要解决的问题。在高斯白噪声信道下,针对频移键控、相移键控、幅度相位联合调制以及恒包络调制等几类信号,分析了适用于非合作接收的符号同步、载波同步方法;在衰落信道下,介绍了适用于频率选择性信道的盲均衡技术。针对衰落信道中采用的自适应调制和多音并行传输体制信号,充分利用辅助数据信息完成同步,是一种适用于侦察系统的解调方法。最后,选择了几种应用较为广泛的通信系统,涵盖了扩频、可变调制、复合调制、载波成对传输等不同类型,以每种系统中的典型通信信号为例,系统介绍适用于侦察系统的解扩解调技术、高阶调制同步技术、高速信号并行同步技术、干扰重构抵消技术等。第 5 章数字通信信道编码识别,介绍数字通信系统中信道编码的定义和分类,根据信道编码模型的描述方法,提出利用编码特征分类器识别编码类型的通用模型,结合实例对各类信道编码的特征提取和参数分析方法进行论述。针对线性分组码这一类别,重点分析了循环码的构造特点介绍了基于欧几里得算法的循环码生成多项式求解方法,此外,结合实例介绍了汉明码、Golay 码、RS(里德 – 所罗门)码、BCH(Bose、Ray-Chaudhuri, Hocquenghem)码、低密度奇偶校验码(LDPC)等常用线性分组码的基本原理和分析方法;针对卷积码,论述基于校验矩阵、生成矩阵的卷积码参数分析方法,针对删除卷积码给出其校验序列的等价表达形式;针对 Turbo 码,给出码长识别、子码特征提取和编码器参数估计方法。第 6 章通信目标识别,主要论述通信目标识别的基本方法。从电台目标属性、平台目标属性、网络目标属性 3 个层级,描述了利用侦察结果对通信目标属性进行识别的方法。

本书由高晓滨、张君毅、史飞、张华冲、杜宇峰、谢军、高杰、姚勇分工编写。在本书编写过程中,得到了李艳斌、陈卫东、陈建峰、李淳、周亚建等人的大力支持与帮助,在此表示衷心感谢。本书的编写还广泛参考了国内外相关著作和文献资料,吸取了其中的一些学术和研究成果,在此对所参考书籍、文献资料的所有专家、学者及作者表示感谢。

感谢国防工业出版社对本书出版给予的支持和帮助。

由于作者水平有限,书中难免存在疏漏和错误之处,敬请读者批评指正。

作者

2021 年 5 月

CONTENTS
目 录

Contents

第 1 章

概　　论

1.1　侦察分析的目的与用途

　　侦察——军事用语,指为了获取敌方与军事斗争有关的情况而采取的行动。电子侦察是侦察的一种重要手段,是使用专门的电子技术设备进行的侦察,主要任务是侦察、侦听敌方雷达、无线电通信、导弹制导等电子设备发射的信号,获取其技术参数、通信内容、所在位置等情报。无线电通信侦察是使用无线电收信器材,截收敌方无线电通信信号,查明敌方无线电通信设备的配置、使用情况及战术技术性能的一种侦察手段。

　　针对数字通信信号进行侦察分析,即对采用数字调制体制的各类通信设备的无线电信号进行截获、分析、参数测量、解调识别、编码分析,获得非合作方数字通信设备采用的各类特征参数,在平时为进一步深入分析其潜在的情报价值提供数据支撑,在战时为通信对抗设备的干扰参数设置提供引导。

　　1)获取目标活动情报

　　通过侦察,获得敌方或潜在对手的装备体制情况、通联活动情况、通信流量情况,进而判断目标的身份信息、网络连接关系信息、平台活动信息等。

　　2)电子干扰参数支援

　　通过侦察获取目标的参数信息,在电子对抗作战时,对干扰装备提供参数引导,使干扰装备能够采用最恰当的参数进行干扰;并根据信号环境的变化情况,对干扰效果进行评估。

　　本书研究对数字通信信号的侦察,主要是作为非合作方,从空中截获感兴趣通信发送方发射的通信信号,分析信号的构成并提取有用的参数和信息,包括:检测信号是否存在;对相关的各种参数进行估计;根据信道的衰落情况对信号进行补偿,恢复提取内部调制的信息;对解调的码流进行分析,进一步研究信道编码及协议信息。利用这些侦察分析结果,进一步综合处理形成侦察情报或形成干扰引导支援参数。

1.2　数字通信系统及无线信道传播模型

1.2.1　数字通信系统

1.2.1.1　基本组成

数字通信体制在通信系统中的使用越来越普遍,已经成为当代通信技术的主流。与模拟通信相比,数字通信更能适应现代社会对通信技术越来越高的要求。数字通信的主要优点包括:抗干扰能力强,无噪声积累;便于加密处理;利于采用时分复用实现多路通信;设备便于集成化、小型化;便于构成综合数字网和综合业务数字网。

数字通信系统的组成模型如图1.1所示。

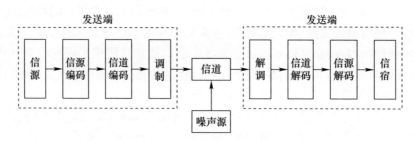

图1.1　数字通信系统的组成模型

数字通信系统包括信源、信源编码、信道编码、调制、解调、信道解码、信源解码和信宿等部分,比模拟通信系统多了信源、信道编/解码器。根据工作频段可分为短波数字通信系统、超短波数字通信系统、微波散射数字通信系统、卫星通信系统以及无线通信网络。下面逐一进行简要介绍。

1.2.1.2　短波数字通信系统

1)短波电波传播

短波通信是波长在 $10 \sim 100\text{m}$、频率范围为 $1.5 \sim 30\text{MHz}$ 的一种无线电通信技术。短波通信电波要经过电离层反射才能到达接收设备,通信距离远,但是由于电离层受气候、季节、昼夜等因素的影响,稳定性较差。短波通信电波传播方式包括地波和天波传播,地波传播实现近距离通信,天波传播实现远距离通信。

短波数字通信系统由发信机、发射天线、收信机、接收天线和各种终端设备组成。

短波的主要传播途径是天波。在天波传播过程中,时间延迟、路径损耗、多径效应、大气噪声、电离层衰落等因素,都会造成信号的弱化和变形,影响短波通信的质量和效果。

2）短波通信常用波形

短波信道传输不仅存在多个可分离的路径,而且单个路径内部存在不可分离的时延扩展。短波可靠信号传输主要包括频移键控(FSK)类,并行多音类和串行单音相移键控(PSK)类。

（1）在短波多径信道条件下,不采用均衡等抗多径措施时,为了克服由多径引起的码间干扰,其传输速率一般小于 125 波特,即码元宽度大于 8ms。据统计,短波信道多径时延小于 4ms 的情况占 95% 以上,所以未受码间串扰影响的码元宽度可达 4ms。此时,基于 FSK 调制的短波信道模型可简化成具有时间选择性、频率平坦性衰落的时变色散信道。在码元宽度足够长的前提下,采用 FSK 调制能够基本保证传输性能,但码元宽度大意味着传输速率低。例如,2G – ALE（是提高短波接入效率的一种思路）建链信号就是采用符号长度 8ms 的 8FSK 进行可靠传输的。

（2）采用多载波并行传输是提高数据传输有效性的一种方式。它的主要技术思路是:通过延长码元宽度,降低多径对数据传输的影响;通过插入循环前缀尽可能隔离前后码元的码间串扰;通过对多个子载波并行调制,在有效带宽内实现高速数据传输。其本质是通过波形设计,适应多径信道条件。

（3）采用单载波串行数据传输波形是提高数据传输有效性的另一种方式。它的主要技术思路是通过信道估计和信道均衡"主动抵消"码间串扰,通过交织技术对抗短波信道时间选择性衰落,通过自适应信道均衡技术对抗短波信道频率选择性衰落,实现在多径信道条件下的高速数据传输。其本质是通过波形设计,适应多径信道条件。

3）短波通信的应用

短波通信可有效弥补有线通信、微波通信和卫星通信等诸多通信手段的不足,尤其是在战时对保障各级指挥机关和作战部队的不间断通信更具有特殊意义。短波是唯一不受网络枢纽和有源中继体制约的远程通信手段,如果发生战争或灾害,各种通信网络都会受到破坏,无论哪种通信方式,其抗毁能力和自主通信能力与短波无法媲美。

1.2.1.3　超短波数字通信系统

超短波介于短波和微波之间,具有较强的方向性,在视距范围内能进行可靠的直射波传输,目前,军用超短波电台主要工作在 30 ~ 88MHz 和 224 ~ 400MHz 频段。由于频段较宽,因而广泛应用于电视、调频广播、雷达探测、移动通信、军事通信等领域。

超短波通信主要靠地波和空间波视距传播,通信距离一般不超过 40～50km。近距离通信靠地波传输,通信距离一般只有几千米。靠直接波传播的超短波通信,为了延长通信距离,通常在通信两地之间设立若干个中继站,通过中继站的转发实现超视距传播,实现无线电接力通信。

超短波电台是工作在超短波频段的无线电设备,主要由收发信机、天线和电源等部分组成。与短波相比,超短波电台频段较宽,传输信号稳定。超短波电台主要用于通话,亦可用于传递图像与数据等。超短波通信利用视距传播方式,比短波天波传播方式稳定性高,受季节和昼夜变化的影响小;天线可用尺寸小、结构简单、增益较高的定向天线,可用功率较小的发射机;频率较高,频带较宽,能用于多路通信;可以得到较高的信噪比,通信质量比短波通信好。

为了保证超短波电台能够在恶劣的电磁干扰环境下工作,超短波电台一般主要采用直接序列扩频(DSSS)抗干扰技术和跳频抗干扰技术。随着军用战术无线网络的快速发展,利用超短波电台进行数据传输和组网的技术日趋成熟,如分组无线网和无线宽带接入网等,均是利用超短波电台成功地进行数据传输和组网的例子。

超短波通信在军事上广泛用于部队之间的近距离通信,在战术通信中占据着极其重要的地位。超短波通信在舰空、舰舰的通信中发挥着非常重要的作用,许多先进的超短波电台被装备到各种类型的舰船、飞机上。陆军超短波电台主要用于战术分队进行近距离通信,通信距离一般为数千米至数十千米;海军超短波电台主要用于水面舰艇编队近距离通信和航空通信,发射功率一般为数瓦至数十瓦,通信距离为数千米至数十千米;空军超短波电台主要用于地空指挥和空中编队通信,地空通信距离随飞机的飞行高度而异,通常可达 120～350km。

1.2.1.4 微波散射数字通信系统

1) 微波通信系统

微波通信是一种典型的点对点通信系统。微波在自由空间沿直线传播,因此,为了实现远距离通信,必须进行中继传输。微波通信具有通信容量较大、通信质量好且可进行远距离传输的特点,是一种重要的通信手段,也普遍适用于各种专用通信网。

微波通信的主要用户有蜂窝电话用户、商业系统、地方政府、公用事业、应急业务、运输、教育、港口管理,还可应用于电话业务、数据传输、局域网、传输线的备份、用户服务、增强型通信、安全控制、中继通信、交通监视、远程监控等一般通信业务。

微波通信的几个视距传播特性如下。

(1) 大气效应。大气对电波传播的影响主要体现在吸收损耗、降雨损耗和大气折射 3 个方面。大气对 10GHz 以下电波的吸收损耗很小,在微波通信系统典型的 50km 跨距时小于 1dB。在微波通信传播中雨、雪和浓雾将使电波产生散射,引起附加损耗,通常为 1~3dB。

(2)地面效应。微波信号传播受地面的影响主要表现在遇到障碍物的遮挡所引起的附加损耗和平滑地面发射产生的多径衰落。微波信号在较平滑地面将产生较强的镜面反射,电波通过这一反射路径仍可到达接收天线,形成多径传播。由于发射点不一样,发射系数随地面条件会改变,因此,接收信号将产生衰落。这种地面反射多径衰落是微波中继系统中电波衰落的主要原因。由于微波中继系统往往是作为高质量、大容量的干线通信线路,必须留有足够大的信道衰落储备,以保证很小的线路中断率。

通常情况下,在给出中断率的条件下计算所需要的衰落储备。例如,要求中断率低于 0.0025% 时,对于 4GHz、50km 长的微波信道,在平滑地面、海洋气候时所需储备为 48.3dB;在粗糙地面或干燥的山区时的储备应至少为 32.1dB。

2)散射通信系统

散射通信信道通常是指对流层散射信道。对流层是大气层的一个区域,其顶部位于地面上空十多千米处,在不同纬度高度不同,在中纬度地区为 10~12km。在对流层中存在着大量随机运动的不均匀介质——空气涡流、云团等,它们的温度、湿度和压强等与周围空气不同,因此,对电波的折射率也不同。当无线电波通过这种存在大量不均匀介质的对流层时,电波将受到折射、散射和反射。对流层散射通信系统的接收天线所收到的信号,是收、发天线波束相交部分散射体内介质的前向散射信号之和。散射信道是一种典型的多径信道,同时,对流层散射通信也是一种超视距通信,其单跳通信距离与传输速率、发射功率及天线口径有关,跨距可达几百千米或上千千米。

(1)多径信道传播特性。由于散射信号不存在电波的直射分量,是典型的瑞利衰落信道。通常情况下,接收信号的电平低于其均方根值 10dB、20dB 和 30dB 的概率分别是 10%、1% 和 0.1%。

多径传播引起的衰落都是快衰落。在各种衰落信道中,除了快衰落外,信号电平的均方根值都存在着长期的慢起伏,称为慢衰落。在对流层散射信道中,由于气象条件的规律变化,如季节或昼夜变化以及气流运动等引起的随机变化,均造成了接收信号的"短时"平均功率的缓慢起伏而形成慢衰落。因此,散射信道模型是由上面提及的快衰落和慢衰落两种信道链接而成的。

(2)散射信道的适配。克服散射信道衰落最主要的方法是分集接收技术。分集接收将具有多个衰落特性而彼此互不相关的信号样本,采用多种合并技术合成,从而改善合成接收信号质量。时间分集和频率分集是利用多个时隙和多个频率传输同一个信号,使得在接收端获得其多个样本。另外采用水平和垂直极化两种发射天线,将所传输信号通过彼此正交的两种极化方式发射,这样经过多径信道传输后衰落特性是彼此互不相关的,这种极化方式称为极化分集。

1.2.1.5 卫星通信系统

卫星通信系统是将通信卫星作为中继站,将地球上的无线电通信站的无线电信号转发到另一通信站,能够实现两个或多个地域之间的通信。在通信卫星天线波束覆盖的地球表面区域内,各种地球站通过卫星中继站转发信号进行通信。

卫星通信系统一般是由通信卫星、通信地球站分系统、跟踪遥测指令分系统和监控管理分系统四大部分组成的,如图1.2所示。

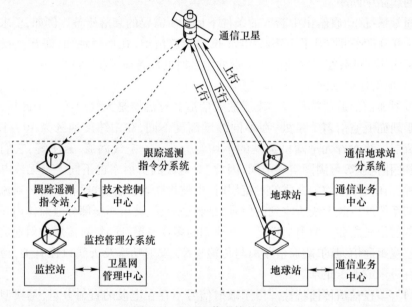

图1.2 卫星通信系统的组成

卫星通信网络结构包括点对点、星状网、网状网、混合网等。

卫星通信在现代战争中的作用日益突出,世界各强国纷纷加快发展军事卫星通信系统的步伐。目前,美、英、法等国均拥有成体系的军用通信卫星系统。目前,典型的军事卫星通信系统主要由宽带通信系统、窄带通信系统和安全通信系统组成。其中宽带卫星通信系统提供高速数据传输,窄带卫星通信系统主要为移动中的作战单元提供点到点的链路通信能力,安全通信系统强调抗干扰、隐蔽性和核生存性,能提供保护能力而使链路免受物理、核和电磁辐射的破坏。

1.2.1.6 无线通信网络

近年来,无线通信网络技术发展迅速,并逐步渗透到人们生产生活的各个方面。随着无线通信技术的发展,人们开始把个人通信作为通信的最高目标,也就是利用各种可能的网络技术,使用任何终端,在任何时间、任何地点与任何人进行任何种类的信息交换。

1) 无线通信网络主要技术

(1) 无线自组织网络技术。无线自组织网的特点是网络无中心、自组织和多跳传输。Ad Hoc 网络、无线传感网和无线网状网均属于无线自组网范畴。Ad Hoc 网络是一种特殊的移动通信网络,无须依赖预设的通信基础设施就可以快速自动组网。它具有自组织、自愈合、无中心、多跳路由和高抗毁性等显著特点,特别适合突发、临时性的应急通信场合。

(2) 5G 移动通信技术。5G 移动通信系统是基于 4G 移动通信系统发展而来的,5G 移动通信系统具有较高安全性、良好的用户体验及较好无线覆盖性能。同时,5G 移动通信系统具有自动化调整功能,可满足社会发展需求。利用先进构架、智能化技术建设的 5G 移动通信系统,其吞吐能力明显优于 4G 移动通信系统。

5G 移动通信在无线传输技术方面:采用大规模 MIMO 技术可保证不同用户在相同时间完成通信,有效提升频谱利用效率,还可有效地控制波束范围;采用同时同频全双工技术,保证频谱使用的灵活性,提高频谱利用率及工作效率;采用超密集异构网络技术,可满足网络用户的需要,对解决移动网络数据或流量增加的问题、提高无线传输技术设置密度具有重要意义;另外采用软基站,把 5G 软基站融合在相同硬件平台当中,通过合理调整网络架构,可保证通信的顺利性及灵活性。

(3) 无线局域网(WLAN,Wi-Fi)技术。无线局域网技术标准为 802.11,可实现十几兆至几十兆的无线接入。我国目前发展的主要是 802.11b 标准的 WLAN 网络,支持 11Mb/s 的无线接入。

2) 无线通信网络技术的发展趋势

(1) 物联网。物联网又称为传感网,顾名思义即万物互连,任何物体只要嵌入一个微型感应芯片,使其智能化,再借助无线网络技术,人和物、物和物之间都能"交流"。随着 5G 移动通信技术在全球范围的逐渐普及和推广应用,物联网将会迎来前所未有的发展机会。5G 网络的高灵活性能够处理物联网产生的多样化数据,同时物联网也提供优化的 5G 网络有效配置满足终端用户的需求。

(2) 移动边缘计算技术。移动边缘计算技术作为一种全新的机制,能够在网络边缘进行数据的存储与交互,极大地满足了未来移动通信网络对于低延时、低能耗的要求。

(3) 多层无线技术有效互补。无线通信领域各种技术的互补性日趋鲜明。这主要表现在不同的接入技术具有不同的覆盖范围、不同的适用区域、不同的技术特点、不同的接入速率。从大范围公众移动通信来看,4G、5G 移动通信形成对全球的广泛无缝覆盖；WLAN、微波接入全球互通（WiMAX）、超宽带（UWB）等宽带接入技术，将因其不同的技术特点，在不同覆盖范围或应用区域内，与公众移动通信网络形成有效互补。

（4）核心网络一体化、接入层面多样化。在接入网技术出现多元化的同时，核心网络层面以 IMS 为会话和业务控制的网络架构，成为面向多媒体业务的未来网络融合的基础。面向未来的核心网络采用开放式体系架构和标准接口，能够提供各种业务的综合，满足相应的服务质量，支持移动/漫游等移动性管理要求，保证通信的安全性。

（5）移动通信业务应用综合化。移动通信业务应用将更好地体现"以人为本"的特征，业务应用种类将更为丰富和个性化，质量更高；通信服务的价值链将进一步拉长、细分和开放，形成新的、开放式的良性生态环境，业务应用开发和提供将适应此变化，以开放 API 接口的方式替代传统的封闭式业务开发和提供模式。

1.2.2 无线信道传播模型

1.2.2.1 无线信道衰落

信道是通信信号传输的通道。无线信道利用电磁波在空间中的传播传输信号。信道的自然属性给传输的信号带来一种或多种信道损伤，包括噪声、衰减、失真、衰落和干扰。通信的最大障碍就在于信道对信息传输所带来的各种不利因素。信道的特征决定了通信系统的基本设计，也相应地决定了侦察系统的技术体制。

信号在无线信道中由近及远传输，信号强度势必由强变弱，信号功率的减少归因于 3 种效应：平均传播损失、大尺度衰落、小尺度衰落。

1）平均传播损失

当发射天线和接收天线在视距范围之内，这时电波传播的主要方式是直射波。在理想的自由空间传播中，功率损耗与距离平方成反比，即

$$P_r = P_t \left(\frac{\lambda_c}{4\pi d} \right)^2 G_t G_r \tag{1.1}$$

式中：P_t 和 P_r 分别为发送和接收信号的功率；λ_c 为波长；G_t 和 G_r 分别为发射和接收天线的方向增益；d 为两天线之间的距离。

2）大尺度衰落

大尺度衰落由建筑物或自然特征的阴影效应造成，决定了快速衰落信号的局部平均值。一般来说，大尺度衰落与发送天线和接收天线之间的距离成反比，并且在不同的地区（如海边和内陆地区、城市和乡村）有不同的衰减因子。平均大尺度路径损耗可表示为 $\overline{PL}(d) \propto \left(\frac{d}{d_0} \right)^n$ 或 $\overline{PL}(\mathrm{dB}) = \overline{PL}(d_0) + 10n\log\left(\frac{d}{d_0} \right)$，其中 n 为损

耗指数,表明路径损耗随距离增长的速率,d_0 为近地参考距离,d 为发射机与接收机之间的距离。一般来说,在空间自由传播环境,$n=2$,在其他情况下,$3 \leqslant n \leqslant 4$。大尺度衰落损耗指数如图 1.3 所示。

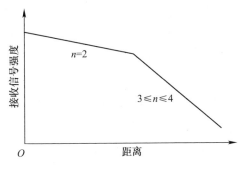

图 1.3　大尺度衰落损耗指数

3) 小尺度衰落

小尺度衰落是指无线信号在经过短距离或短时间传播后其幅度、相位和到达角等的快速变化。信道的衰落、扩展、多径现象对通信信号传输的影响是严重的,而且这种影响是随时间变化的。因此,研究小尺度衰落信道,对研究移动通信中的传输技术的选择和数字接收机尤为重要。无线信道的多径传播导致小尺度衰落效应的产生,主要表现在 3 个方面:①大量的来波从不同方向到达接收天线,这一效应是多径传播;②反射、衍射物以及接收机的运动还导致了到达天线来波的频率偏移(多普勒频移);③信号的强度经短距离或短时间传播后急剧变化。

大尺度衰落对分析信道的可用性、选择载波频率以及切换有重要意义;小尺度衰落对传输技术的选择和数字接收机的设计至关重要。对模拟通信信号的接收主要考虑多径效应引起的接收信号幅度的影响;对于数字通信信号的接收,则主要考虑多径效应引起的对脉冲信号的时延扩展。

1.2.2.2　3 种衰落信道模型

对于数字通信来说,当信号通过无线信道传播时,发送信号特性、信道特性、信道参数(如时延扩展和多普勒扩展)与信号参数(如符号间隔、带宽等)决定了不同的发送信号将经历不同类型的衰落。根据信道的频率选择性,可以分为平坦衰落信道和频率选择性衰落信道;根据信道的时间选择性,可以分为快衰落信道和慢衰落信道;根据空间选择性,可以分为标量信道和矢量信道。

克服信号传播损耗和大尺度衰落,确保接收到足够平均强度的信号,这靠选择适当的接收位置和足够增益的天线及射频前端来保证。由于小尺度衰落对信号调制方式的选择、接收设备的设计密切相关,一般将无线信道采用 3 种信道模型来表征,即理想的高斯白噪声信道模型、平坦衰落信道模型、频率选择性衰落信道模型。

1)高斯白噪声信道模型

高斯白噪声信道是无线通信中最简单实用的一种信道模型。无线信号在这样的信道传输时,到达接收端的信号仅受到加性噪声和固定损耗衰减的影响,在这样的信道上传输的通信信号均可认为是窄带模式。噪声是白的,在整个带宽内功率谱密度恒定,并服从高斯正态分布。

噪声源包括地球大气层外银河系产生的噪声、大气干扰和电暴、人为噪声等,这些噪声进入接收系统,增加接收机的元器件的热噪声,经过放大器放大,可以表征为热噪声,统计特性为高斯噪声过程,是通信系统分析和设计使用的主要模型。

2)平坦衰落信道模型

当存在多径效应时,无线信道的一般模型可表示为

$$y(t) = \sum_i a_i \mathrm{e}^{-\mathrm{j}2\pi f_c \tau_i} s(t - \tau_i) \tag{1.2}$$

接收信号的复包络是衰减、相移、时延都不同的路径成分的总和。若最小和最大多径时延分别是 τ_1 与 τ_N,如果相对时延 $\Delta\tau = \tau_N - \tau_1$ 比信号带宽 B_s 的倒数小很多,则信号是窄带的,把时延介于 τ_1 和 τ_N 之间的多径称为不可分辨径。

在平坦衰落信道模型下,传输信号带宽相对于信道的相关带宽很窄,信号带宽的全部频谱在经历信道传播时受到相同的衰落,此时,信道的多径展宽效应很小,最大的多径相对间隔远小于通信的码元间隔,因此,这种信道不能分离出多个路径,无线信道的作用仅表现为乘积。其乘积项是一个复高斯随机过程。信道的多径时延远远小于信号的持续时间,发射符号之间不存在符号间干扰。接收信号的波动函数可以由传输信号与相应的随机模型过程的乘积来建模,一般建模为对发送信号的时变乘性失真。

大量实测数据表明,在直射分量完全被障碍物遮挡没有直达路径的区域,信道的包络服从瑞利分布;在有直达路径的情况下,直射分量是接收信号的一部分,信号包络服从莱斯分布。上述这些情况的适应区域是几十个波长的区域,包络的局部均值近似不变。在更大的区域,阴影衰落会引起局部均值波动,这种波动近似服从对数正态分布。

当信道中不存在一个较强的直达径时,其信号包络服从瑞利分布,相位服从均匀分布。当存在视距传播时,存在一个主导的、稳定信号或路径,对接收信号的功率起决定作用,信号包络服从莱斯分布。在莱斯衰落信道下的数字通信信号,接收的解调误码率处于高斯白噪声信道和瑞利衰落信道之间,莱斯因子越大,误码率曲线越接近于高斯白噪声时对应的误码率曲线;莱斯因子越小,误码率曲线越接近于瑞利衰落信道对应的误码率曲线。

3）频率选择性衰落信道模型

当信道的时延扩展大于信号周期时,信道为频率选择性衰落信道。不同的频率分量经历了不同的衰落,从时域上看,接收信号经历了多个可分辨径的衰落,出现严重的码间串扰。由于它由多个可分辨径组成,故由多个具有不同时延的平坦衰落信道组合而成。对这种信道的一个流行的模型是符号间隔抽头延迟线模型,即

$$r(k) = \sqrt{\rho} \sum_{l=0}^{L-1} h^{(l)}(k)s(k-l) + n(k) \tag{1.3}$$

式中:L 为符号间干扰(ISI)项的数目;$h^{(l)}(k)$ 为时刻 k 时第 l 个 ISI 项的复信道系数。对于不同路径的平均信道增益由无线信道的功率延迟函数决定。

1.3 数字通信信号侦察分析设备及系统

1.3.1 数字通信信号侦察场景

通信侦察是在通信双方不知情的情况下,采用特殊的接收截获设备,通过接收空间的电磁波,提取特定通信双方的无线通信信号,对该信号进行测量并提取信息的行为。通信双方一般根据传输路径进行通信参数规划,信号经历的传输路径大都是当前条件下最理想的路径。对于侦察方来说,由于种种条件的限制,接收信号的位置对于信号传播来说,多数情况下是非理想的。

图 1.4 是一个简单的通信侦察场景。

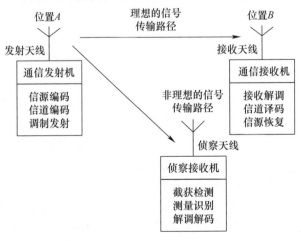

图 1.4 通信侦察场景示意图

非合作侦察截获对于数字通信信号来说是非常困难的。非理想的信号传播路径意味着:侦收时接收到的信道遭遇了更多的传输损耗,接收效果变差;不知道信号的到达方向和载波频率;信号的调制参数未知、信道对接收信号的影响与合作通信相比变差;低截获概率、低检测概率信号波形的应用,更加增加了对信号截获的难度。与合作方通信相比,侦察方需要比合作通信方付出更多的代价,这包括:更宽的天线频带范围;更宽的空域覆盖范围;在宽带宽条件下快速截获信号;精确参数测量的能力;利用部分信息进行信道估计和载波恢复的能力;适应各类调制方式的能力;适应各类编码方式的能力;传输系统识别的能力。

理想的通信侦察系统接收部分应该具有极高的灵敏度,能够同时发现全方位、全频段、所有调制样式的目标。实际的接收系统表现为对这些元素的折中,在规模、重量、功率、成本受限情况下获得最高的截获概率。

1.3.2 数字通信侦察分析设备

侦察分析设备在设备性能和信号处理方面需要具备以下能力。

1)超低相位噪声快速换频频率合成能力

几乎在所有的现代接收设备中都需要数字式频率合成器。通信侦察接收设备侦收信号的质量在很大程度上取决于所用频率合成器的性能。频段宽、步进间隔小、换频速度快、频谱纯度好是对通信侦察系统用频率合成器的基本要求。

2)密集信号环境下有用信号的快速分选能力

随着现代电子技术的高速发展,通信频段内的信号数量已接近饱和的程度。民用通信/军事通信/广播/电视/业余通信/工业干扰/天电干扰相互交销、重叠,使得对未知信号的搜索变得像是在大海捞针。特别是在军事通信中往往采用如猝发通信方式、快速通信方式以及其他新型抗侦察的通信体制,这就使通信侦察变得十分困难和复杂,因此,必须从技术上解决对通信信号的快速截获、快速识别和快速分选问题。

3)高速跳频信号的侦收能力

随着通信对抗技术的发展,世界各国竞相发展抗侦察、抗干扰的跳频通信技术,而且跳速越来越高、跳频范围越来越宽,这就要求通信侦察系统必须采用新技术以解决对跳频通信信号的截获问题。目前采用的技术途径主要有数字快速傅里叶变换(FFT)处理方法、压缩接收机方法、模拟信道化接收方法等。

4)直扩通信信号的侦收能力

直扩通信是另一种抗侦察、抗干扰的新型通信体制,目前常用的直扩通信信号侦察技术包括平方倍频能量检测法、周期谱自相关检测法、空间互相关检测法以及倒谱检测法等。

侦察分析设备一般由侦察天线、侦察接收机以及后续的信息处理单元等部分组成。

1.3.2.1 侦察天线

无线通信将信号由发送端传送到接收端。发射天线负责将传输线上传播的导行波转换为在自由空间传输的电磁波,而接收天线的作用恰好相反,是将自由空间传输的电磁波转换为传输线上传输的导行波。本质上,天线正是为使信号能够有效地跨场传播,而在两种场之间起到匹配作用的装置。

对于侦察接收应用来说,一般情况下,事先并不知道信号的来波方向,也不知道信号的形式、带宽、强度等特性。所以,在实际使用中,为了能够对宽频带内的无线电信号进行快速侦察:一是要求侦收天线频带尽量宽,一般采用宽带天线,频率涵盖短波、超短波、微波等频段,通常要覆盖几十个倍频程的带宽;二是要求侦收天线匹配好,产生有效的接收,提高转换效率。

1.3.2.2 侦察接收机

1)经典接收机

侦察接收机是侦察系统中的核心设备,主要功能是通过对无线电信号的频率选择、幅度调整、变换处理等技术手段,实现对有用信号的提取。根据不同的接收原理,人们曾经发明了晶体视频接收机、瞬时测频(IFM)接收机、压缩接收机以及超外差接收机等。

作为通信信号侦察接收机,主要是实现对通信信号的搜索、截获、分析、识别、测量、监视、监听、信息提取以及对辐射源的测向和定位等功能,只是接收原理以及构造有所不同。到目前为止,最流行的是数字式超外差接收机。

2)数字式超外差接收机

超外差接收机的工作原理是将输入端的高频信号与接收机内本地产生的本振信号进行混频处理,将输入信号射频频率搬移到中频频率,信号的调制方式等其他特征参数保持不变。

随着通信技术的发展演进,模拟接收机已经不能满足电子侦察的需要,如对宽频带、复杂波形、多信号,甚至扩频等新体制侦察的需求。随着计算技术的发展,数字滤波、数字信道化、数字分析、数字解调等信号处理技术也得到了飞速发展,数字化接收机也应运而生。

数字式超外差接收机在模拟接收机中融入了数字信号处理技术,以适应现代数字通信侦察的需求。相比早期的模拟接收机,数字式接收机功能齐全、性能优良、一致性和稳定性好。目前,数字式超外差接收机已经成为应用最广泛的一种侦察接收机。

3）接收机指标体系

衡量一部接收机的优劣主要考虑接收机对无线电信号各种特征的参数适应能力、参数测量的准确程度、信号检测发现的速度、信源信息恢复的失真程度,因此,将接收机的指标体系架构看作一个如表 1.1 所列的矩阵。需要说明的是,针对不同的用途和使用环境,技术指标可以裁减或增加。

表 1.1　接收机指标体系

关注项		适应性	准确性	真实性	时效性
信号特征	频率	工作频段	频率精度	频率偏差	搜索速度
	幅度	灵敏度、最大电平	幅度精度		测量速度
	带宽	瞬时带宽	带宽测量精度	带宽偏差	测量速度
	信息	解码类型	误码率	失真度	分析识别速度
	来波方向	全向、定向	测向精度	绝对误差	测向速度
	信源位置		定位精度	绝对误差	定位速度

1.3.3　数字通信侦察系统

1.3.3.1　不同规模结构的通信侦察系统

通信侦察系统构建的设备规模取决于投资水平,一般分为以下 3 种级别。

1）单接收机系统

包括侦察天线、侦察分析接收机、频谱仪、示波器等,是独立的接收机、示波器、频谱分析仪和同类设备的组合。

2）具备计算机控制的多接收机系统

第二种配置是计算机控制的单一功能的机器的松散组合,计算机控制报告文件输出到显示器或其他外设,包括宽带搜索接收机、监视接收机、信号存储设备以及天线分配、处理器等,组成一个侦察系统。

多数通信侦察系统都包含多部接收机。通常由一台执行搜索功能的接收机用于发现新信号,而其他接收机用于执行较长时间的分析或截获功能,信号存储记录设备用于信号的采集和存储,以便离线详细分析。有时还增加具备特定功能的接收机用于处理与复杂的威胁相关的特定问题。典型配置如图 1.5 所示。

3）综合设计的综合一体化接收系统

第三种配置是由计算机控制一组可扩展高速总线模式下多功能紧密结合的侦察监测系统。随着软件无线电的进展以及数字处理器件速度的提升,设计实现综合一体化的侦收系统成为可能。

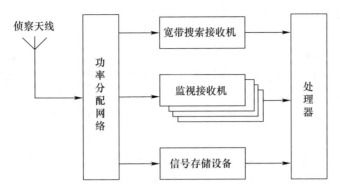

图 1.5 具有计算机控制的多接收机系统

采用软件无线电技术,利用统一的软件无线电平台,根据需要加载不同的信号处理模块,实现不同功能的动态加载重构,以综合一体化的架构形成的侦察系统如图 1.6 所示。

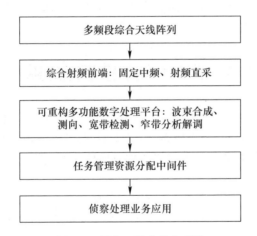

图 1.6 综合一体化接收系统

1.3.3.2 数字通信侦察分析过程

数字通信信号侦察分析一般分为搜索和截获两个过程。搜索过程主要是为了快速发现感兴趣的信号存在与否,以及大致参数;截获过程主要是为了对感兴趣的信号连续监视跟踪、测量详细参数以及解调和编码分析等。

1)搜索过程

由于通信侦察是非合作的,通信方通信参数未知,是否存在通信活动未知,因此,首先需要快速搜索发现信号并初步估计信号的外部参数。

搜索包括以下几种方式。

（1）常规搜索。适用于无任何先验知识的搜索。

（2）指定搜索。利用数据库中存储的频率、调制样式、优先级等信息，对感兴趣的目标优先搜索。

（3）序贯寻优搜索。对发现的信号进行部分参数测量，进一步确定是否需要进行更深入的分析，确定其他参数。

通过搜索获得信号活动的频点、带宽、信号强度等基本信息。

2）截获过程

在搜索发现信号后，使用专门的分析设备或处理算法对信号进行详细分析，确定通信方使用的详细参数以及通信交互的内容等信息。

一般需要分析以下参数：信号的调制样式、调制参数；信号解调、调制内容分析；编码分析；信号的出现、消失时间变化。

截获分析是在搜索过程识别出感兴趣的信号后执行截获功能，一般分配到监视接收机执行。

对通信信号侦察分析的结果进行数据和信息处理，形成通信侦察情报，或形成通信对抗支援引导参数。

1.4　数字通信侦察面临的挑战

数字通信新技术的发展导致传统侦察设备对新出现的通信信号适应能力下降。下面分别从工作频段、波束覆盖、信号类型、网络协议等几个方面，分析侦察天线、设备、处理算法等在通信技术发展条件下通信侦察面临的挑战。

1）频段的适应能力

由于通信设备频段的扩展，对侦察天线的频段扩展需求是显然的。侦察设备的频段覆盖范围需要扩展，以适应通信频段扩展的趋势；随着超宽带通信技术的大量应用，侦察设备的瞬时处理中频带宽以及后续处理能力同样需要扩展，以适应带宽覆盖需求。

2）窄波束、小信号的适应能力

随着频段的升高，通信双方天线波束的覆盖范围越来越窄，甚至形成笔状波束，从空间上就能够把侦察设备和被侦察的通信系统隔离开来。对于出现的笔状波束，则对侦察天线部署位置的要求苛刻，在多数情况下是无法截获到信号的。

智能天线的引入，对侦察方向形成了信号抑制，为了实现信号的正常接收，需要提高天线增益或分布式布设侦察的站点。网络化的自组织通信，采用中继和路由技术，抑制了发射功率，同样增加了对天线的增益需求或分布式布设侦察站点的需求。

3）信号类型的适应能力

传统的侦察接收设备适应的信号形式种类在出厂时就已经固化,难以扩充,导致对软件无线电条件下信号波形的重构能力不足。当前的技术发展趋势要求侦察设备技术与时俱进,具备灵活的波形可扩充能力,以适应复杂多变的信号环境。特别是在认知无线电的条件下,需要设备具有一定的认知能力,适应外界信号环境的变化和侦察信号的参数变化,发展能够实时感知波形参数、自适应地调整分析解调参数、基于认知的侦察设备。

4）网络编码协议的适应能力

多跳无线网络包括无线 Ad Hoc 网络、无线 Mesh 网络(WMN)、无线传感器网络和混合无线网络。在无线通信网络化发展趋势下,需要针对无线网络的特点,研究对无线网络进行侦察的主要特征参数,对网络架构、介质访问控制(MAC)、组网和路由、拓扑控制状态等方面的侦察,分析路由协议、网络成员规模、确定网络的边界。无线网络中节点间通过无线多跳通信,网络的核心功能是路由功能。需要在传统侦察的基础上,进一步侦察分析无线网络信号的帧格式、入网过程、节点认证、节点注册、动态信道分配策略等信息内容。

1.5 本书的内容安排

本书的研究对象是数字通信信号,主要探讨对数字通信信号的侦察技术。处理模拟通信和数字通信两类信号的方法存在很大差异,对于数字通信信号而言,敌方可以通过使用保持信号完整性的各项先进技术,使得对其侦察更加困难。由于很多通信信号都被加密了,要恢复出信号的内在信息并不现实,因此,通信侦察的价值主要被局限在恢复和提取信号的外部参数特征与编码特征。

通信侦察技术涉及的专业门类众多,本书主要介绍一些基本的内容,包括接收设备的一般原理、数字通信信号的检测、参数估计、调制识别、解调、编码识别和分析等内容。

本书各章内容如下安排。

第 2 章主要阐述了数字通信信号检测的基本原理及方法,对基于时频能量、二阶统计量和循环平稳特征等检测方法的理论原理及性能进行了分析总结。

(1)介绍了无须先验知识的双滑窗能量检测、基于多尺度形态滤波的频谱搜索、基于图形图像特征的宽带频谱搜索等技术。

(2)在具有部分先验信息时,主要介绍了基于循环前缀的正交频分复用信号检测、扩频信号周期特征检测、先验前导序列相关检测等方法。

(3)针对通信信号的循环平稳特性及其产生机理,阐述了在循环频率处能够获得最大检测信噪比的最优检测算子,并针对不同应用场景进行了检测算子简化设计。

第3章主要阐述了数字通信信号参数估计与调制样式识别的基本原理及方法。

(1)将信号参数估计理论模型应用到信噪比、载波频率、调制速率等基础参数与扩频信号、正交频分复用(OFDM)信号等特定参数估计中,在统一估计模型框架下深入分析了传统及现代信号处理技术在典型参数估计中的应用原理和估计性能。①着重介绍了基于最大似然、高阶矩及子空间分解的信噪比估计方法,基于非线性变换及最小二乘相位拟合的载波频率估计方法,基于信号幅相变化特征的符号速率估计方法等。②对非合作情况下具有隐蔽特点的直扩信号,重点介绍了基于高阶统计量的扩频周期估计、基于特征值分解的扩频码型估计等典型扩频参数估计方法。③针对正交频分复用信号固有的正交、循环及导频特征,阐述了相关处理、倒谱分析及循环平稳分析等方法在信号子载波个数、载波间隔估计中的应用原理及方法。

(2)阐述了用于调制类型识别的决策理论方法和统计模式识别方法,并对其中的典型识别模型进行了分析总结。①详细介绍了将调制方式识别视为多元假设检验问题的似然比识别理论及性能,包括平均自然比检测(ALRT)、广义似然比检测(GLRT)和混合似然比检测(HLRT)等。②针对平坦衰落信道、多径信道等非理想信道环境,分析了基于MH(梅特罗波利斯-黑斯廷)技术的调制识别理论及优化算法,包括针对平坦衰落信道的自适应梅特罗波利斯(AM)算法和针对多径信道的单分量自适应梅特罗波利斯(SCAM)算法。③详细阐述了多元模式识别框架下基于特征提取调制识别技术及其性能,包括信号瞬时特征、基带数据高阶统计量特征、循环平稳特征、星座轨迹特征等。

第4章主要阐述数字通信信号非合作解调技术。①介绍了数字通信信号非合作解调在侦察系统中的地位和作用,总结了非合作解调的特点。针对非合作解调的模型,从理论上分析了非合作解调需要解决的问题,由此引出了解调中的3个重要单元:自动增益控制、符号同步和载波同步。②在高斯白噪声信道中,针对常规数字调频、调相、幅度相位联合调制、恒包络调制信号的非合作解调原理进行了理论分析,结合侦察需求,介绍了适用于工程实现的解调方法。③在衰落信道下,重点分析了抗频率选择性衰落的盲均衡技术。针对衰落信道中使用的自适应调制、多音并行传输信号,介绍了基于协议信息的解调技术。④选择了几种应用较为广泛的通信系统,涵盖了扩频、可变调制、复合调制、载波成对传输等不同类型,以每种系统中的典型通信信号为例,介绍了适用于侦察系统的解调技术。针对移动通信中的宽带码分多址接入(WCDMA)扩频信号,介绍了适用于非合作解调的捕获、跟踪、分集接收技术。以第二代数字视频广播(DVB - S2)信号为例,介绍了高阶调制同步技术、低信噪比帧同步技术等。针对近年来高速宽带通信信号的大量应用,介绍了基于频域处理的同步方法,该方法适用于非合作解调。以飞机通信寻址与报告系统(ACARS)信号为例,介绍了复合调制信号非合作解调方法。针对成对载波传输系统,采用基于串行干扰抵消技术的解调方法,可以有效分离弱信号并解调得到信息比特。

第 5 章主要阐述了数字通信系统中信道编码识别方法。本章首先在统一的信道编码识别模型框架下讨论一般性的识别方法,然后按照线性分组码、卷积码、Turbo 码 3 类信道编码分别讨论了编码代数结构和识别方法。针对线性分组码,识别方法主要是利用其编码约束关系识别其生成矩阵或生成多项式,主要方法包括矩阵化简、欧几里得算法、伽罗华域傅里叶变换以及码重分析等;针对 LDPC 码则主要利用校验约束关系识别校验矩阵,研究方法主要聚焦在如何在一定误码条件下获取其稀疏化的校验矩阵。针对卷积码,主要利用其校验约束关系识别其校验多项式,主要方法包括矩阵化简、基于快速双合冲算法、哈达马(Hadamard)变换法和欧几里得算法等,讨论了在得到校验多项式后计算生成多项式的方法,同时讨论基于等价校验序列匹配的删除卷积码方法。针对 Turbo 码,主要介绍了编码结构识别和编码参数识别两部分,其中:编码结构识别主要判断是否为归零结构,识别编码速率和码长;编码参数识别主要是对分量编码器参数和交织参数的识别。

第 6 章作为本书的总结,利用侦察截获的无线数字通信信号参数,对通信目标进行识别,分别从电台目标、平台目标、网络关系目标 3 个层级对不同的目标属性分析判别。

参考文献

[1] PROAKIS J G. 数字通信[M]. 4 版. 张力军,张棕橙,郑宝玉,等译. 北京:电子工业出版社,2003.

[2] 樊昌信,张甫,徐炳祥,等. 通信原理[M]. 5 版. 北京:国防工业出版社,2006.

[3] 何非常,周吉,李振帮. 军事通信——现代战争中的神经网络[M]. 北京:国防工业出版社,2004.

[4] ELMASRY G F. 战术无线通信与网络——设计概念与挑战[M]. 曾浩洋,田永春,等译. 北京:国防工业出版社,2014.

[5] NERI F. 电子防御系统概论[M]. 2 版. 张晓晖,饶炯辉,李微,等译. 北京:电子工业出版社,2014.

[6] POISEL R A. 通信电子战系统导论[M]. 吴汉平,等译. 北京:电子工业出版社,2003.

[7] ADAMY D. 电子战原理与应用[M]. 王燕,王松,等译. 北京:电子工业出版社,2011.

［8］ADAMY D L. EW103：通信电子战［M］．楼才义，等译．北京：电子工业出版社，2010.

［9］КУПРИЯНОВ А И，САХРОВ А В．信息战电子系统［M］．葛海龙，叶瑞芳，杨启迪，等译．北京：国防工业出版社，2013.

［10］朱庆厚．无线电监测与通信侦察［M］．北京：人民邮电出版社，2005.

［11］侯赛因・阿尔斯兰．认知无线电、软件定义无线电和自适应无线系统［M］．任品毅，吴广恩，等译．西安：西安交通大学出版社，2010.

［12］BOCCUZZI J．通信信号处理［M］．刘祖军，田斌，易克初，等译．北京：电子工业出版社，2010.

［13］FETTE A B．认知无线电技术［M］．赵知劲，郑仕链，尚俊娜，等译．北京：科学出版社，2008.

［14］VAN TREES L H，KRISTINE L B．检测、估计和调制理论［M］．孙进平，王俊，高飞，等译．北京：电子工业出版社，2015.

［15］王红星，曹建平．信侦察与干扰技术［M］．北京：国防工业出版社，2005.

［16］杨小牛，楼才义，徐建良．软件无线电原理与应用［M］．北京：电子工业出版社，2001.

［17］格雷戈里・D．德金．空－时无线信道［M］．朱世华，任品毅，王磊，等译．西安：西安交通大学出版社，2004.

［18］SERGIOS T，KONSTANTINOS K．模式识别［M］．3 版．李晶皎，王爱侠，张广渊，等译．北京：电子工业出版社，2008.

［19］张贤达．现代信号处理［M］．2 版．北京：清华大学出版社，2002.

［20］TORRIERI D．扩展频谱通信系统原理［M］．牛英涛，朱勇刚，胡绘斌，等译．北京：国防工业出版社，2014.

［21］吴伟陵．移动通信中的关键技术［M］．北京：北京邮电大学出版社，2001.

第 2 章

数字通信信号检测

2.1 引　言

以传输特定信息为目的的数字通信系统,需要根据信息传输速度、传播环境、通信延时等,在时域、频域、空域、码域等综合考虑通信系统工作体制并选择合适的工作参数。对于需要确保全天候24h持续传递信息的通信系统,如通信系统广播控制信息,可以考虑采用连续载波;对于传输信息量较小且具有一定随机性的通信系统,可以考虑采用突发通信;对于抗干扰特性要求较高且信道容量较大的通信系统,可以另外在码域选择合适的参数进行扩频通信。

不论采用何种通信体制,对于非协作信号接收处理,首先需要检测信号是否存在,并根据检测结果确定后续处理方法。因此,非协作信号检测的稳定性及可靠性,直接关系到整个接收处理系统的性能,是整个非协作处理过程中的关键环节之一。

信号检测问题可通过二元统计检测理论进行建模和分析,如图2.1所示[1],该模型由信源、概率特征转移、观测空间、判决准则四部分组成。

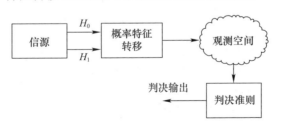

图 2.1　二元统计检测模型

其中,从信号检测角度考虑,信源具有二元统计特性,即在某一时刻,信源可以输出特定通信信号,或者不输出信号。若在观测时间窗$[0, T]$、频点f_i处存在信号$s(t)$用假设H_1表示,不存在信号用假设H_0表示,$s(t)$在传播过程中受加性高斯白噪

声 $n(t)$ 影响,则接收信号 $r(t)$ 在不同假设条件下,可表示为

$$\begin{cases} r(t) = s(t) + n(t), & 0 < t < T : H_1 \\ r(t) = n(t), & 0 < t < T : H_0 \end{cases} \quad (2.1)$$

此时,信号检测问题可归结为在观测时间 T 内,判断假设 H_1 或 H_0 是否成立。此时,该模型可具体化为图 2.2 所示。当对宽带内多个信源同时进行检测时,可将信源数进行拓展,其他组成部分保持不变。

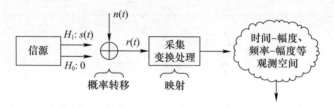

图 2.2　信号检测模型

最后需要依据判决准则将观测空间划分为与各假设相对应的判决域,通过观测量 $r(t)$ 在观测空间的区域位置判断哪个假设为真。非协作接收时,需要根据实际工程应用需求,设计最佳的判决准则,根据观测量与判决区域的相互关系,判断信号是否存在以及信号起始时间、持续时间等。常用的判决准则包括贝叶斯准则和尼曼 – 皮尔逊(Neyman – Pearson,NP)准则,不论采用哪种判决准则,检测问题均可统一为似然比检验问题。

以贝叶斯准则为例,该准则假设信源输出假设 H_0 和 H_1 的概率已知,分别为 P_0 和 P_1,同时,引入代价因子 $C_{ij}(i,j = 0,1)$,C_{ij} 表示假设 H_j 为真时,判决假设 H_i 成立所付出的代价,使平均代价最小的判决准则即为贝叶斯准则。平均代价值或风险值 $\mathcal{R}$ 可表示为

$$\mathcal{R} = C_{00}P_0P_r(判决H_0|H_0为真) + C_{10}P_0P_r(判决H_1|H_0为真)$$

$$+ C_{11}P_1P_r(判决H_1|H_1为真) + C_{01}P_1P_r(判决H_0|H_1为真) \quad (2.2)$$

在贝叶斯准则下,判决结果不是假设 H_0 成立就是假设 H_1 成立,整个观测空间 Z 被分为 Z_0、Z_1 两部分,如图 2.3 所示。当观测点落在 Z_0 区域时,就认为假设 H_0 成立;而当观测点位于区域 Z_1 时,则认为假设 H_1 成立。

可以证明,为了使风险 $\mathcal{R}$ 最小,判决区域 Z_0 中的观测值应满足

$$P_1(C_{01} - C_{11})P_{r|H_1} \leqslant P_0(C_{10} - C_{00})P_{r|H_0} \quad (2.3)$$

此时,认为假设 H_0 成立。反之,满足

$$P_1(C_{01} - C_{11})P_{r|H_1} \geqslant P_0(C_{10} - C_{00})P_{r|H_0} \quad (2.4)$$

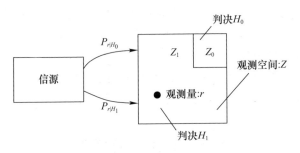

图 2.3　贝叶斯准则判决区域

的观测值归属区域 Z_1,此时,认为假设 H_1 成立。因此,定义似然比 Λ 和检验门限 η 分别为

$$\Lambda(r) \stackrel{\text{def}}{=\!=} \frac{P_{r|H_1}}{P_{r|H_0}} \tag{2.5}$$

$$\eta = \frac{P_0(C_{10} - C_{00})}{P_1(C_{01} - C_{11})} \tag{2.6}$$

由贝叶斯准则推导出的似然比检验为

$$\Lambda(r) \begin{cases} > \eta, & H_1 \text{为真} \\ < \eta, & H_0 \text{为真} \end{cases} \tag{2.7}$$

可见,似然比的计算与假设 H_i 的先验概率 P_i、代价因子 C_{ij} 均无关。同时,如果已知先验概率 P_i 和代价因子 C_{ij},则可以得到最佳检验门限 η,通常情况下,需要根据具体情况估计先验概率和代价因子。

对于 NP 准则,令 P_F、P_D、P_M 分别代表虚警概率、检测概率和漏警概率,分别表示为 $P_F = \int_{Z_1} P_{r|H_0} \mathrm{d}r, P_D = \int_{Z_1} P_{r|H_1} \mathrm{d}r, P_M = \int_{Z_0} P_{r|H_1} \mathrm{d}r$。最佳检验估计应能使虚警概率最小、检测正确率最大,但可以证明,无法使 P_F 最小的同时使 P_D 达到最大,两者所需条件相互矛盾,一种合理的策略是让一个参数保持在一定范围内,而使另一个参数最大或最小,即尼曼－皮尔逊准则。与事先已知先验概率 P_i 和代价因子 C_{ij} 确定似然比检测门限的贝叶斯准则相比,NP 准则事先确定的参数是虚警概率 P_F(恒虚警概率),在此先验条件下,求取似然比检测门限。

但在实际工程应用中,事先无法准确掌握信号及噪声的特征参数,难以直接应用检测理论模型,因而需要根据具体检测应用场景,将接收信号转换至不同的观测域,并采用相应的检测方法。基于时域、频域或时频联合的能量域检测是一种常用的信号检测方法,实际工程应用较为广泛,对于平稳噪声背景具有较好的检测性能,但对于非平稳噪声背景,需要针对噪声或信号的时变特性,采用时域双滑窗、频域自适应噪底估计、时频图像特征等,提取受时变特性影响较小的特征完成信号检测。对于正交频分复用等具有周期序列的信号,可通过设计基于自相关特征的算子提高检测性能。基于循环平稳特征的检测方法利用了循环平稳过程的统计特征,可以用于检测具有周期平稳特性的直接序列扩频信号。

2.2 时频能量检测

由于能量检测算子不需要待检测信号的先验知识,仅根据一定时间、频率范围内观测到的数据估计信号能量,通过与预设门限比较,从而判断信号是否存在,因此能量检测器的应用较为广泛。

经过数据采集、基于 FFT 的谱分析,将接收信号 $r(t)$ 映射到时间 – 幅度或频率 – 幅度二维观测空间,为了获得最佳检测效果,需要在时间 – 幅度、频率 – 幅度二维观测区域中设计判决准则和判决门限,完成对观测区域的最优划分。

在实际工程中应用的能量检测算子包括时域能量检测算子、频域能量检测算子、时频联合检测算子等。时域能量检测算子通常用于检测窄带通道内的短时突发信号,频域能量检测算子可实现对宽频带内多个持续信号的搜索检测,也可完成对窄带通道内突发信号的检测,宽频带内跳频信号的检测可经由时频联合检测算子实现。

2.2.1 基于时域能量的自适应检测

时域能量检测算子多应用于突发信号检测。相对于在时域、频域信号能量持续存在的连续信号,突发信号在时、频域的能量持续时间有限。因此,突发信号的观测空间具有时间 – 频率 – 幅度三维属性。对于工作频率保持不变的突发信号检测,观测空间可简化为时间 – 幅度二维域,通过检测窄带通道的输出能量,从时域完成突发信号检测。

假设待检测信号 $s(t)$ 为均值为零的高斯随机过程,即 $s(t) \sim N(0, \gamma^2)$,则 $r(t) \mid H_0 \sim N(0, \sigma^2)$,$r(t) \mid H_1 \sim N(0, (\sigma^2 + \gamma^2))$,则基于 NP 准则的似然检验可表示为

$$\Lambda(r) = \frac{\|r\|^2}{\sigma^2} = \frac{\sum_{i=1}^{N} |r_i|^2}{\sigma^2} \underset{H_0}{\overset{H_1}{\gtrless}} \eta \qquad (2.8)$$

可知,该检测器性能由下式表示[2]:

$$P_{\mathrm{D}} = P_r\left(\Lambda(r) > \eta \mid H_1\right) = 1 - F_{\chi^2_{2N}}\left(\frac{2\eta}{\sigma^2 + \gamma^2}\right) = 1 - F_{\chi^2_{2N}}\left(\frac{F_{\chi^2_{2N}}^{-1}(1 - P_{\mathrm{FA}})}{1 + \frac{\gamma^2}{\sigma^2}}\right) \quad (2.9)$$

可见,当虚警概率P_{FA}确定后,观测数据点数$N \to \infty$时,正确检测概率$P_{\mathrm{D}} \to 1$,且与信噪比无关。但实际应用中,接收信号的观测时间都是有限的,此时,如果噪声统计参数σ^2未知或者估计错误,则能量检测器无法正常使用或检测性能急剧恶化[3]。

因此,为了避免噪声功率谱密度不能预知及时变特性,提升时域能量检测的稳定可靠性,可通过双滑动窗口引入相对变化,设置两个连续滑动窗口并分别计算窗口的接收能量,用能量比作为判决变量。双滑动窗口法判决变量的取值只与前后两窗的相对能量比有关,有效地解除了突发信号检测算法门限与噪声统计特性之间的相互关联。

双滑动窗口法的原理框图如图 2.4 所示。

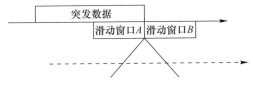

图 2.4　双滑窗检测原理框图

图中 A、B 为两个滑窗,窗长为 L,判决变量 m_n 为窗口 A、B 中的能量比。窗口 A 和 B 在向右滑动的过程中是相对静止的,当两个窗口都只包含噪声时,得到的响应是平坦的,因为理想情况下噪声能量是相等的。当有效数据边沿到达窗口 A 时,A 中的能量一直增加,直至有效数据的开始部分都包含在窗口 A 中,这一点就是三角形波形的峰值,该点过后窗口 B 开始包含有效信号能量,随着有效数据进入窗口 B,v_n 逐渐下降,最后又恢复平坦。观测量 v_n 可以看成是微分器,当输入信号能量变化剧烈时,取值会比较大,当 v_n 超过门限即可做出判断。具体实现框图如图 2.5 所示,其中

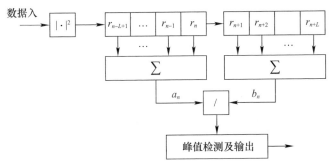

图 2.5　双滑窗检测实现框图

$$a_n = \sum_{m=0}^{L-1} |r_{n-m}|^2, \quad b_n = \sum_{l=0}^{L} |r_{n+l}|^2 \qquad (2.10)$$

$$v_n = a_n/b_n \qquad (2.11)$$

峰值点m_n的值只与信噪比有关。

突发信号的另一个固有属性是信号具有一定的持续时间以有效传递信息,利用该属性设计合理的状态转移规则,可以有效地降低单纯依靠门限检测的虚警概率。合理的状态应包含起始状态、持续状态和终止状态,如图2.6所示,对于状态转移期间异常出现的漏检或误检,合理的状态转移规则应具有一定的状态回归能力。

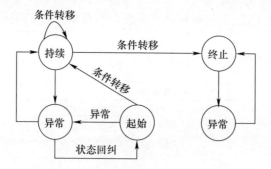

图2.6 突发信号检测状态转移示意图

利用卫星TDMA信号进行信号检测性能仿真分析,突发时长500个符号周期,突发间隔5个符号,每符号8个采样点,采用正交相移键控(QPSK)调制,信噪比变化范围为$-2 \sim 13$dB,虚警概率$P_F = 0.05$,每个信噪比条件下进行1000次蒙特卡罗实验,时域能量检测算子及双滑窗检测算子的检测性能如图2.7所示。

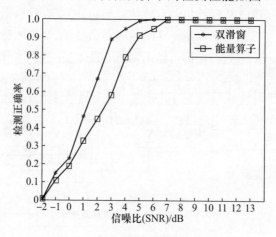

图2.7 突发信号检测性能曲线图

2.2.2　基于频域能量的自适应检测

基于时域能量的检测方法无法完成宽频带内位于不同频率位置的多个信号的检测,而基于谱估计的频域能量检测算子既可在一定的时间分辨率下实现对短时突发信号的检测,也可用于对长观测时间、宽频带内持续信号的搜索。频域能量检测算子在功率谱观测空间中,对频率-幅度二维区域进行划分,归并属于同一信号的各频率分量,判断指定频带内存在信号的位置及数量,最终完成信号检测。其中,谱估计映射、频率归属合并及判决门限确定是输出判决结果正确与否的 3 个关键环节。

谱估计映射通常采用周期图谱估计算子,基于接收信号 N 个样点 $\{r(n), n=0,1,\cdots,N-1\}$ 的估计功率谱 $\hat{P}(k)$ 可表示为

$$\hat{P}(k) = \frac{1}{N}\left|\sum_{n=0}^{N-1} r(n)\,\mathrm{e}^{-\mathrm{j}2\pi kn/N}\right|^2, \quad k=0,1,\cdots,N-1 \qquad (2.12)$$

该算子虽然具有渐进无偏性,但不具有一致性,即当 $N\to\infty$ 时,估计方差不趋近于零。这使得谱观测空间中,功率谱数据抖动范围较大,对信号边界及门限的确定带来困难。因此,在周期图谱估计方法的基础上,出现了许多改进方法,如 Bartlett 估计、Welch 估计、Blackman-Tukey 法、多窗谱估计等,这些方法以降低时间分辨率为代价,通过采用固定类型窗加权数据的分段叠加,降低估计方差。

假设谱估计算子对信号功率谱的估计接近真实值,则在频率-幅度二维观测空间中,需要首先对频率区域进行划分,将属于同一信号的不同频率分量划归至同一区域。功率谱的滚降性是数字通信信号的固有特征,具有对称滚降特征的谱线可以归并至同一个信号,因此,通过分别确定滚降左边界和滚降右边界完成频率区域划分。

为了避免功率谱估计抖动对滚降边界的搜索,可以通过峰值内插处理对估计功率谱进行平滑。考虑到通信信号的平稳特性,采用基于局部极大值的拉格朗日内插来平滑功率谱。

若相邻的 N 个极大值点分别为 $(x_1,y_1),(x_2,y_2),\cdots,(x_N,y_N)$,则极大值点之间的任意一点 (x,y) 的拉格朗日多项式内插公式为

$$P(x) = \frac{(x-x_2)(x-x_3)\cdots(x-x_N)}{(x_1-x_2)(x_1-x_3)\cdots(x_1-x_N)}y_1 + \frac{(x-x_1)(x-x_3)\cdots(x-x_N)}{(x_2-x_1)(x_2-x_3)\cdots(x_2-x_N)}y_2$$

$$+\cdots+\frac{(x-x_1)(x-x_2)\cdots(x-x_{N-1})}{(x_N-x_1)(x_N-x_2)\cdots(x_N-x_{N-1})}y_N \qquad (2.13)$$

此时,定义边界位置检测算子为

$$\Delta_{\mathrm{det}} = \sum_{i=0}^{N} \frac{|y_i - y_{i-1}|}{x_i - x_{i-1}} \bigg/ \sum_{i=-N+1}^{0} \frac{|y_i - y_{i-1}|}{x_i - x_{i-1}} \tag{2.14}$$

该算子能够反映检测点两侧幅度波形变化趋势是否一致:当检测点左侧幅度变化平缓,右侧陡升时,估计值具有正的峰值特性,峰值位置对应边界起始位置;当检测点左侧平缓,右侧陡降时,估计值具有负的峰值特性,峰值位置对应边界终止位置;检测点两侧波形变化趋势一致时,估计值具有平坦特性。按照一定步进通过峰值搜索可以确定信号左边界位置。

以检测到上升边界为模板,搜索与其对称的邻近下降边界,可通过计算相关系数作为匹配依据,相关系数能够反映两组数据间的线性相关度,若上升边界用 X 表示,待匹配数据用 Y 表示,则 X、Y 的相关系数为

$$R = \frac{E[(X - \bar{X})(Y - \bar{Y})]}{\sqrt{E[|X - \bar{X}|^2]E[|Y - \bar{Y}|^2]}} \tag{2.15}$$

当相关系数 R 超过预设匹配门限时,完成对称边界检测。以 BPSK 信号为例,仿真产生 2048 个符号,每符号 8 个采样点,信噪比为 2dB,谱分析点数为 512,匹配检测结果如图 2.8 所示,可见其中峰值位置对应信号频谱的边界。

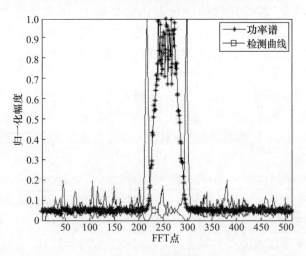

图 2.8　相关匹配检测结果

根据边界检测结果,将属于不同信号的频率进行归并,实现对频率－幅度二维映射空间中频率的划分。下面可根据噪声功率和信噪比设定判决门限,根据判决门限分析当前频谱区域是否存在信号,完成频率－幅度二维映射空间中幅度区域的划分。实际应用时,信噪比根据期望值人工设定,而噪声功率由于受到传输信道的非线性、不稳定性等因素的影响,不再具有平坦特性,而是随频率变化存在一定

的波动。理想状态下的恒定门限检测在实际应用中效果不佳,无法克服宽带通道内噪声功率随时间及频率波动起伏带来的检测虚警或漏警问题。因此,准确估计噪声随频率及时间的变化就成为正确检测信号的关键。

基于形态滤波的自适应门限检测技术,将形态滤波方法应用到自适应门限的确定中,可动态跟踪宽带通道内噪声功率的时频变化,在此基础上完成信号的可靠检测。

形态滤波的理论基础为数学形态学,它利用了基于形状的非线性变换方法,利用结构元素修改信号局部形态,逼近信号本质特征。设 s 为信号一维频谱数据,其定义域为 D_s,区间元素 b 的定义域为 D_b,则 s 关于 b 的膨胀与腐蚀运算分别定义为

$$(s \oplus b)(x) = \max \{ s(x-t) \mid (x-t) \in D_s, \quad t \in D_b \} \tag{2.16}$$

$$(s \ominus b)(x) = \min \{ s(x+t) \mid (x+t) \in D_s, \quad t \in D_b \} \tag{2.17}$$

如果对信号的频谱波形进行一维形态滤波处理,则膨胀运算会缩小信号频谱的波谷,同时拓展波峰宽度;腐蚀运算则会缩减频谱波形的波峰,拓展波谷。将膨胀、腐蚀运算组合起来,可定义形态开运算 $O(s \mid b)$、形态闭运算 $C(s \mid b)$,即

$$O(s \mid b) = (s \ominus b) \oplus b \tag{2.18}$$

$$C(s \mid b) = (s \oplus b) \ominus b \tag{2.19}$$

式中:形态开运算由于先进行腐蚀处理,具有非扩张性,小于区间元素的部分会被削弱,因而开运算可以抑制信号毛刺、突变;形态闭运算先进行膨胀处理,具有扩张性,通过膨胀处理可填充数据波形中小于区间元素的波谷,从而达到抑制波谷的效果。形态开、闭运算所能滤除的波峰、波谷的宽度取决于所使用的区间元素 b 的宽度 M,通过选取大于待处理波形宽度的区间元素,可以利用开、闭运算去除特定波形,实现信号平滑处理与特征逼近。

传统的形态学顶帽变换可逼近信号波形特征,抑制噪声的影响,其定义为

$$\text{TH}[s \mid b] = s - O(s \mid b) \tag{2.20}$$

在此基础上,定义多尺度形态滤波(MSMF)算法,即

$$\text{MSMF}(s) = O \left\{ \left[\frac{C(O(s \mid b_1) \mid b_1) + O(C(s \mid b_1) \mid b_1)}{2} \right] \middle| b_2 \right\} \tag{2.21}$$

通过在小尺度 b_1 下的闭、开运算得到频谱波形的收缩平滑包络,而在小尺度 b_1 下的开、闭运算可获得频谱波形的膨胀平滑包络,对两次形态滤波处理结果求平均后,进一步在大尺度 b_2 下做形态开运算,可估计频谱数据中的噪底波形特征,噪底波形估计效果如图 2.9 所示。

对一维宽带频谱数据进行多尺度形态滤波处理后,可估计出带内噪底波形曲线,在此基础上确定信号检测门限,该门限具有自适应能力,能够动态跟踪宽带通

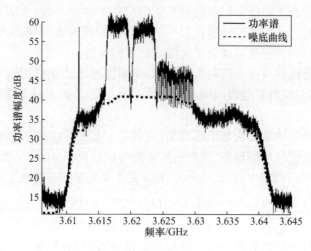

图 2.9　估计噪底曲线

道内噪声功率随时间及频率的波动起伏,解决单一固定能量检测门限引入的虚警及漏警问题,提高信号检测准确度。

2.2.3　基于神经网络的时频联合检测

对于频率跳变的突发通信信号,单一的时域或频域特征无法独立地描述信号的统计特性,其统计特性与时间、频率均有关,必须以时域和频域的联合特征对其进行描述。若具备先验信息,则在高斯白噪声条件下,基于时频能量的匹配滤波检测能达到最优检测性能,如宽带多通道能量检测[4];若是非协作接收,受传播信道非理想特性、噪声抖动等方面的影响,传统的基于时域能量或频域能量的各种处理方法存在检测正确率低、检测参数难以最优化设置、后继统计处理复杂等问题。近年来,计算机视觉等多学科知识在信号检测领域中应用研究逐步成为热点,在时频分布估计的基础上,利用图形图像处理方法针对时频能量分布观测域开展信号检测的探索工作正在逐步展开。

2.2.3.1　功率谱特征检测

序列标注为输入序列中的每个元素指定一个标签,它将整个标签序列看作一个类,并且其中每个元素对应的标签与其相邻的标签间存在依赖关系,因此其本质是一个分类的过程。

功率谱数据本质上是一维数据,不存在物理意义上的时序逻辑,但由于功率谱估计时窗函数影响,信号边界相邻频点能量存在一定的相关关系。由于信号检测结果与一维功率谱数据的边界和类型相对应,因此,可以转化为序列标注问题,并利用时间卷积网络(Temporal Convolutional Network,TCN)模型处理一维频谱信号检测[5]。

　　TCN 模型主要对传统卷积神经网络(Convolutional Neural Network,CNN)提出了改进,使得其在相同卷积层时拥有更大的感受野,这种新型的卷积操作称为空洞卷积或者膨胀卷积。TCN 网络结构如图 2.10 所示。

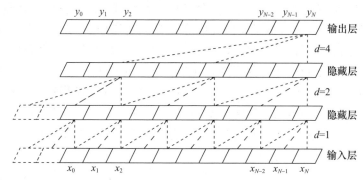

图 2.10　TCN 网络结构

　　对比传统的一维卷积操作,TCN 模型中的卷积操作主要做出了以下两点改进。

　　(1)传统卷积网络在每一层做卷积操作时,卷积核所计算的对象是输入特征中连续区域中的数据,因此,其感受野随着网络层数呈线性增加;TCN 中所使用的卷积操作随着网络层数的增加,卷积核所计算的对象不再是连续区域中的数据,而是和层数相关的跳跃区域,这样使得网络的感受野随卷积层数呈指数增加。随着感受野区域的扩大,能够更好地适应不同带宽的待检测信号。

　　(2)为了解决时序模型记忆历史输入数据的功能,TCN 模型使用了因果卷积。传统一维卷积操作在获取某个位置上的特征值时,需要上一层特征相邻对应位置前后数据进行运算,而因果卷积为了体现出输入数据的时序性,在进行卷积操作时只利用该位置之前时刻的特征属性进行卷积操作,从而达到了记住历史输入数据的功能。但由于功率谱数据不具有前后时序关系,因此,应用功率谱检测时将 TCN 的因果卷积更改为普通卷积,使得模型能够根据前后数据综合判断每个位置处的信号类型。

　　因为功率谱数据点数较多,如果直接利用功率谱数据训练会导致过拟合的情况发生,所以先将待检测信号对应的功率谱数据取出并归一化,建立信号模板和对应的标签数组,其中标签数组只包含离散数字:$0,1,2,\cdots,N$,分别代表无信号、第一类信号、第二类信号,直至第 N 类信号(如果是简单有无检测,则标签数组只有两个数字 0 和 1,分别代表无信号和有信号)。不同类别信号的主要差异在于其边界形状。将对模板随机加扰构建的训练数据输入 TCN 模型进行训练,训练完成后,将待检测功率谱数据归一化,随后输入模型进行预测,根据预测出的概率判断功率谱数据中每个点所属的类别以实现信号检测。

下面以 16384 点功率谱数据为例,在长度为 16384 的一维数组的随机位置处,生成 3 种类型共 11 个信号及其对应标签,分别如图 2.11(a)和图 2.11(b)所示。标签数组只包含 4 个数字:0、1、2、3,分别代表无信号、第一类信号(常规 QPSK 信号)、第二类信号(具有导频的 QPSK 信号)、第三类信号(单频信号),柱状的不同高度对应不同的目标信号种类,这三类信号在频谱形状上有较为明显的差异,同一类信号间信号幅度及带宽有所区别。TCN 网络采用 10 层的空洞卷积网络,每层的卷积核为 7×1,每一层空洞数分别为 0~9。训练后,TCN 网络对功率谱数据不同位置处所属标签的检测结果如图 2.11(c)所示。将检测结果标签与真实标签相比对,可以发现 TCN 网络能够正确识别功率谱中包含信号的类型及信号位置。

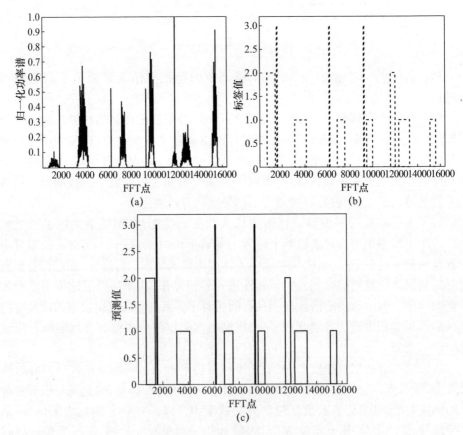

图 2.11　信号类型及位置检测结果

如果只是检测信号有无,则标签数组只有两个数字 0 和 1,分别代表无信号和有信号。如图 2.12 所示分别为 16384 点功率谱数据及 TCN 的检测结果,可以发现 TCN 网络能够正确识别功率谱中信号的有无及其位置。

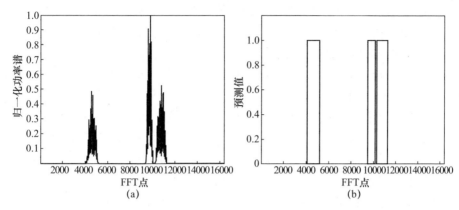

图 2.12　信号有无及位置检测结果

为了进一步检验 TCN 的性能,通过仿真程序生成了 10000 组功率谱数据样本(其中信号的信噪比为 5 ~ 20dB 不等),每组功率谱数据样本中含有 3 类信号,将生成的样本随机选择 9000 个进行训练,剩下的 1000 个用来测试,根据其边界误差(5 个样点)计算出检测性能如表 2.1 所列,其中边界误差表示以样点为单位的左右边界预测允许的误差范围。

表 2.1　检测结果

边界误差(样点)	5		7		10	
	检测概率	漏警概率	检测概率	漏警概率	检测概率	漏警概率
指标/%	89.3	10.7	92.6	7.4	95.6	4.4

2.2.3.2　时频特征检测

对于宽频带内频率跳变的突发信号检测,通常采用基于信道化的信号检测方法,但该方法要求信号带宽与信道带宽相匹配才能获得最佳性能,同时存在计算复杂、运算量大、未充分利用时频联合信息等问题。随着模式识别技术的发展,近年来将时频分布视作图形图像[6],直接在时频图像上作数据融合的方法越来越受到人们的重视,也为宽带信号检测提供了一种新的途径。

基于图像特征的时频联合检测首先要求性能优良的时频分析方法,该方法提供的时频分布能够如实地反映目标信号在二维时间 – 频率平面的联合分布信息,清楚地描述信号频率随时间变化的关系。常用的时频分析方法包括短时傅里叶变换(STFT)、魏格纳威利分布(WVD)等。

STFT 以其线性、运算简单等优点在各种工程实践中得到广泛应用。STFT 的基本思想是:利用信号的局部平稳特性,选取适当长度的窗(即分析窗)去截取信号,认为在分析窗内的信号是平稳的,并用分析平稳信号的傅里叶方法处理,随着分析窗的滑动逐段处理记录的数据。常用的线性时频分析法还有小波变换、Gabor变换等。虽然 STFT 确实描述了信号的频率随时间变化这一特点,但它的时频联合分辨率较差,并且其时频图中的信号部分凸凹不平。调整窗长可以调整时间或频率分辨率,但由于 Heisenberg 不确定原理的限制,短时傅里叶变换的时频联合分辨率始终大于 π/4。

为了在一定程度上克服 STFT 的缺点,将最初用于量子力学研究的 Wigner - Ville 分布引入到信号分析中,以更好地反映非平稳信号能量在时频域中的分布。WVD 满足许多优良的时频分布数学特性,具有非常好的信号时频聚集性,其时宽带宽积甚至可以达到 Heisenberg 下界,并且计算简单。因此,在许多应用场合,它是一种常用的非平稳信号分析工具。但是 WVD 是一种非线性时频分析方法,两个信号之和的 WVD 变换结果包含自项和交叉项。同时不满足正定条件,虽然满足实值性,可是有负值出现,这并不符合概率意义上的变量联合分布是正值的要求。工程应用中通常采用计算简单的 STFT 描述信号的时频分布特征。

针对特定时频分布,既可以利用传统的图像特征提取方法构建特征集并采用模板匹配的方法实现其中目标信号的检测,也可以利用神经网络模型和学习训练数据集完成对时频分布中目标信号的学习检测。

1) 特征匹配检测

在采用特定时频分析方法得到的能够反映宽带通道内信号时间–频率–能量分布特性的时频图的基础上,可以进一步借鉴模式识别的思路和方法,如面部识别[7],对时频图像进行扫描,实现对期望信号类型的检测和识别。扫描搜索主要依据的是与特定信号相对应的三维时频能量特征,也可以采用一些处理上更为复杂的变换域特征向量,如 Haar 变换特征、信噪比、低阶统计特征、倒谱、循环谱等[8]。

特征匹配检测方法处理流程如图 2.13 所示。

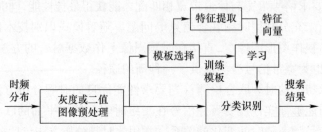

图 2.13　匹配检测处理流程

时频分布 $P(t,f)$ 通常需要转换为灰度或黑白二值图像数据,以 8bit 灰度图像为例,某短波场景下得到的通道内时频分布经过灰度转换后结果如图 2.14 所示。

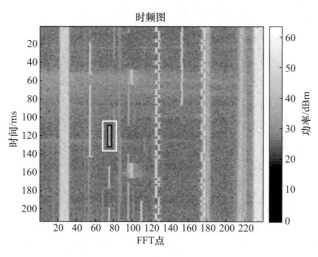

图 2.14　时频分布灰度图(见彩图)

对于宽带通道内存在的各种类型信号,可选取能够体现其特征的相应时频区域作为匹配模板,记为 $P_M = P_{M,Sig} \cup P_{M,Noise}$,如图 2.14 中外边框圈选区域(黄色),$P_{M,Sig}$ 为信号对应时频区域,如图 2.14 中内层边框圈选区域(红色),$P_{M,Noise}$ 为所选区域内的噪声部分,可见,在 P_M 中包含了目标信号的持续时间、占用带宽、信噪比等信息。

可根据期望信噪比设定门限 T,实现对 $P_{M,Sig}$ 和 $P_{M,Noise}$ 区域的划分,即 $P_{M,Sig} = \{(t,f) \,|\, P(t,f) \geqslant T\}$,$P_{M,Noise} = \{(t,f) \,|\, P(t,f) < T\}$,不同区域像素的取值为了便于计算可进行二值化处理,即 $\{P(t,f) = 1 \,|\, (t,f) \in P_{M,Sig}\}$,$\{P(t,f) = -1 \,|\, (t,f) \in P_{M,Noise}\}$。

可以发现,不同时频特征的信号类型对应不同的二维平面区域分布特性,连续信号、突发信号、带前导突发信号、FSK 信号的时频分布特性示意图如图 2.15 所示。

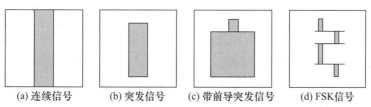

图 2.15　不同类型信号时频特征示意图

不同的区域分布特性可通过模板P_M对分类器$C(P)$的训练而记忆在$C(P)$中。对于二值化后的图像,可以直接将模板P_M与被扫描区域P_{Scan}进行逐点运算,分类器对计算结果进行统计分析,给出分类识别结果,即

$$C(P) = \text{sign}\left(\frac{\text{sum}\left[P(P_M)\cdot P(P_{Scan})\right]}{N} - T_{match}\right) = \begin{cases} 1, & \text{成功} \\ -1, & \text{其他} \end{cases} \qquad (2.22)$$

式中:N为区域中元素点数;$T_{match}\in(0,1)$为匹配门限;P表示模板的集合。

上述方法利用了目标信号时频分布特征,包括信号起始时间f_{start}、持续时间f_{dur}、中心频率f_{cen}、带宽f_{bw}、信噪比f_{snr}等。如果在此基础上深一层次挖掘信号特征,如信号低阶统计特征f_{los}、由周期序列引入的倒谱特征f_{cep}、用于信道估计和均衡的周期前缀引入的循环平稳特征f_{cycl}等,则可以构建特征向量$\boldsymbol{f} = \{f_{dur}, f_{bw}, f_{snr}, f_{los}, f_{cep}, f_{cycl}\}$,将$\boldsymbol{f}$作为降维后(矩阵转换为向量)的信号模板,训练分类器$C(\boldsymbol{f})$,则作为匹配检测依据可以在多维映射空间中实现信号搜索。

这里将Adaboost分类算法应用到对特征向量$\boldsymbol{f}$的分类识别中。

Boosting算法是一种将多个分类器组合成一个分类器以获得更优性能的方法。Adaboost算法属迭代算法,通过改变数据分布实现,它根据每次学习样本的分类结果和上次分类的整体正确率确定每个样本的权值,并据此重新迭代训练,将每次训练得到的分类器融合起来,作为最后的决策分类器。

基于Adaboost的匹配检测原理如图2.16所示。

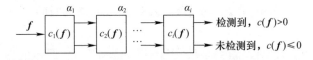

图2.16 Adaboost算法原理框图

其中α_i为弱分类器$c_i(\boldsymbol{f})$的加权系数,$1\leqslant i\leqslant L$,$c_i(\boldsymbol{f})$定义为

$$c_i(\boldsymbol{f}) = \text{sign}\left[\boldsymbol{f}(P) - \boldsymbol{\theta}_i\right] \qquad (2.23)$$

式中:$\boldsymbol{\theta}_i$为第i个分类器的多维空间的分割向量;$c_i(\boldsymbol{f})$的取值为$[1,-1]$,则强分类器$C(\boldsymbol{f})$定义为

$$C(\boldsymbol{f}) = \text{sign}\left[\sum_{i=1}^{L}\alpha_i c_i(\boldsymbol{f})\right] \qquad (2.24)$$

Adaboost算法实现简单,应用灵活,通过组合弱分类器而得到强分类器,具有分类错误率上界随着训练增加而稳定下降、不会过拟合等性质,是一种很适合于在各种分类场景下应用的算法。

基于特征匹配的检测方法适用于在时频数据中搜索检测、分类识别特定类型的目标信号,针对具有不同时频分布特征的目标信号,如持续时间、占用带宽等参

量的不同,需要构建不同的匹配检测模板,缺乏泛化能力。

2）基于深度学习的图像特征检测

时频分布可以认为是信号在时间 – 频率 – 能量三维观测空间的一种映射,并且数字通信信号的时频分布结构形状为有限集,矩形体即是其中最常见的分布结构,只是其长宽高比可任意组合。从图像处理的角度来看,基于时频分布的信号检测,本质上是对时频图像的实例分割,识别感兴趣区域(Region of Interest,RoI)即目标信号的同时还能获取其位置。区域卷积神经网络(Region CNN,R – CNN)[9]是利用深度学习进行目标检测的典型网络模型,通过引入局部响应、多级过滤、池化降维等处理,具有更好的特征提取和描述能力,不但能够完成目标类型的识别,还可以准确识别目标位置。后继学者围绕 R – CNN 不断进行修正与改进,提高其处理速度和检测性能,相继提出了 Fast R – CNN[10]、Faster R – CNN[11] 和 Mask R – CNN[12]。

Mask R – CNN 模型通过对 Faster R – CNN[13] 模型进行改进,增加了掩码预测分支(Mask Prediction Branch),并且改良了感兴趣区域池化(RoI Pooling)操作,提出了感兴趣区域对齐(RoI Align)处理,还利用了更加高效的特征金字塔网络(FPN)和残差网络(ResNet)的结合代替了之前的卷积网络提取特征的模型,实现了更加精确的实例分割。由于二维时频图像中信号与噪声间有着较强对比度特征,因而,可采用 Mask R – CNN 对其进行语义分割。

Mask R – CNN 网络结构示意图如图 2.17 所示。

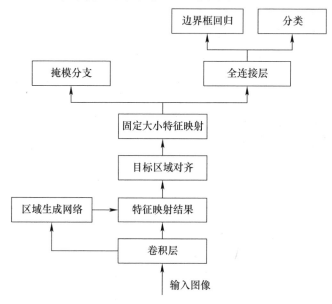

图 2.17　Mask R – CNN 模型示意图

下面简要介绍 Mask R‑CNN 的区域候选网络(Region Proposal Network,RPN)层、RoI Align 层和 Mask R‑CNN 损失函数、边框回归的功能作用。

(1) RPN。RPN 把一个任意尺度的图片作为输入,通过 3×3 的滑动窗,按照一定步进扫描,针对每个中心点输出 9 个锚点(Anchors),锚点为固定大小的窗口,长分别为 128、256、512,长宽比分别为 1:1、1:2、2:1,如图 2.18 所示。

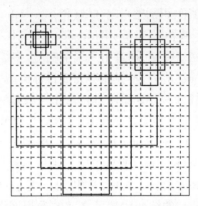

图 2.18　锚点

对于每一个锚点分配二进制标签(前景和背景),正标签(前景)对应两类锚点:①与某个真实包围框(Ground Truth,GT)有最高交并比(Intersection over Union,IoU)即重叠度的锚点;②与任意正确标注(GT)包围框的 IoU 有大于某一门限(如 0.7)的锚点,一个 GT 包围框可能分配正标签给多个锚点。相反地,分配负标签(背景)给予所有 GT 包围框的 IoU 比率都低于某一门限(如 0.3)的锚点。在模型的训练过程中,随机挑选数目相等的正锚点与负锚点进行训练,其他非正非负的锚点对训练目标没有任何作用不参与训练迭代过程。RPN 最终给出矩形区域建议(Region Proposal),每个区域建议都带一个目标分数和边界坐标,使得后继模块在分类、识别时能够关注重点区域。

(2) 损失函数。Mask R‑CNN 采用的损失函数是分类、回归与掩模预测的损失之和,即

$$L = L_{\mathrm{cls}} + L_{\mathrm{reg}} + L_{\mathrm{mask}}$$

式中:L_{cls} 为分类损失,采用 softmax 模型[14];L_{box} 为边界框回归损失,定义为

$$L_{\mathrm{reg}}\left(t_i, t_i^*\right) = \sum_{i \in (x,y,w,h)} \mathrm{smooth}_{L1}\left(t_i - t_i^*\right) \tag{2.25}$$

$$\mathrm{smooth}_{L1}(x) = \begin{cases} 0.5\,x^2, & |x| < 1 \\ |x - 0.5|, & \text{其他} \end{cases} \tag{2.26}$$

式中：t_i 表示第 i 个锚点的预测边界框；t_i^* 为具有正标签锚点对应的正确标注包围框；x、y、w、h 分别为第 i 个锚点对应边界框的中心点坐标、宽度及高度。

L_{mask} 定义为平均二值交叉熵损失（Average Binary Cross – entropy Loss），L_{mask} 采用全卷积网络（Fully Convolutional Network，FCN）对 RoI 进行分割，输出 K 个 $m \times m$ 掩模，K 对应类别个数，m 通常设置为 14 或 28，并对于每一个像素根据 sigmod 函数进行二值化，产生前景和背景的掩模分割，根据每个 RoI 预测分类计算 L_{mask} 为

$$L_{mask} = -\frac{1}{n} \sum_i y_i \log(y_i^*) + (1 - y_i)\log(1 - y_i^*) \tag{2.27}$$

式中：y_i^* 和 y_i 分别为第 i 个 RoI 的预测值和期望值；n 为 RoI 个数。对于一个属于第 k 个类别的 RoI，L_{mask} 仅仅考虑第 k 个 Mask（其他的掩模输入不会贡献到损失函数中），这样的定义会允许对每个类别都会生成掩模，并且不会存在类间竞争。

（3）RoI Align。目标区域的池化（RoI Pool）用于从每个 RoI 中提取小的特征图，RoI Pool 选择的特征图区域，会与原图中的区域有轻微不对齐特性。对于平移不变性的分类任务，这种影响不大，但对于精确的像素级掩模预测具有较大的负影响。

RoI Align 能够去除 RoI Pool 引入的不对齐，准确地对齐输入的提取特征，避免 RoI 边界进行量化，采用双线性内插根据每个 RoI 边界的 4 个采样点计算输入特征的精确值，并采用最大化或平均化组合结果。假设点 (x, y)，取其周围最近的 4 个采样点，在 Y 方向进行两次插值，再在 X 方向进行两次插值，以得到新的插值，这种处理方式不会影响 RoI 的空间布局。

（4）边框回归。对于窗口一般使用四维向量 (x, y, w, h) 表示，分别表示窗口的中心点坐标和宽高。如图 2.19 所示，对于原始的推荐区域包围框（Proposal，P）和代表目标的真实包围框，目标是寻找一种关系使得原始的窗口 P 经过映射，得到一个跟真实窗口 G 更接近的回归窗口 $\hat{G}$。

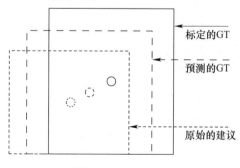

图 2.19 回归窗口

即给定 (P_x, P_y, P_w, P_h) 寻找一种映射 f，使得 $f(P_x, P_y, P_w, P_h) = (\hat{G}_x, \hat{G}_y, \hat{G}_w, \hat{G}_h)$，并且 $(\hat{G}_x, \hat{G}_y, \hat{G}_w, \hat{G}_h) \approx (G_x, G_y, G_w, G_h)$。

综合利用上述处理方法，Mask R – CNN 首先利用卷积神经网络对时频分布进行特征提取，并使用 RPN 网络提取 RoI，然后对提取的每一个 RoI 进行分类、定位，找出对应二分类的掩模（Mask），从而完成时频分布中信号的检测并分类，精确地分割每一个分类图片中的目标，并定位各目标的包围框。

对于二维时频图像信号的检测，首先需要分别提取噪底图像和信号图像，将黑色噪底图像缩放成 1024 × 1024 大小的图像，之后重复随机选取信号图像，在黑色噪底图像上随机位置生成信号，并记录相应信号的坐标与类型，并且生成相应的掩模图像（掩模图像是像素值为 0、1 的图像，有信号的位置图像像素值为 1，否则为 0）。经过模型训练后，将二维时频数据输入模型进行预测，将带有掩模图像保存。因为预测出的数据存在边界不平滑的情况，无法直接检测出该信号的区域，所以需要对预测出来的掩模图像进行后处理。首先，去除面积过小的区域，因为面积过小说明是错误识别而不是应该识别的信号。其次，寻找比较规整的矩形。最后，因为存在两个矩形相接的情况，无法直接识别信号，所以先寻找接壤矩形的 8 个外点，然后根据 8 个点的坐标将接壤的两个矩形划分。这样就可以成功获取信号的坐标信息。

以特定宽带时频数据为例，构建的掩模回归网络采用全连接卷积网络，含 6 层卷积网络，卷积核大小为 2 × 2，区域生成网络的长宽比为 2∶1∶0.5，区域大小包括 16、32、64、128、256，步长为 2，原始数据及模型的检测结果分别如图 2.20、图 2.21 所示，在水平及垂直方向预测框偏移值保持在 ±5 像素点以内，大小为 1024 × 4096 的图像，测试准确率为 98.37%。

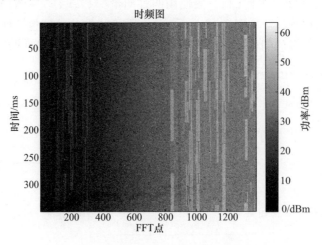

图 2.20　二维信号图像测试样本

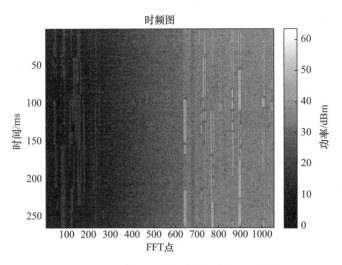

图 2.21　二维信号图像样本检测结果(见彩图)

2.3　基于自相关特征信号检测

出于克服传播信道的非理想特性、缩短同步时间、提升传输隐蔽性等不同目的,通信系统根据自身工作体制,通过在编码、调制、突发规格等方面增加冗余设计,在传输信号的基带波形上进行特殊考虑和波形设计,如突发通信系统为了克服信道衰落和快速捕获,通常在待传输的信息序列前插入额外的比特开销,以实现信道特性估计和补偿;OFDM 通信系统为了克服信道多径效应带来的码间串扰,在码元间周期性插入循环前缀保护间隔;扩频通信系统通过正交序列拓展传输带宽,虽然降低了频谱利用率,但增加了信号的隐蔽性。针对这些具有一定特征的传输信号的检测,除了常规的检测方法,如果能够利用该特征设计相应的检测方法,则可大大提升检测性能,降低检测所需信噪比。其中,基于二阶统计量的自相关检测法[15]是一种很经典的信号检测方法。它将信号延迟一段时间后与原信号做相关处理,其原理框图如图 2.22 所示。

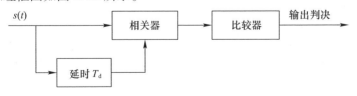

图 2.22　自相关检测原理框图

2.3.1 循环前缀相关特征

OFDM 是一种正交频分复用技术[16],也是一种多载波传输技术,它把有效的频谱分成多个载波,每个子载波都由一个低速率数据流调制。OFDM 通过缩短子载波之间的间隔,使之频谱利用率更高;同时,为了避免子载波之间的干扰,每个子载波之间都必须保持相互正交的关系。在并行发送的情况下,即使整个传输带宽内信道是严重多径衰落的,如短波信道,但在每个子信道上传输带宽小于信道的相应带宽,因此,可以大大消除信号波形的码间串扰。

若 OFDM 符号的长度为 T,则子载波之间的间隔为 $1/T$,系统一共包含 N 个相互正交的子载波,在一个周期内不同载波间具有正交性,即

$$\int_0^T \cos 2\pi f_n t \cdot \cos 2\pi f_m t = A, \quad m = n$$

$$\int_0^T \cos 2\pi f_n t \cdot \cos 2\pi f_m t = 0, \quad m \neq n$$

$$(2.28)$$

式中:A 为常数。

在数字系统中,OFDM 的系统结构如图 2.23 所示。

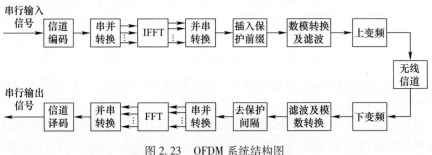

图 2.23　OFDM 系统结构图

OFDM 调制的基本原理如图 2.24 所示。

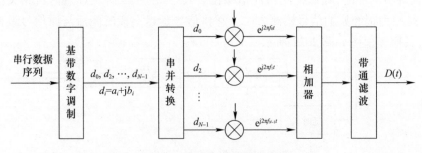

图 2.24　OFDM 调制原理框图

令发送的符号序列为$(d_0, d_0, \cdots, d_{N-1})$，每一个符号$d_i$是经过基带调制后的复信号$d_i = a_i + jb_i$，串行符号序列的间隔为$T_s = 1/f_s$，其中$f_s$是系统的符号传输速率。串并变换之后，它们分别被调制到N个子载波$(f_0, f_1, \cdots, f_{N-1})$上，这$N$个子载波频分复用整个信道带宽，相邻子载波之间的频率间隔为$1/T_s$，合成的传输信号为

$$D(t) = \sum\nolimits_{i=0}^{N-1} (a_i \cos 2\pi f_i t + b_i \sin 2\pi f_i t) \tag{2.29}$$

由于循环保护前缀 CP 的插入，使得接收的 OFDM 信号$r(t)$具有了非平稳特性，其自相关函数可表示为

$$c_r(t, \tau) = E[r(t)r^*(t+\tau)] \tag{2.30}$$

当$\tau = N_D$时，$c_r(t, \tau)$存在非零值的时刻t，其中N_C、N_D分别为循环前缀及数据符号长度。若信号观测周期数为$K(N_C + N_D)$，定义观测量为

$$\hat{c}(n) = r(n)r^*(n+N_D), \quad n = 1, 2, \cdots, K(N_C + N_D) \tag{2.31}$$

考虑到$\hat{c}(n)$与$\hat{c}(n+k(N_C+N_D))$独立同分布，定义：

$$\hat{R}(n) = \frac{1}{K} \sum\nolimits_{k=0}^{K-1} \hat{c}(n+k(N_C+N_D)), \quad n = 1, 2, \cdots, N_C+N_D \tag{2.32}$$

可得基于滑动窗的二阶检测算子如下[17]：

$$\max_{\theta \in \{0,1,\cdots,N_C+N_D-1\}} \left| \sum\nolimits_{n \in S_\theta} \hat{R}(n) \right| \mathop{\gtrless}\limits_{H_0}^{H_1} \eta \tag{2.33}$$

式中：S_θ为N_C个循环前缀所属的符号集合。该检测算子需要确切的循环前缀参数N_C、N_D及噪声功率σ^2才能获得预期的检测性能。为此，文献[18]根据接收信号的功率对自相关均值进行归一，无须已知噪声功率，归一化自相关检测算子具体定义为

$$\frac{\sum\nolimits_{n=1}^{N-N_D} \text{Re}(\hat{c}(n))}{\sum\nolimits_{n=1}^{N} |r(n)|^2} \mathop{\gtrless}\limits_{H_0}^{H_1} \eta \tag{2.34}$$

在进一步利用 OFDM 信号的非平稳特性的基础上，文献[19]提出了 GLRT 检测算子，即

$$\max_{\theta \in \{0,1,\cdots,N_C+N_D-1\}} \frac{\sum\nolimits_{n=1}^{N_C+N_D} |\hat{R}(n)|^2}{\sum\nolimits_{n \in S_\theta} \left| \hat{R}(n) - \frac{1}{N_C} \sum\nolimits_{i \in \theta} \text{Re}(\hat{R}(i)) \right|^2 + \sum\nolimits_{n \notin S_\theta} |\hat{R}(n)|^2} \mathop{\gtrless}\limits_{H_0}^{H_1} \eta$$

$$\tag{2.35}$$

该假设检验与σ^2无关，仅涉及循环前缀长度N_C，相较于文献[18]，由于该检验算子考虑到了信号的非平稳特性，将循环前缀 CP 从归一化因子减除，因而能够获得更好的检测效果。

通过蒙特卡罗计算机仿真对 3 种检测算子进行分析,信噪比变化范围 $-20 \sim$ 5dB, $N_D = 32$, $N_C = 32$, $P_{FA} = 0.05$,各算子检测性能如图 2.25 所示。

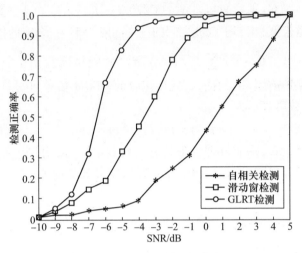

图 2.25　信号检测性能曲线

2.3.2　扩频周期相关特征

直接序列扩频(DSSS)通信信号由于自身良好的相关性,具有一定的扩频增益,因此可在低信噪比、负信噪比下工作,传统的时域、频域检测法都无法有效地完成对直扩信号的可靠检测。

以 BPSK 调制直扩信号为例,接收信号 $r(t)$ 可表述为[20]

$$r(t) = s(t) + n(t) = \sqrt{2P}a(t)\cos(\omega_c t + \varphi_0) + n(t)$$
$$= \sqrt{2P}c(t)pn(t)\cos(\omega_c t + \varphi_0) + n(t) \tag{2.36}$$

式中:$\sqrt{2P}$ 为接收信号的幅度;P 为信号功率,$a(t) \in (-1,1)$ 是经伪随机码调制后的发送序列;$c(t) \in (-1,1)$ 为信息码序列,比特宽度为 T_c;$pn(t) \in (-1,1)$ 是扩频伪随机序列,长度为 N,其比特宽度为 T_{pn};ω_c 和 φ_0 分别是载波频率和载波初始相位;$n(t)$ 为服从 $(0,\sigma^2)$ 分布的高斯噪声。

根据单周期伪随机噪声(PN)码波形相对单个信息码波形持续时间的长短可分为短 PN 码扩频调制和长 PN 码扩频调制。在短 PN 码调制时有 $T_c = iNT_{pn}$,即单个信息码波形是由 $i \geq 1$, $i = 1,2,\cdots$ 周期 PN 码所调制,当 $i > 1$ 时各个周期段的 PN 码可以相同或不同;在长 PN 码调制时有 $NT_{pn} = jT_c$ 即单周期 PN 码波形可以调制 $j \geq 1$, $j = 1,2,\cdots$ 个信息码波形,而且有些单周期 PN 码可以长到发送完所有的信息码。

由于 $pn(t)$ 是长度为 N 的周期伪随机序列,所以其自相关函数 $R_{pn}(\tau)$ 也是周期为 N 的周期函数,即

$$R_{pn}(\tau) = \begin{cases} 1 - \left(1 + \dfrac{1}{N}\right)\left[\dfrac{|\tau - NT_{pn}|}{T_{pn}}\right], & |\tau - NT_{pn}| \le T_{pn} \\ -\dfrac{1}{N}, & |\tau - NT_{pn}| > T_{pn} \end{cases} \tag{2.37}$$

可见,伪随机序列的相关函数在伪码周期处出现相关峰值,并且峰值重复周期为伪随机序列的周期,其波形如图 2.26 所示。

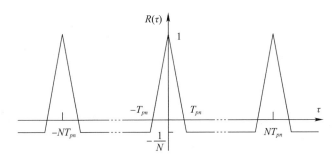

图 2.26　伪随机序列自相关函数

利用伪随机序列的周期属性,同样可采用基于自相关检测方法实现对直扩信号的检测。一般来说,相关域检测能在一定程度上降低对背景噪声变化的敏感程度,甚至在多频单音干扰下也有良好的稳健性。

接收信号 $r(t)$ 的自相关函数为

$$R_r(\tau) = E\{r(t)r(t+\tau)\}$$

$$= E\{s(t)s(t+\tau) + s(t)n(t+\tau) + n(t)s(t+\tau) + n(t)n(t+\tau)\}$$

$$= R_{ss}(\tau) + R_{sn}(\tau) + R_{ns}(\tau) + R_{nn}(\tau) \tag{2.38}$$

式中:第一项为信号的自相关函数,当信号为 $s(t) = \sqrt{2P}c(t)pn(t)\cos(\omega_c t + \varphi_0)$ 时,其自相关函数为

$$R_{ss}(\tau) = \sqrt{2P}R_c(\tau)R_{pn}(\tau)\cos(\omega_c\tau) \tag{2.39}$$

由于 $c(t)$ 为随机序列,故 $R_c(\tau)$ 没有相关峰值出现,而 $pn(t)$ 是长度为 N 的周期性伪随机序列,其自相关函数也是周期为 N 的周期性函数。所以 $R_{pn}(\tau)$ 在延迟为 nNT_{pn} 处出现峰值,相关函数中心处的峰值最大,峰值间隔为伪码周期。

第二项和第三项为信号 $s(t)$ 与噪声 $n(t)$ 的互相关函数,由于两者不相关,所以有 $R_{sn}(\tau) = R_{ns}(\tau) \approx 0$。因此,有 $R_r(\tau) = R_{ss}(\tau) + R_{nn}(\tau)$。

第四项$R_{nn}(\tau)$为噪声$n(t)$的自相关函数,由于噪声没有周期性,故其自相关函数在$\tau=0$时有相关峰值出现,在$\tau\neq0$时,其值很小,没有相关峰值。

总之,当$\tau\neq nNT_{pn}$时,由直接序列扩频信号的自相关特性可知,$R_{ss}(\tau)$值很小,即不会出现明显的相关峰;当$\tau=nNT_{pn}$时,$R_{ss}(\tau)$出现明显的相关峰;噪声在$\tau\neq0$时,$R_{nn}(\tau)\approx0$。因而,通过检测输出自相关函数的峰值可检测到扩频信号的存在。

由于 DSSS 信号中伪随机序列的周期重复,使信号的频谱具有了准周期性,而噪声则没有准周期性,因此,通过提取信号频域的准周期性可以检测到信号的存在。倒谱是一种同态信号处理技术,利用信号中某些分量在频率域上的准周期性,对信号的对数功率谱再求功率谱,在伪时域或倒频率域上将这种周期性显现出来,用来分离和提取密集泛频信号中的周期成分。倒谱是从时域到频域、频域到频域、频域到伪时域的 3 次映射,即

$$C(\tau)=\left|\mathrm{FFT}(\ln\left|\mathrm{FFT}(s(t))\right|^2)\right|^2 \tag{2.40}$$

倒谱的对数变换可将乘性噪声变为加性噪声,有助于消除乘性干扰。该技术充分利用信号频域上的准周期特性,检测淹没在噪声之中的信号分量,实现信号的检测。倒谱处理结果中峰值出现在伪码周期的整数倍处,通过检测峰值有无可以判断信号的存在,而峰值间隔对应伪码周期。

为检验相关检测及倒谱检测的性能,仿真产生 BPSK 短码扩频信号,伪码速率为 6Mchip/s,载频为 8MHz,采样频率为 60MHz,信息码数据长度为 16,每个信噪比条件下做 1000 次蒙特·卡罗实验,分别采用相关及倒谱检测得到的检测性能曲线如图 2.27 所示。

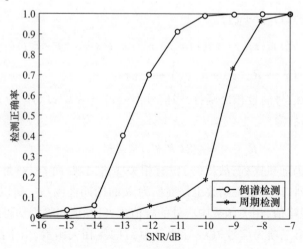

图 2.27　倒谱检测性能曲线

2.3.3　先验序列相关特征

对于已知传输符号序列的信号检测,若经过定时后,接收信号的符号序列为 $r(k)$,即

$$r(k) = a_k \mathrm{e}^{\mathrm{j}(\Delta f k + \Delta \varphi)} + n(k), \quad k = 0, 1, \cdots, N - 1 \tag{2.41}$$

式中:a_k 为已知符号序列,且 $|a_k|^2 = A$;Δf、$\Delta \varphi$ 分别表示载波残余频偏、相偏,通过接收序列与本地相关序列 $l(k) = a_k^*$ 的滑动相关,构造检测统计量,即

$$D(n) = \max \left[\left| \mathrm{FFT}(l(k) * r(k - n)) \right| \right], \quad k = 0, 1, \cdots, N - 1 \tag{2.42}$$

可见,当接收符号序列与本地相关序列同步时,即 $n = 0$,由于 $A = a_k a_k^* = |a_k|^2$,符号信息被消除,即

$$D(0) = \max \left[\left| \mathrm{FFT}(A \mathrm{e}^{\mathrm{j}(\Delta f k + \Delta \varphi)} + n'(k)) \right| \right] \tag{2.43}$$

式中:$n'(k) = l(k) n(k)$。此时,信号检测问题可转化为噪声中的单频信号检测,通过检测峰值,可以实现突发信号起始时刻的检测,并完成残余频偏及相偏的估计,实现非理想信道特性的补偿。在 0dB 条件下,采用该方法对一种具有 64 个前导符号的突发信号进行检测,基于数据辅助的检测结果波形如图 2.28 所示,每个峰值位置对应突发信号的起始时刻。

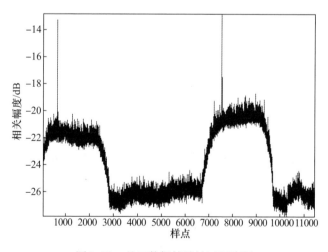

图 2.28　基于数据辅助的匹配检测

2.4　基于循环平稳特征的检测

有些非平稳过程的自相关函数除了具有时变特性外,还具有周期特性。多数

通信信号自相关函数的周期特性与符号速率、码元速率、信道编码、循环前缀等相关联,将此类统计特征随时间周期变化的随机过程称为循环平稳随机过程[21]。基于循环平稳特征的检测方法利用了循环平稳过程的统计特征,最早由 W. A. Gardner 提出,并据此设计了微弱信号检测算子[22]。

本节在简要介绍循环平稳特征基本分析理论的基础上,以直扩信号为例提出了基于循环特征的直扩信号检测方法。可以发现,循环谱为谱分析提供了更加丰富的信号分析域,将通常的功率谱定义域从频率轴推广到频率 – 循环频率双频平面,它更明显地表现出了信号的特征。

2.4.1　循环周期特性

定义 $<\cdot>$ 为时间平均运算符,即

$$<\cdot> \stackrel{\text{def}}{=} \lim_{T\to\infty} \frac{1}{T} \int_{-T/2}^{T/2} (\cdot)\,\mathrm{d}t \qquad (2.44)$$

若

$$M_s^\alpha = \langle s(t)\mathrm{e}^{-\mathrm{j}2\pi\alpha t} \rangle \qquad (2.45)$$

存在 α 使 M_x^α 不为零,则认为平稳随机过程 $s(t)$ 具有一阶周期性。定义 $s(t)$ 的二次变换 $y(t)$ 为

$$y(t) = s(t)s(t-\tau) \qquad (2.46)$$

另一种更为通用的表达形式为

$$y(t) = s(t+\tau/2)s^*(t-\tau/2) \qquad (2.47)$$

可见,当 $\tau=0$ 时,对应常规的平方运算。若

$$M_y^\alpha = \langle s(t)s(t-\tau)\mathrm{e}^{-\mathrm{j}2\pi\alpha t} \rangle \qquad (2.48)$$

存在 α、τ,使 M_y^α 不为零,则认为 $s(t)$ 具有二阶周期性。

因此,定义循环自相关函数(Cyclic Autocorrelation Function)为

$$R_x^\alpha(\tau) \stackrel{\text{def}}{=} \langle s(t+\tau/2)s^*(t-\tau/2)\mathrm{e}^{-\mathrm{j}2\pi\alpha t} \rangle \qquad (2.49)$$

当 $\alpha=0$ 时,有

$$R_x^0(\tau) \stackrel{\text{def}}{=} \langle s(t+\tau/2)s^*(t-\tau/2) \rangle \qquad (2.50)$$

因此,循环自相关函数是自相关函数的广义形式,$R_x^\alpha(\tau)$ 亦可表示为

$$R_x^\alpha(\tau) = \left\langle \left[x\left(t+\frac{\tau}{2}\right)\mathrm{e}^{-\mathrm{j}\pi\alpha\left(t+\frac{\tau}{2}\right)}\right]\left[x\left(t-\frac{\tau}{2}\right)\mathrm{e}^{\mathrm{j}\pi\alpha\left(t-\frac{\tau}{2}\right)}\right]^* \right\rangle \qquad (2.51)$$

此时,若令

$$u(t) = s(t)\mathrm{e}^{-\mathrm{j}\pi\alpha t} \Leftrightarrow U(f) = S\left(f+\frac{\alpha}{2}\right)$$

$$v(t) = s(t)\,\mathrm{e}^{\mathrm{j}\pi\alpha t} \Leftrightarrow V(f) = S\!\left(f - \frac{\alpha}{2}\right) \tag{2.52}$$

则

$$R_{uv}(\tau) \stackrel{\text{def}}{=\!=} \langle u(t+\tau/2)v^*(t-\tau/2)\rangle = R_x^{\alpha}(\tau) \tag{2.53}$$

循环自相关函数可解释为 $u(t)$、$v(t)$ 的互相关函数。

2.4.2　谱相关密度函数

对于平稳随机过程 $s(t)$,其平均功率可表示为

$$\langle\,|\,s(t)\,|^2\,\rangle = R_s(0) \tag{2.54}$$

从频域角度分析,定义功率谱密度函数 $S_s(f)$ 为

$$S_s(f) \stackrel{\text{def}}{=\!=} \lim_{B\to 0}\frac{1}{B}\langle\,|\,h_B^f(t)\otimes s(t)\,|^2\,\rangle \tag{2.55}$$

式中:$h_B^f(t)$ 为中心频率 f、带宽 B 的带通滤波器,可证明(Wiener – Khinchin 定理),$S_s(f)$ 可通过自相关函数的傅里叶变换得到,即

$$S_s(f) = \int_{-\infty}^{\infty} R_s(\tau)\,\mathrm{e}^{-\mathrm{j}2\pi f\tau}\mathrm{d}\tau \tag{2.56}$$

对于循环平稳随机过程 $s(t)$,$R_s^{\alpha}(0) = \langle u(t)v^*(t)\rangle = \langle\,|\,s(t)\,|^2\mathrm{e}^{-\mathrm{j}2\pi\alpha t}\rangle$ 引出谱相关密度函数(Spectral Correlation Function,SCF),即

$$S_s^{\alpha}(f) \stackrel{\text{def}}{=\!=} \lim_{B\to 0}\frac{1}{B}\langle\,|\,h_B^f(t)\otimes u(t)\,|\,|\,h_B^f(t)\otimes v(t)\,|\,\rangle \tag{2.57}$$

同样可证明,$S_s^{\alpha}(f)$ 可通过循环自相关函数的傅里叶变换得到,即

$$S_s^{\alpha}(f) = \int_{-\infty}^{\infty} R_s^{\alpha}(\tau)\,\mathrm{e}^{-\mathrm{j}2\pi f\tau}\mathrm{d}\tau \tag{2.58}$$

可以看出,谱相关密度函数可看成信号频移 $\pm\alpha/2$ 后的谱成分相关的结果,因此称为谱相关。实际上,谱相关理论是传统谱分析理论的推广,传统的谱分析理论是谱相关理论的特例。当 $\alpha = 0$ 时,循环谱就退化为传统的功率谱。

常用的循环谱估计方法包括时域平滑和频域平滑[23],时域平滑对双频率平面循环谱估计的计算效率相较于频域平滑算法更高,而频域平滑算法的估计准确度更佳。

2.4.3　循环特征检测

各种周期特征检测算子通常采用非线性变换获取再生谱线以检测目标信号的存在。考虑到恶劣的信噪比条件,检测算子多采用二次非线性变换,并可统一表

示为[24]

$$y_\alpha(t) = \int_{-\infty}^{\infty} \int_{-\infty}^{\infty} k_\alpha(u,v) r(t-u) r(t-v) \, du \, dv \tag{2.59}$$

式中：α 对应再生谱线频率；$k_\alpha(u,v)$ 为核函数。可以发现，利用符号周期性的延迟相乘检测算子、反映载频特征的平方律检测算子、双通道相关检测算子等均是对应不同形式核函数的一种特例，通过调整局部参数，如延迟点数、滤波带宽等，使不同的检测算子在特定条件下获得较好的性能。为了获得最优检测算子的定性分析，可以证明，对于加性平稳噪声中的循环平稳信号，能够使在谱线频率 α 处得到最大检测信噪比的最优检测算子可表示为

$$y_\alpha(t) = \frac{1}{N_0^2} \int_{-\infty}^{\infty} S_s^\alpha(f)^* \, S_{r_T}^\alpha(t,f) \, e^{j2\pi\alpha t} \, df \tag{2.60}$$

式中：N_0 为噪声功率谱密度；$S_{r_T}^\alpha(t,f)$ 为时变循环周期谱，即

$$S_{r_T}^\alpha(t,f) = \frac{1}{T} R_T(t, f+\alpha/2) R_T^*(t, f-\alpha/2)$$

$$R_T(t,f) = \int_{t-T/2}^{t+T/2} r(u) \, e^{-j2\pi fu} \, du \tag{2.61}$$

为了降低计算复杂度，实际工程应用通常只利用有限个循环频率构建检测算子 $y_{mc}(t) = \sum_\alpha y_\alpha(t)$，如循环频率个数为一的单一循环频率检测器。对于非协作接收，难以获得待检测信号确切的谱相关函数 $S_s^\alpha(f)$，工程上通常采用与目标信号带宽 Δf 相匹配的矩形窗代替 $S_s^\alpha(f)$，由此得到简化后的检测算子，即

$$y(t) = \frac{1}{\Delta f} \int_{f-\Delta f/2}^{f+\Delta f/2} S_{r_T}^\alpha(t,v) \, dv = S_{r_T}^\alpha(t,v)_{\Delta f} \tag{2.62}$$

这是谱相关函数的一种频域平滑估计方法，采用该方法的检测算子称为循环谱分析器（Cyclic Spectrum Analyzer，CSA），在 $T\Delta f \gg 1$ 的条件下，其幅度输出不仅可以用来检测信号是否存在，还可通过与标准谱相关函数的匹配度实现信号类型的识别。

由于 DSSS 信号是由信息序列和伪随机序列模二相乘后经过载波调制得到的，因而具有周期平稳特性，将其建模为平稳随机模型时，便失去了许多有用信息。所以更适合将其建模为循环平稳过程，用循环谱理论分析直扩信号可以更充分地提取信号的特征信息。

循环谱在信号特征提取方面的突出优点是谱分辨能力强，即使在频率轴上的功率谱是连续的，信号特征也可以谱线形式分布在循环频率轴上，而且，不同调制方式的信号其循环谱分布也不同。这样，信号在时域或频域中交叠在一起的特征可能会在循环谱中显现出来，从而得到信号的更多未知信息。

DSSS/BPSK 的循环谱相关函数可表示为

$$S_s^\alpha(f) = \begin{cases} \dfrac{P^2}{2T_{pn}}\left[\begin{array}{l} Q\left(f+\dfrac{\alpha}{2}+f_c\right)Q^*\left(f-\dfrac{\alpha}{2}+f_c\right)+ \\[2mm] Q\left(f+\dfrac{\alpha}{2}-f_c\right)Q^*\left(f-\dfrac{\alpha}{2}-f_c\right) \end{array}\right]e^{-j2\pi\alpha t_0}, & \alpha=\dfrac{k}{T_c} \\[8mm] \dfrac{1}{4T_c}\left[Q\left(f+\dfrac{\alpha}{2}\pm f_c\right)Q^*\left(f-\dfrac{\alpha}{2}\mp f_c\right)\right]e^{-j\left[2\pi(\alpha\pm2f_c)t_0\pm2\varphi_0\right]}, & \alpha=\mp2f_c+\dfrac{k}{T_{pn}} \\[6mm] 0, & \text{其他} \end{cases}$$

(2.63)

式中：α 为循环频率；f 为功率谱频率；k 为整数；Q 函数为 sinc 函数。由式(2.63)可见，直扩信号循环谱包络主要取决于信号的载频 f_c、码片时宽 T_c 和幅度，与信号的初始时间 t_0 和初相 φ_0 无关。以归一化码片速率为 0.125 的 DSSS/BPSK 信号为例，其循环谱幅度分布如图 2.29 所示，其中，在循环频率为码片速率的整倍数处存在非零峰值。

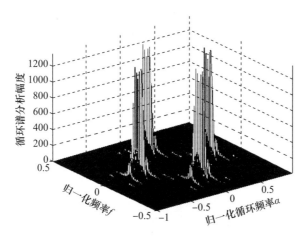

图 2.29　DSSS/BPSK 信号循环谱

DSSS 接收信号的背景噪声往往不具备周期特征，如图 2.30 所示。

当接收信号受到噪声影响时，噪声只在循环频率 α 为零处影响信号的特征，而 $\alpha\neq0$ 时信号的循环谱不受噪声的影响。循环频率 α 一般与信号的载频、伪码速率等有关。当接收信号为 DSSS/BPSK 信号时，循环谱在信号的载频、伪码速率处的结果不等于零，而在其他 α 值处理论上为零，据此可以实现直扩信号检测和参数估计。

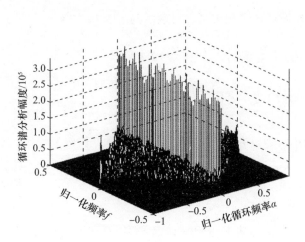

图 2.30   噪声循环谱

信号循环谱估计计算量较大,其二维结果输出的后继处理压力也较大,为了尽可能集中地反映信号特征,可选择频率切面观察,该切面集中反映了信号的载频、伪码速率信息,如图 2.31 所示,取 DSSS 信号循环谱 $f=0$ 切面。

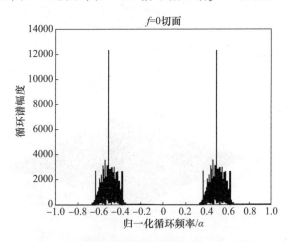

图 2.31   DSSS/BPSK 信号循环谱 $f=0$ 切面

2.5 小 结

本章主要介绍了数字通信信号检测的基本原理与方法,在二元统计检测模型的框架下,分别从时频能量检测、基于信号相关特征的检测、基于通信信号循环平稳特征的检测 3 个方面,介绍了各自应用的原理与方法。时频能量检测方法在时域、频域、时频分布等能量观测空间中,结合双滑窗、形态滤波等自适应处理方法,无须信号先验知识即可完成信号检测,并且计算简单,在实际工程中应用广泛。近年来,随着神经网络等智能处理技术的发展,对能量空间的观测也向着智能化方向发展,在物体目标识别领域表现优异的各种深度学习模型在信号检测方面也有着良好的性能,正成为当前研究热点。但基于能量观测空间的检测算法未利用信号先验信息,无法适应低信噪比环境。为了提高检测可靠性,可利用待检测信号的部分先验信息,如突发通信信号的前导序列、正交频分复用信号的循环前缀、直接序列扩频信号的周期性等,采用相关处理方法,将相关性作为观测空间进行信号检测。相对于时频能量检测方法,由于利用了信号先验信息,基于自相关特征的信号检测能够适应更低的检测信噪比,但其应用范围有限。数字通信信号受周期调制信号的影响其统计特性呈周期变化,因此,循环平稳特征是数字通信信号的固有特征,而噪声作为一种广义平稳随机过程不具有循环平稳特性,因此,基于循环平稳特征观测的检测方法不但能够适应较低的信噪比,还具有较广的适用范围。信号检测作为各种无线电应用的关键技术之一,准确、可靠的检测性能直接关系着系统的实际性能,结合新理论、新技术持续开展对数字通信信号检测技术的研究有着十分重要的意义。

参考文献

[1] VAN TREES H L. Detection, estimation, and modulation theory, Part I: Detection, estimation, and linear modulation theory[M]. New York: John Wiley & Sons, Inc. ,2001.

[2] POOR H V, An Introduction to signal detection and estimation[M]. New York: Springer – Verlag, 1994.

[3] AXELL E, LEUS G, LARSSON E G, et al. Spectrum sensing for cognitive radio: State – of – the – art and recent advances[J]. IEEE Signal Processing,2012,29(3):101 – 116.

[4] NEMSICK L W. Geraniotis. E. Adaptive multichannel detection of frequency – hopping signals [J]. IEEE Transactions on Communications,1992,40(9):1502 – 1511.

[5] SHAOJIE B, KOLTER Z J, KOLTUN V. An empirical evaluation of generic convolutional and recurrent networks for sequence modeling[C]. ICLR,2018.

[6] 王权. 短波宽带信号监测系统关键技术研究[D]. 郑州:解放军信息工程大学,2011.

[7] VIOLA P, JONES M. Robust real – time face detection[J]. International Journal of Computer Vision,2004,57(2):137 – 154.

[8] KOLB D. Efficient and trainable detection and classification of radio signals[D]. Erlangen – Nürnberg,2012.

[9] GIRSHICK R, DONAHUE J, DARRELL T, et al. Rich feature hierarchies for accurate object

detection and semantic segmentation[J]. IEEE Conference on Computer Vision & Pattern Recognition, 2014.

[10] GIRSHICK R. Fast R – CNN[N]. Computer Science, 2015.

[11] REN S Q, GIRSHICK R, SUN J. Faster R – CNN: Towards real – time object detection with region proposal networks[J]. IEEE Transactions on Pattern Analysis & Machine Intelligence, 2017, 39(6):1137 – 1149.

[12] HE K, GKIOXARI G, DOLLÁR P, et al. Mask R – CNN[C]//Proceedings of the IEEE International Conference on Computer Vision, 2017:2961 – 2969.

[13] TANG L, GAO C, CHEN X, et al. Pose detection in complex classroom environment based on improved faster R – CNN[J]. IET Image Processing, 2019, 13(3):451 – 457.

[14] VIOLA P, JONES M. Robust real – time face detection[J]. International Journal of Computer Vision, 2004, 57(2):137 – 154.

[15] 张建立. 直扩信号的检测[J]. 无线电工程, 1994, 24(2):19 – 21.

[16] 牛慧莹. TD_LTE 系统信道估计技术研究[D]. 西安:西安电子科技大学, 2010.

[17] LU L, WU Z, JIE M W, et al. Sensing scheme for DVB – T[Z]. IEEE Standard 802. 22 – 06/0127rl, 2006.

[18] CHAUDHARI S, KOIVUNEN V, POOR H V. Autocorrelation – based decentralized sequential detection of OFDM signals in cognitive radios[J]. IEEE Transactions on Signal Processing, 2009, 57(7):2690 – 2700.

[19] AXELL E, LARSSON E G. Optimal and sub – optimal spectrum sensing of OFDM signals in known and unknown noise variance[J]. IEEE Journal On Selected Areas in Communications, 2011, 29(2):290 – 304.

[20] 牛景昌. 直扩信号深度盲检测技术研究[D]. 石家庄:中国电子科技集团公司第五十四研究所, 2008.

[21] GARDNER W A. Cyclostationary: Half a century of research[J]. Signal Processing, 2006, 86:639 – 697.

[22] GARDNER W A, SPOONER C M. Signal interception: Performance advantages of cyclic – feature detectors[J]. IEEE Transactions on communications, 1992, 40:149 – 159.

[23] BROWN W A, LOOMIS H H, Digital implementations of spectral correlation analyzers[J]. IEEE Transactions on Signal Processing, 1993, 41(2):703 – 720.

[24] GARDNER W A. Signal interception: A unifying theoretical framework for feature detection[J]. IEEE Transactions on Communications, 1988, 36:897 – 906.

第 3 章

信号参数估计与调制类型识别

3.1 引 言

在协作通信系统中,接收信号的调制参数都是已知的(即使受到传播信道等非理想特性的影响,参数偏差也在可接受范围内),接收端在此先验条件下,设计相应的接收处理流程与算法。但在非协作接收条件下,为了准确地从载波中恢复承载的信息,接收端首先要从观测数据中,估计出载波调制参数,分析载波调制样式,这是整个侦收系统的首要环节,也是制约系统后继工作效能的关键因素。对系统接收性能影响有限的参数,如成型滤波系数,即使不匹配,性能损失也不超过0.5dB[1],这类未知参数,可预设一固定值即可。接收对于影响接收系统工作性能的关键参数,如符号速率、载波频率等,如何综合应用现代信号处理技术,根据通信系统体制特点,更高效、更准确地截获载波参数,已成为相关研究工作的重点。

信号参数估计的理论模型如图 3.1 所示。

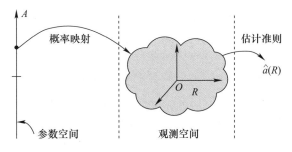

图 3.1 信号参数估计的理论模型

该模型共包括4个部分。

(1) 参数空间。待估计参数(非随机参数)作为信源的输出属于参数空间中的一点,参数空间用 A 表示。

(2) 参数空间至观测空间的概率映射。通过特定方法将待估计参数映射至观测空间中,并对其在观测空间的统计特性进行约束。

(3)观测空间。特定的测量空间,观测空间用$\{R|r\}$表示。

(4)估计准则。具体的估计方法及实现。

若待估计参数真值为α,基于观测空间R的估计值用$\hat{a}(R)$表示,估计误差定义为

$$a_\varepsilon(R) \overset{\text{def}}{=} \hat{a}(R) - a \tag{3.1}$$

相应的代价函数为误差a_ε的函数,记为$C(a_\varepsilon)$。代价函数的定义比较灵活,常见的定义形式如$C(a_\varepsilon) = a_\varepsilon^2$、$C(a_\varepsilon) = |a_\varepsilon|$等,合理的估计值$\hat{a}$应使代价函数$C(a_\varepsilon)$的均值最小。性能良好的参数估计算子应是无偏的,并且方差较小。对于未知非随机量的估计通常采用最大似然估计,通信信号调制参数、扩频参数、正交频分复用的多载波参数等均属于非随机量,并且对于非随机量的最大似然估计存在克拉美罗界。在实际应用中,一般无法准确掌握参数观测量的统计特性,需要根据信号自身固有属性,设计相应的估计算子完成参数估计。

自动调制类型识别(Automatic Modulation Classification,AMC),作为信号检测与解调间的中间环节,在各种军民应用系统中,起着承上启下的关键作用。早期的调制识别都是由人工实现的,识别效果很大程度上取决于操作人员的主观判断。随着无线通信技术,特别是数字通信技术的迅猛发展,通信信号所采用的调制方式也变得愈加复杂,人工识别逐渐无法满足实际需要。1969年4月,C. S. Weaver等[2]撰写了第一篇介绍调制方式自动识别方法的论文,利用信号的谱特征和最邻近分类器完成信号的识别,此后自动调制识别技术得到广泛关注和深入研究。

调制分类器的设计基本包括两个步骤:信号预处理和适当地选择分类算法。预处理过程是为了达到算法所要求的信号模型、参数条件等,为后续处理提供合适的数据。对接收信号的预处理过程可能包括但不仅限于载波同步、定时同步、匹配滤波、噪声抑制、信噪比估计、信道均衡等内容,在多信道多发射源环境中,信号预处理过程要能够有效分离各个信号,保证仅有一个信号进入调制识别环节。根据选择的识别方法的不同,对预处理过程所实现的功能和精度要求也不尽相同,一些识别算法需要精确的参数预估计,而另一些算法则对参数估计误差并不十分敏感。具体到第二个步骤,现有的分类算法大致可以分为以下两类[3]。

(1)基于似然比的算法。该类算法将调制方式自动识别问题视为一个多元假设检验问题,通过计算信号的似然函数(Likelihood Function,LF),作为用于分类的特征量输入分类器进行比较,从而完成调制识别功能。按照对未知参数处理方式的不同,该类算法又可以分为ALRT、GLRT和HLRT等子类。从贝叶斯估计的意义上来说,似然比方法的分类结果是最优的。然而,这类方法通常计算量较大,并且运算过程优化比较困难,致使这类方法在工程实践上实用性不强,因此,复杂度

低的高效似然比算法是这类方法的一个研究重点。

（2）基于特征提取的算法。该类算法将调制方式自动识别问题视为一个多元模式识别问题。通过提取能够明显反映信号调制方式的特征作为判决依据，完成调制识别功能。如何提取包含调制方式信息的特征参数是该类算法的核心问题。一般来说，所提取的分类特征量，决定识别算法在真实环境中的性能表现。这类方法通常形式较为简单，易于实现，因此更加实用。随着无线通信环境日益复杂，根据工程实际应用的需要，目前，基于特征提取的模式识别方法的发展方向在于如何提取适应性较强的信号特征，以实现非理想信道环境下信号的调制识别。

3.2　常规信号参数估计

通过上面的介绍可知，信号参数的统计估计理论以观测空间中的离散观测数据为基础，采用相应的映射方法与估计准则，构造估计量，并分析估计量的性能。

如果在 $(0,T)$ 的观测时间内，观测到的信号波形为

$$r(t) = s(t;\theta) + n(t)，\quad 0 \leqslant t \leqslant T \tag{3.2}$$

式中：θ 为待估计的信号参量，如幅度、相位、频率等；$n(t)$ 为均值等于零、功率谱密度 $P_n(\omega) = N_0/2$ 的高斯白噪声。

对于信号中单个参量的最大似然估计，最大似然方程和无偏估计量的均方误差分别为

$$\int_0^T \left[r(t) - s(t;\theta) \right] \frac{\partial s(t;\theta)}{\partial \theta} \mathrm{d}t \,|\, _{\theta = \hat{\theta}_{ml}} = 0 \tag{3.3}$$

$$\sigma^2_{\hat{\theta}_{ml}} = E\left[(\theta - \hat{\theta}_{ml})^2 \right] = \frac{1}{\dfrac{2}{N_0} \displaystyle\int_0^T \left[\dfrac{\partial s(t;\theta)}{\partial \theta} \right]^2 \mathrm{d}t} \tag{3.4}$$

以载频估计为例，若

$$s(t;\theta) = a(t)\cos(\omega t + \varphi)，\quad 0 \leqslant t \leqslant T \tag{3.5}$$

式中：$a(t)$ 已知；相位 φ 在 $(-\pi,\pi)$ 上均匀分布；ω 为待估计的信号频率。通过构建接收信号 $r(t)$ 以 ω 为参量的似然函数，并由最大似然方程求解得到最大似然估计量 $\hat{\omega}_{ml}$，可以证明其方差，即

$$\sigma^2_{\hat{\omega}_{ml}} = \frac{1}{\dfrac{2E_s}{N_0} \left\{ \displaystyle\int_0^T |\,\tilde{a}(t)\,|^2 \mathrm{d}t - \left[\displaystyle\int_0^T t\,|\,\tilde{a}(t)\,|^2 \mathrm{d}t \right]^2 \right\}} \tag{3.6}$$

式中：$\tilde{a}(t)$ 为信号 $s(t;\theta)$ 的复包络；$E_s = \displaystyle\int_0^T s^2(t,\omega)\mathrm{d}t$。可见，提高信噪比或增加

观测信号时间都能提高频率的估计精度。

数字通信信号描述参数包括射频参数、调制参数、信道编码参数、信源编码参数、协议参数等,其中射频参数和调制参数是实现非协作信号接收处理的关键参数,后继解调、解译、解析等处理均需要射频参数及调制参数精确估计的支撑,常用的射频及调制参数如表 3.1 所列。

表 3.1　常规信号参数

类型	参数	描述
射频参数	极化方式	电磁波电场与磁场的相互关系
射频参数	载波频率	信号载波的频率,单位 Hz
射频参数	带宽	信号占用的带宽,可按照能量占比、3dB 滚降等方式测量,单位 Hz
射频参数	电平	信号的电平,反映信号强度,单位 dBm
射频参数	信噪比	信号平均功率与噪声平均功率比,反映接收信号质量,单位 dB
射频参数	跳频频率集	跳频信号所用载波频率的集合
射频参数	跳频速率	跳频信号载波频率切换的速率
射频参数	占空比	跳频信号持续时间与跳频周期的比值
调制参数	调制方式	载波的调制类型,如 BPSK、FSK 等
调制参数	符号速率	单位时间内传输符号数,单位 symbol/s,其倒数对应符号周期,单位 s
调制参数	扩频码类型	直接序列扩频信号采用的正交扩频码类型,如 m 序列、Gold 序列等
调制参数	扩频码长度	直接序列扩频信号采用的正交扩频码的长度
调制参数	子载波数	正交频分复用等多载波信号的载波个数
调制参数	子载波间隔	正交频分复用等多载波信号的相邻载波间隔

其中,信噪比、载波频率、符号速率、扩频周期等作为描述信号特征和支撑后继处理的基本参数,是信号参数估计的首要处理目标。

3.2.1　信噪比估计

信噪比是通信信号的一个重要参数,它描述了接收信号的质量,根据接收信号信噪比的高低,可以采用不同的后继处理方法,确定合适的处理门限参数。

以带通 MPSK 的等效基带信号通过 AWGN 信道为例,建立系统模型(已完成同步定时)[4],在此基础上分析信噪比参数估计方法与性能,通信传输系统模型如图 3.2 所示。

a_n 为符号序列,可表示为

$$a_n = e^{j\theta_n}, \quad n \in \{0,1,\cdots,N_{sym}-1\} \tag{3.7}$$

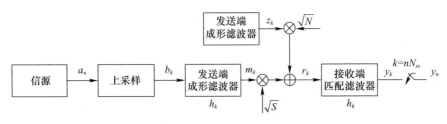

图 3.2　通信传输系统模型

θ_n 为 M 元传输符号序列对应的相位信息，b_k 为内插补零后的上采样序列，内插倍数为 N_{ss}，h_k 为均方根升余弦成形滤波器系数，长度为 L，$k \in \{-(L-1)/2, \cdots, -1, 0, 1, \cdots, (L-1)/2\}$，$m_k$ 为成形滤波器输出，具体表达式分别为

$$b_k = \sum_n a_n \delta_{k,nN_{ss}} \tag{3.8}$$

$$m_k = \sum_n a_n h_{k-nN_{ss}} \tag{3.9}$$

m_k 的自相关函数为

$$E\{|m_k|^2\} = E\{m_k m_k^*\}$$

$$= \mathrm{var}\{a_n\} N_{\mathrm{sym}} E\{\sum_k h_k^2\} = \mathrm{var}\{a_n\} N_{\mathrm{sym}} g_0 \tag{3.10}$$

则接收信号为

$$r_k = \sqrt{S} m_k + \sqrt{N} z_k \tag{3.11}$$

S、N 分别为信号功率与噪声功率，z_k 为服从 $(0,1)$ 分布的复高斯白噪声信号。

经过匹配滤波器后，接收数据为

$$y_k = (\sqrt{S} m_k + \sqrt{N} z_k) \otimes h_{-k}^*$$

$$= \sqrt{S} \sum_l h_l m_{k-l} + \sqrt{N} \sum_l h_l z_{k-l} \tag{3.12}$$

式中：$\otimes$ 表示卷积处理；$*$ 为复共轭运算；并且有 $h_{-k}^* = h_k$，则经过同步定时抽取后，接收到的符号序列为

$$y_n = \sqrt{S} a_n g_0 + \sqrt{N} w_n \tag{3.13}$$

式中

$$g_k = h_k \otimes h_{-k}^* = \sum_l h_l h_{k-l} \tag{3.14}$$

$$w_n = \sum_l h_l z_{k-l} \mid_{k=nN_{ss}} \tag{3.15}$$

此时，接收信号信噪比可表示为

$$\rho = \frac{E\left\{ \left| \sqrt{S}a_ng_0 \right|^2 \right\}}{\mathrm{var}\left\{ \sqrt{N}w_n \right\}} \tag{3.16}$$

若 $g_0 = 1$,则接收信号信噪比与信道特性无关,此时,$\rho = S/N$。

3.2.1.1 最大似然估计

将接收信号表示为复基带信号,即

$$r_k = r_{I_k} + \mathrm{j}r_{Q_k} = \sqrt{S}(m_{I_k} + \mathrm{j}m_{Q_k}) + \sqrt{N}(z_{I_k} + \mathrm{j}z_{Q_k}) \tag{3.17}$$

用 v_{I_k},v_{Q_k} 分别表示相互独立的噪声分量 $\sqrt{N}z_{I_k}$,$\sqrt{N}z_{Q_k}$,均值为零,方差为 $N/2$,信号功率 S、噪声功率 N、发送符号序列 $i = M^{N_{\mathrm{sym}}}$,此时,定义似然函数 $\Gamma(S,N,i)$ 为

$$\Gamma(S,N,i) = \ln(f(r_{I_k},r_{Q_k} \mid S,N,i))$$

$$= -K\ln(\pi N) - \frac{1}{N}\left[\sum_{k=0}^{K-1}(r_{I_k} - \sqrt{S}m_{I_k}^i)^2 + \sum_{k=0}^{K-1}(r_{Q_k} - \sqrt{S}m_{Q_k}^i)^2 \right] \tag{3.18}$$

则信噪比的最大似然估计 $\hat{\rho}_{\mathrm{ML}}$ 可通过信号功率 S 和噪声功率 N 的最大似然估计,即

$$\hat{\rho}_{\mathrm{ML}} = \frac{\hat{S}_{\mathrm{ML}}}{\hat{N}_{\mathrm{ML}}} = \frac{N_{ss}^2\left[\frac{1}{K}\sum_{k=0}^{K-1}\mathrm{Re}\{r_k^* m_k^{\hat{i}}\} \right]^2}{\frac{1}{K}\sum_{k=0}^{K-1}|r_k|^2 - N_{ss}\left[\sum_{k=0}^{K-1}\mathrm{Re}\{r_k^* m_k^{\hat{i}}\} \right]^2} \tag{3.19}$$

式中

$$K = N_{\mathrm{sym}}N_{ss}$$

3.2.1.2 高阶矩估计

由 Benedict 和 Soong 最早将高阶矩方法应用到高斯白噪声条件下的信噪比估计中,其基本思想是在同步条件下,通过二阶矩和四阶矩实现信号功率与噪声功率的估计。

若假设信号与噪声相互独立,并且均值均为零,同时,噪声的同相与正交分量相互独立,则 M_2、M_4 可表示为

$$M_2 = S + N \tag{3.20}$$

$$M_4 = k_a S^2 + 4SN + k_w N^2 \tag{3.21}$$

式中:$k_a = E\{|a_n|^4\}/E\{|a_n|^2\}^2$;$k_w = E\{|w_n|^4\}/E\{|w_n|^2\}^2$,因此可得

$$\hat{S} = \frac{M_2(k_w - 2) \pm \sqrt{(4 - k_a k_w)M_2^2 + M_4(k_a + k_w - 4)}}{k_a + k_w - 4} \tag{3.22}$$

$$\hat{N} = M_2 - \hat{S} \qquad (3.23)$$

对于多进制相移键控（MPSK）, $k_a = 1$, 复噪声 $k_w = 2$, 则基于高阶矩的信噪比估计算子 $\hat{\rho}_{M_2M_4}$ 为

$$\hat{\rho}_{M_2M_4} = \frac{\sqrt{2\,M_2^2 - M_4}}{M_2 - \sqrt{2\,M_2^2 - M_4}} \qquad (3.24)$$

M_2 、 M_4 的估计可通过时间平均代替统计平均。对于信噪比无偏估计量 $\hat{\rho}$ 的克拉美罗界可用下式表示：

$$\mathrm{var}\{\hat{\rho}\} \geqslant \frac{2\rho}{N_{\mathrm{sym}}} + \frac{\rho^2}{N_{ss}N_{\mathrm{sym}}} \qquad (3.25)$$

则归一化的均方误差 $\mathrm{NMSE}\{\hat{\rho}\}$ 可表示为

$$\mathrm{NMSE}\{\hat{\rho}\} = \frac{\mathrm{MSE}\{\hat{\rho}\}}{\rho^2} = \frac{\mathrm{var}\{\hat{\rho}\}}{\rho^2} \geqslant \frac{2}{\rho N_{\mathrm{sym}}} + \frac{1}{N_{ss}N_{\mathrm{sym}}} \qquad (3.26)$$

可见, $\mathrm{NMSE}\{\hat{\rho}\}$ 与信噪比成反比。此外,可以证明,如果已知发送数据序列信息的先验条件,则最大似然估计可达克拉美罗下界。

3.2.1.3　子空间分解

在非协作接收条件下,有时难以实现精确同步,无法准确获取符号序列,基于符号信息的信噪比估计算法性能无法满足要求。此时,可借鉴子空间分解的思想[5],利用接收信号的过采样信息,将数据空间分解为信号子空间和噪声子空间,通过对接收信号的自相关矩阵进行特征值分解来得到子空间能量分布,据此估计信噪比。该方法无须信号参数的先验知识,适用性较强。

若接收信号为 $r(n)$, $n = 0, 1, \cdots, N-1$, 则该方法的处理流程如下。

（1）计算接收信号相关值：

$$\phi(m) = \sum_{n=0}^{N-m-1} r(n)\, r^*(n+m), \quad m = 0, 1, \cdots, M-1 \qquad (3.27)$$

式中: M 为需要计算的相关矩阵阶数。

（2）构造子相关矩阵：

$$\boldsymbol{\phi} = \begin{bmatrix} \phi(0) & \phi(1) & \cdots & \phi(M-1) \\ \phi(-1) & \phi(0) & \cdots & \phi(M-2) \\ \vdots & \vdots & & \vdots \\ \phi(1-M) & \phi(2-M) & \cdots & \phi(0) \end{bmatrix} \qquad (3.28)$$

其中

$$\phi(-m) = \phi^*(m)$$

（3）奇异值分解，将分解得到的奇异值 λ_i，$1 \leqslant i \leqslant M$ 按从小到大排列为 $\lambda_1 \geqslant \lambda_2 \geqslant \cdots \lambda_p \geqslant \lambda_{p+1} \geqslant \cdots \lambda_M$，其中，$p$ 为信号子空间的秩。

（4）p 的确定。

① 利用最小描述字长度（MDL）准则来估计信号子空间的秩 p。MDL 函数描述如下：

$$\text{MDL}(k) = -(M-k)N\log\left[\frac{\prod_{i=k+1}^{M}\lambda_i^{\frac{1}{M-k}}}{\frac{1}{M-k}\sum_{i=k+1}^{M}\lambda_i}\right] + \frac{1}{2}k(2M-k)\log N \quad (3.29)$$

最小 MDL 值对应的 k 即为 p，即

$$p = \text{argmin}_k\text{MDL}(k), \quad k \in \{0,1,\cdots,M-1\} \quad (3.30)$$

其一般分布规律如图 3.3 所示，B 点即为最小 MDL 值所在位置。

② 利用奇异值的比率来估计信号子空间的秩 p。

定义奇异值的比率：

$$r_k = \frac{\lambda_k}{\lambda_{k+1}}, \quad k = 1,2,\cdots,M-1 \quad (3.31)$$

然后取其对数值，以信噪比 15dB、符号速率 2.4ksymbol/s 的 BPSK 信号为例，其分布规律如图 3.3 所示。A 点之前为信号奇异值、噪声奇异值，A 点与 B 点之间为带内噪声奇异值，C 点之后为带外噪声奇异值。因此，只要找出了 A、B 两点，就可以估计出信号子空间的秩 p。再来看其比率的对数值，可以看出，A、B 两点对应的位置比率较高，因此，可以据此找出 A、B 两点来，从而求出 p。

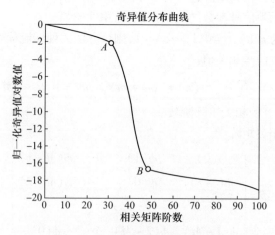

图 3.3　基带信号奇异值分布规律

对比图 3.3 可以看出，MDL 方法可以找出带外噪声与带内噪声的分界点，但

无法找到带内噪声与信号子空间的分界点,因此,其不能准确估计出信号带宽内的SNR。经过以上分析,对经过低通滤波器(LPF)后基带信号,利用其奇异值比率进行信号子空间与噪声子空间的奇异值分离。

(5)计算信噪比。

噪底P_n为

$$P_n = \frac{1}{B - A + 1} \sum_{i=A}^{B} \lambda_i \tag{3.32}$$

$$p = A - 1 \tag{3.33}$$

信号功率P_s为

$$P_s = \sum_{i=1}^{p} \lambda_i - pP_n \tag{3.34}$$

信噪比 SNR 为

$$\text{SNR} = 10\log \frac{P_s}{pP_n} \tag{3.35}$$

3.2.2 载频估计

在通信系统的发送端,承载信息的基带波形被上搬移至载波频率以进行空间传播,相应地,在接收端,需要消除载波分量获取基带波形。因此,在非协作接收系统中,完成载波参数估计,获取目标信号载波频率,是整个接收系统工作的首要环节。

大部分数字通信信号的频谱能量都是以载频为对称中心的,因此,通过估计信号$s(t)$幅度谱的能量中心可以估计其载频。待估计的载频f_c应满足下面关系:

$$\int_{f_c-\text{bw}}^{f_c} |s(f)|^2 \mathrm{d}f = \int_{f_c}^{f_c+\text{bw}} |s(f)|^2 \mathrm{d}f \tag{3.36}$$

式中:bw 为分析带宽。该方法的估计精度受能量谱$|s(f)|^2$的稳定度及频率分辨率的影响。当能量谱达到稳定状态时,其精度与分析带宽及带宽内的频率分辨率有关。若带宽为 bw,带宽内的分辨率为 bw/n,则其估计误差与 bw/n 成正比。

基于谱估计的载频测量需要的观测时间长、估计精度低,并且易受各种干扰的影响,为此,在统计检测理论的基础上,下面着重介绍载频参量测量的一些典型的实现方法。

3.2.2.1 基于非线性变换的谱线测量

对于未抑制载波类信号或通过非线性变换(如 N 次幂等)能够重生载频分量的信号,可通过离散傅里叶变换(DFT)进行谱分析,进而由离散谱线估计载频[6]。

即使不具备目标信号精确的工作频率、带宽等参数,这类再生谱线特征仍具有较强鲁棒性,受加性噪声及信道衰落效应的影响较小,同时运算量也比较低,具有很高的工程实用性。

再生谱线的测量主要基于 DFT,若信号观测时间为 T,则谱线之间间隔为 $\Delta f = 1/T$,因此,直接利用 DFT 估计载频的精度受观测时间长度的限制,其误差范围为 $\pm \Delta f/2$。当信号频率不是 DFT 频率分辨率 Δf 的整倍数时,由于 DFT 的“栅栏”效应引起频谱泄露,此时,信号的实际频率位于 DFT 主瓣内两条最大谱线之间,从而引入估计误差。

以单频信号为例进行分析,在 $0 \sim T$ 时间内对加性高斯白噪声(AWGN)背景中单一频率正弦信号按 $\Delta t = T/N$ 进行采样,得到采样序列为

$$x(n) = a\cos(2\pi f_0 n\Delta t) + z(n), \quad n = 0,1,2,\cdots,N-1 \tag{3.37}$$

式中:$z(n)$ 为零均值高斯白噪声,方差为 σ^2,采样序列的信噪比为 SNR。根据参数估计理论,在给定数据长度和信噪比前提下,AWGN 背景中信号参数的任意无偏估计方差不会小于某一确定值,即方差下限。在信号频率不接近零或二分之一采样频率、初始相位未知情况下,实正弦信号频率估计方差克拉美罗下限为

$$\sigma_{\mathrm{CR}}^2 = \frac{3}{T^2 N\pi^2 \cdot \mathrm{SNR}} \tag{3.38}$$

当 $N = 256$,信噪比为 10dB 时,标准差下限约为 $10^{-2}\Delta f$。

采用 Rife – Jane 频率估计方法,若 N 点矩形窗函数 $w(n)$ 的频谱为

$$w(n) = \begin{cases} 1, & 0 \leq n \leq N \\ 0, & \text{其他} \end{cases} \tag{3.39}$$

$$W(\omega) = \frac{\sin[\omega(N+1)/2]}{\sin(\omega/2)} e^{-i\omega N/2} \tag{3.40}$$

单频信号 $x(n)$ 的频谱为 $X(\omega)$:

$$x(n) = a\cos(n\omega_0 + \varphi), \quad \omega_0 = 2\pi f_0 T_{\mathrm{s}} \tag{3.41}$$

$$X(\omega) = a\pi \sum_{k=-\infty}^{\infty} [e^{j\varphi}\delta(\omega - \omega_0 + 2\pi k) + e^{-j\varphi}\delta(\omega + \omega_0 + 2\pi k)] \tag{3.42}$$

式中:T_{s} 为采样周期;$2\pi k$ 体现了离散时域信号频域的周期性。

通过窗函数截取 $x(n)$ 得到 $x'(n)$,即

$$x'(n) = w(n)x(n) \tag{3.43}$$

当通过 DFT 估计载波频率时,相当于离散化频域,可以证明,若

$$k - \frac{f_0}{f_{\mathrm{s}}/(N+1)} = 0 \Rightarrow \frac{kf_{\mathrm{s}}}{N+1} = f_0, \quad k = 0,1,\cdots,N \tag{3.44}$$

则谱线峰值的位置就是载波频率。当 f_0 不是 $f_s/(N+1)$ 的整倍数时,则存在估计误差:

$$\delta = k - \frac{f_0}{f_s/(N+1)} \tag{3.45}$$

根据 Rife 算法,此时,主瓣之内有两条谱线,最大谱线的幅度记为 A_1,次最大谱线的幅度记为 A_2,得到 $\beta = A_2/A_1$,根据 β 可以得到 δ 的估计值 $\hat{\delta}$,从而估计出校正频率,其中

$$\hat{\delta} = \begin{cases} -\dfrac{\beta}{1+\beta}, & \text{次最大值在最大值右侧} \\ \dfrac{\beta}{1+\beta}, & \text{次最大值在最大值左侧} \end{cases} \tag{3.46}$$

此时,估计载频:

$$\hat{f}_0 = \frac{(k-\hat{\delta})f_s}{N+1} \tag{3.47}$$

(1)估计单频信号幅度。

$X'(k)$ 峰值 A:

$$A = \frac{a}{2}(N+1)\frac{\sin\left[\pi\left(k-\dfrac{f_0}{f_s/(N+1)}\right)\right]}{\pi\left(k-\dfrac{f_0}{f_s/(N+1)}\right)} \tag{3.48}$$

所以有

$$a = \frac{2A/(N+1)}{\sin\left[\pi\left(k-\dfrac{f_0}{f_s/(N+1)}\right)\right]\Big/\pi\left(k-\dfrac{f_0}{f_s/(N+1)}\right)} \tag{3.49}$$

(2)估计单频信号初相。

$X'(k)$ 幅度谱峰值对应相位 ϕ:

$$\phi = \varphi - \frac{\pi N}{N+1}\left(k-\frac{f_0}{f_s/(N+1)}\right) \tag{3.50}$$

所以信号初相:

$$\varphi = \phi + \frac{\pi N}{N+1}\left(k-\frac{f_0}{f_s/(N+1)}\right) = \phi + \frac{\pi N}{N+1}\hat{\delta} \tag{3.51}$$

此时,可以发现,如果连续取两段长度为 N 的数据,其初相记为 φ_1、φ_2,幅度谱峰对应初相分别为 ϕ_1、ϕ_2,则满足 $\varphi_2 - \varphi_1 = \phi_2 - \phi_1 = 2\pi k f_0/f_s$,在去除相位模糊后,

可实现载频估计,该方法即为基于 FFT 相位差测频法[7]。

3.2.2.2 最小二乘相位曲线拟合测频

根据窄带信号的特性,可以基于最小二乘原理,用多项式拟合的方法来拟合去折叠后的瞬时相位,进而估计其载波频率。最小二乘拟合的思想是只要求在节点上近似的满足插值条件,并使它们的整体误差达到最小[8]。这里首先引入广义多项式的概念,m 次广义多项式是函数系 $\{\Psi_k(x)\}_{k=0}^m$ 的线性组合。一般地,设函数系 $\{\Psi_k(x)\}_{k=0}^m$ 是线性无关的,则其线性组合 $\Phi(x) = \sum_{k=0}^m a_k \Psi_k(x)$,称为广义多项式。

给定一组测量数据 $(x_i, y_i), i = 1, 2, \cdots, n$ 和一组正数 $\omega_1, \omega_2, \cdots, \omega_n,$,求一个广义多项式 $\Phi(x) = \sum_{k=0}^m a_k \Psi_k(x)$,使得目标函数 $S = \sum_{i=0}^n \omega_i [\Phi(x_i) - y_i]^2$,达到最小,此时,称 $\Phi(x)$ 为数据 $(x_i, y_i), i = 1, 2, \cdots, n$,关于权系数 $\omega_1, \omega_2, \cdots, \omega_n$ 的最小二乘拟合函数,由于 $\Phi(x)$ 的特定系数 $a_0, a_1, \cdots, a_m$ 全部以线性形式出现,又称上述问题为最小线性二乘问题。目标函数 S 应根据需要来选择,有时还可包含导数项,权系数的选择更是灵活多变,有时选 $\omega_i = 1, i = 1, 2, \cdots, n$,统计上则常选用 $\omega_i = 1/n, i = 1, 2, \cdots, n$,这时,上述问题便成了均方差的极小化问题。

目标函数 S 是关于参数 $a_0, a_1, \cdots, a_m$ 的多元函数,由多元函数取得极值的必要条件知,欲使 S 达到极小,需满足条件:

$$\frac{\partial S}{\partial a_k} = 0, \quad k = 0, 1, \cdots, m \tag{3.52}$$

即

$$\sum_{k=1}^n \omega_i [\Phi(x_i) - y_i] \Psi_k(x_i) = 0 \tag{3.53}$$

$$\sum_{j=0}^m \sum_{i=1}^n \omega_i \Psi_j(x_i) \Psi_k(x_i) = \sum_{i=1}^n \omega_i y_i \Psi_k(x_i), \quad k = 0, 1, \cdots, m \tag{3.54}$$

式(3.54)是关于未知量 $a_0, a_1, \cdots, a_m$ 的线性方程组,称为正规方程。对给定的测量数据,只要函数系 $\{\Psi_k(x)\}_{k=0}^m$ 选得合适,就可从正规方程中解出 $a_0, a_1, \cdots, a_m$,于是,就得到了最小二乘拟合函数,$\Phi(x) = \sum_{k=0}^m a_k \Psi_k(x)$。

在窄带调频信号中,瞬时相位 $\Theta(t)$ 可以表示为 $\Theta(t) = \omega_c t + Kf \cdot \int m(t) \mathrm{d}t$,$Kf$ 为调制指数,$m(t)$ 为调制信号。载频 ω_c 引入的相位变化为一具有斜率 ω_c 的斜线,因此,可以用线性函数对瞬时相位进行拟合,即令

$$\Psi_k(x) = x^k \tag{3.55}$$

$$\Phi(x) = \sum_{k=0}^{1} a_k \Psi_k(x) = a_0 \Psi_0(x) + a_1 \Psi_1(x) \tag{3.56}$$

$$\omega_0 = \omega_1 = 1 \tag{3.57}$$

则根据正规方程得到一阶正规方程组为

$$\begin{cases} \sum_{i=1}^{n} (a_0 + a_1 x_i) = \sum_{i=1}^{n} y_i \\ \sum_{i=1}^{n} (a_0 + a_1 x_i) x_i = \sum_{i=1}^{n} x_i y_i \end{cases} \tag{3.58}$$

一阶目标函数：$S = \sum_{i=1}^{n} (a_0 + a_1 x_i - y_i)^2$，求解方程得到的系数 a_1 就是 ω_c 的估计。由上述方程得到的拟合曲线如图 3.4 所示，则该拟合直线的斜率 a_1 与信号载频 f_c 的对应关系为

$$f_c = \frac{a_1 f_s}{2\pi} \tag{3.59}$$

式中：f_s 为采样频率，如果试验数据足够多，则可以将数据分段，各段之间有一定程度的重叠，最后对各段数据拟合出来的载频做统计平均，以提高分析结果的准确性和稳定性。

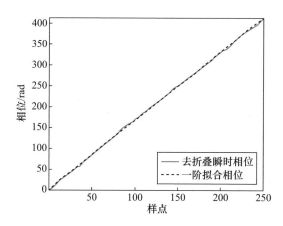

图 3.4 窄带频率调制（FM）瞬时相位一阶拟合曲线

3.2.3 符号速率估计

符号速率是接收系统进行同步的初始参考参数，如果符号速率参数估计错误或与真实值偏差较大，则接收同步系统将无法正常工作，难以从基带波形中提取正确的符号信息。符号速率参数反映的是数字通信系统固有的周期特征，该周期特征由发送符号信息的周期转换引入。符号速率估计算法需要根据通信系统采用的不同调制方式，采用合适的方法，提取承载在载波包络、频率和相位等波形中的周期性。

3.2.3.1 幅度变化类信号符号速率估计

MPSK 信号可表示为[10]

$$s(t) = \mathrm{Re}\left[\sum_{n=-\infty}^{\infty} I_n g(t-nT)\,\mathrm{e}^{\mathrm{j}2\pi f_c t}\right] \tag{3.60}$$

式中:$\{I_n\}$ 为传输的复值符号序列;T 代表符号周期;$v(t) = \sum_{n=-\infty}^{\infty} I_n g(t-nT)$ 为信号的复包络,可以证明,$v(t)$ 为循环平稳过程,其自相关函数为

$$\phi_{vv}(t+\tau,t) = \frac{1}{2}E\{v^*(t)v(t+\tau)\}$$

$$= \frac{1}{2}\sum_{n=-\infty}^{\infty}\sum_{m=-\infty}^{\infty}E[I_n^* I_m]\,g^*(t-nT)g(t+\tau-mT) \tag{3.61}$$

$\phi(t+\tau,t)$ 在一个周期 T 内的均值函数为

$$\phi(\tau) = \frac{1}{T}\int_{-T/2}^{T/2}\phi_{vv}(t+\tau,t)\mathrm{d}t = \frac{1}{T}\sum_{m=-\infty}^{\infty}\phi_{ii}(m)\,\phi_{gg}(\tau-mT) \tag{3.62}$$

其中

$$\phi_{gg}(\tau) = \int_{-\infty}^{\infty}g^*(t)g(t+\tau)\mathrm{d}t, \quad \phi_{ii}(m) = \frac{1}{2}E[I_n^* I_{n+m}]$$

$v(t)$ 的平均功率谱密度 $\Phi_{vv}(f)$ 即为 $\phi(\tau)$ 的傅里叶变换,可表达为

$$\Phi_{vv}(f) = \frac{1}{T}\,|G(f)|^2\,\Phi_{ii}(f) \tag{3.63}$$

式中:$G(f)$ 为 $g(t)$ 的傅里叶变换;$\Phi_{ii}(f) = \sum_{m=-\infty}^{\infty}\phi_{ii}(m)\,e^{-i2\pi fmT}$,当传输的信息符号序列 $\{I_n\}$ 互不相关时,$\Phi_{ii}(f) = \sigma_i^2 + \frac{\mu_i^2}{T}\sum_{m=-\infty}^{\infty}\delta\left(f-\frac{m}{T}\right)$,$\mu_i$、$\sigma_i^2$ 分别为信息序列的均值和方差,此时,$v(t)$ 的平均功率谱密度 $\Phi_{vv}(f)$ 可表示为

$$\Phi_{vv}(f) = \frac{\sigma_i^2}{T}\,|G(f)|^2 + \frac{\mu_i^2}{T}\sum_{m=-\infty}^{\infty}\left|G\left(\frac{m}{T}\right)\right|^2\delta\left(f-\frac{m}{T}\right) \tag{3.64}$$

因此,$v(t)$ 的平均功率谱密度由两部分组成:一部分取决于 $G(f)$ 的连续谱成分;另一部分间隔 $1/T$ 的离散谱分量,离散谱分量出现的位置为 $f=m/T$,其幅度正比于 $|G(f)|^2$。当传输的符号序列均值 μ_i 不为零时,根据上述离散谱分量出现位置可实现符号速率的测量[10]。所以,通过对 $s(t)$ 的瞬时包络 $|v(t)|$ 做谱分析,由于其对应符号序列的均值不为零,可以根据其频谱中离散谱分量出现的位置,如图 3.5 所示,实现符号周期 T 的估计。

3.2.3.2 相位变化类信号符号速率估计

以 CPFSK 信号为例,CPFSK 信号 $s(t)$ 可用如下表达式表示:

$$s(t) = \cos(2\pi f_c t + \phi(t;I) + \varphi_0) \tag{3.65}$$

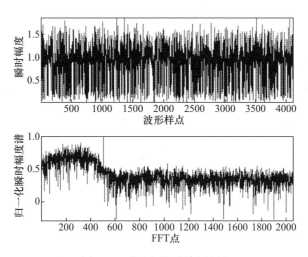

图 3.5 瞬时包络及其幅度谱

式中:φ_0 为载波初相;$\phi(t;I)$ 表示时变载波相位,如下式定义:

$$\phi(t;I) = 4\pi f_{\mathrm{d}} \int_{-\infty}^{t} \left[\Sigma_n I_n g(\tau - nT) \right] \mathrm{d}\tau \qquad (3.66)$$

式中:T 为符号周期;f_{d} 表示峰值频率偏移;I_n 和 $g(t)$ 分别表示基带调制序列和成形波形。因此,信号的瞬时频率 $f(t)$ 为

$$f(t) = 2\pi T f_{\mathrm{d}} \Sigma_n I_n g(t - nT) \qquad (3.67)$$

可见,通过对信号瞬时频率做谱分析,寻找对应符号速率的离散谱线,根据该谱线位置便可估算出符号速率。

3.2.3.3 基于延迟相乘的符号速率估计

接收信号通过正交下变频、瞬时相位提取等操作,可得到承载信息的基带波形,该基带波形可归一至双极性波形,因此,可构造双极性信号的延迟相乘信号 $y(t)$[11]:

$$y(t) = s(t)s(t - \tau_0), \quad 0 < \tau_0 < T_{\mathrm{d}} \qquad (3.68)$$

式中:τ_0 为时间延迟,如图 3.6 所示。

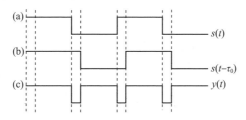

图 3.6 时域波形

可知信号 $y(t)$ 波形由 4 种方波组成,如图 3.7 所示。

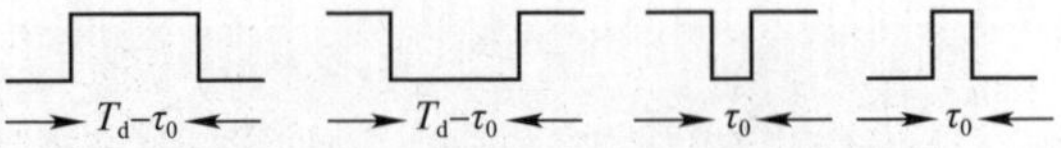

图 3.7　各组成方波时域波形

其出现的概率分别为

$$P_1 = \left[P^2 + (1-P)^2 \right] \frac{T_d - \tau_0}{T_d}$$

$$P_2 = \left[2P(1-P) \right] \frac{T_d - \tau_0}{T_d}$$

$$P_3 = \left[2P(1-P) \right] \frac{\tau_0}{T_d}$$

$$P_4 = \left[P^2 + (1-P)^2 \right] \frac{\tau_0}{T_d} \tag{3.69}$$

可得到信号 $y(t)$ 的离散谱 $v(\omega)$ 为

$$v(\omega) = \sum_{-\infty}^{\infty} 2\pi \left[P_1 F_{n1} + P_2 F_{n2} + P_3 F_{n3} + P_4 F_{n4} \right] \delta(\omega - m\Omega) \tag{3.70}$$

其中

$$F_{ni} = \frac{\tau_0}{T_d} \mathrm{Sa}(n\pi f_d \tau_0) \tag{3.71}$$

由于 $0 < \tau_0 < T_d, 0 < f_d \tau_0 < 1$,所以 $|\mathrm{Sa}(n\pi f_d \tau_0)| \neq 0$,从而离散谱存在。由式(3.71)可知,离散谱的最大值出现在 $m = \pm 1$ 处($m = 0$ 为直流,在实际应用中,对延迟相乘信号 $y(t)$ 去除直流就可将此项去掉),并且延迟宽度 τ_0 为半个码元宽度时,其离散谱的幅度值最大。信号延迟相乘的频谱如图 3.8 所示。

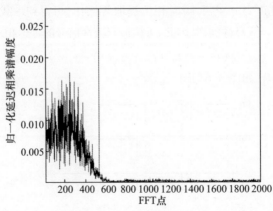

图 3.8　信号延迟相乘的频谱

3.2.3.4　基于自相关的符号速率测量原理

基于自相关的符号速率测量算法[12]的流程及信号变化形式如图 3.9 所示。

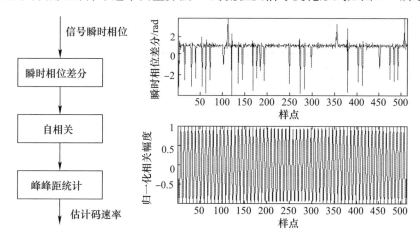

图 3.9　基于自相关的符号速率测量算法流程及信号变化

PSK 信号可以表示为

$$s(t) = \sum_n g(t - nT_s - t_0)\, \mathrm{e}^{j\varphi(t)}\, \mathrm{e}^{2\pi f_c t + \varphi_0} \tag{3.72}$$

式中：f_c 为载频；t_0 和 φ_0 分别为起始时刻和初相；T_s 为码元长度；$\varphi(t)$ 为 $s(t)$ 的相位调制信号；$g(t)$ 为成型波形。计算信号的瞬时相位 instphase(t)：

$$\mathrm{instphase}(t) = 2\pi f_c t + \varphi(t) + \varphi_0 \tag{3.73}$$

对瞬时相位进行差分运算，得到信号的瞬时频率 instfreq(t)，对瞬时频率进行去均值处理得到 $a(t)$，即

$$\mathrm{instfreq}(t) = 2\pi f_c \Delta t + \Delta\varphi(t) + \varphi_0 \xrightarrow{\text{去均值}} a(t) = \Delta\varphi(t) \tag{3.74}$$

观察式（3.74）可以看出，在理想情况下，当相邻时刻位于同一码元内或相邻相同的码元内时，$a(t) = 0$；当相邻时刻位于不同码元内时，$a(t)$ 呈现为一个跳变，如图 3.10 所示。从物理含义上分析，$a(t)$ 出现相位跳变的频率即与符号速率相对应。

当信噪比较低时，$a(t)$ 的周期性被噪声淹没，对 $a(t)$ 进行自相关运算可以将 $a(t)$ 中隐含的周期性显现出来，如图 3.11 所示。

保留 $a(t)$ 频谱中最大谱线附近的频谱分量，将其他频谱分量置零后，进行逆傅里叶变换（IFFT），时域波形得到平滑，然后通过测量曲线峰峰距离的平均值求得码元周期和符号速率。

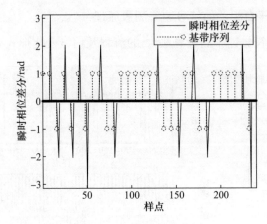

图 3.10　相位跳变示意图

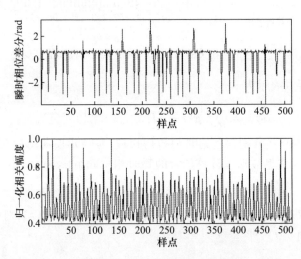

图 3.11　自相关运算提取相位跳变周期性示意图

PSK 信号是相位键控信号,其相位跳变反映的是符号速率。FSK 信号为频率键控信号,其频率跳变反映的是符号速率。因此,在上述的算法中,只需进行一个小的调整。对瞬时相位差分结果——瞬时频率再进行一次差分运算,即可完成FSK 信号的符号速率测量,如图 3.12 所示。

以 PSK 调制信号为例,采样率 16kHz,符号速率为 4ksymbol/s,信号带内信噪比为 6dB,仿真分析符号速率的测量误差(测量值 − 真值)/真值和所需符号个数的关系如图 3.13 所示。

从图 3.13 中可以看出,在信噪比为 6dB、符号个数为 80 时,3 种调制样式的符号速率估计误差就可以达到10^{-2}数量级;当符号个数为 320 时,符号速率估计误差

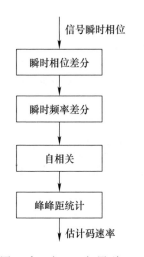

信号瞬时相位

↓

瞬时相位差分

↓

瞬时频率差分

↓

自相关

↓

峰峰距统计

↓

估计码速率

图 3.12　由 PSK 拓展到 FSK
符号速率测量算法

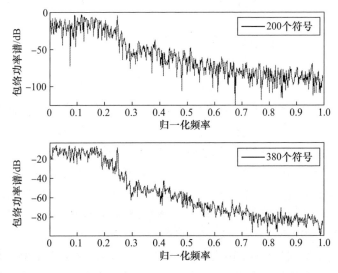

BPSK—二进制相移键控。

图 3.13　符号个数－符号速率估计误差曲线

可达10^{-3}数量级。该方法与基于包络谱谱线检测的符号速率估计方法进行比对，当符号数较少时，包络谱上不存在谱线或者谱线落差较小，无法完成谱线检测。如图 3.14 所示，在同样条件下仿真，当符号数为 200 时，包络谱不存在用于符号速率测量的谱线。设谱线检测门限为 5dB，当符号个数达到 380 时才出现对应谱线。因此，在相同条件下，基于相关的测量符号速率所需要的符号个数要远小于基于包络谱谱线检测的符号速率估计方法。

图 3.14　不同符号个数时的包络谱

3.3　直扩信号参数估计

为了便于对非协作情况下的直扩信号截获分析系统有一个整体把握,图3.15以短码直扩信号为例给出了直扩信号截获分析系统的框图[13]。直扩信号截获分析系统的信号分析流程如下。

(1) 采用直扩信号检测算法检测接收的中频信号或射频信号中直扩信号的有无,如果存在直扩信号,利用直扩信号的相应参数估计算法估计信号的载频、码片速率/码片宽度和扩频码周期。

(2) 依据估计的载频对接收信号进行下变频得到基带信号,依据估计的码片速率/码片宽度对基带信号进行抽样。

(3) 利用估计的扩频码周期和抽样后的信号估计扩频码。

(4) 估计出扩频码之后,进行解扩和判决即可恢复出信息序列。

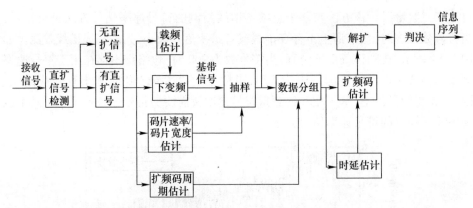

图3.15　直扩信号截获分析系统的框图

直扩信号的扩频码周期及码型估计是直扩通信信号侦察需要重点估计的参数。迄今为止,国内外学者已经提出了多种直扩信号参数(载频、码片宽度和扩频码周期等)估计的方法,它们有各自的优缺点,可根据实际情况进行选择。

G. Burel[14]中提出了相关波动法,即根据接收信号自相关函数的二阶矩是否存在周期性峰值进行扩频周期估计。根据噪声与直扩信号在自相关域的不同特征,将接收信号分段并计算每段的自相关函数,然后对计算的自相关函数取平均,利用平均后的自相关函数估计信号的载频和码片宽度[15]。

在直扩信号检测与扩频码周期估计的研究中,倒谱是一个重要工具。直扩信号的倒谱中存在周期性的离散谱线,谱线的间隔即是扩频码周期,噪声的倒谱则不存在周期性的离散谱线。由于可以使用快速傅里叶变换（FFT）计算倒谱,因此倒谱法的计算量较小。

二次谱与倒谱类似,它是信号功率谱的功率谱。直扩信号的二次谱中同样存在周期性的离散谱线,谱线的间隔即是扩频码周期,噪声的二次谱中则不存在周期性的离散谱线。根据直扩信号与噪声在二次谱域的不同特征,张天骐等[16]提出了基于二次谱的扩频码周期估计方法,并将该方法应用到周期长码直扩信号的扩频码周期估计中[17]。由于计算中不需要进行对数运算,因此,在相同的采样点数下二次谱法比倒谱法的计算量小。

由于大多数通信信号（包括直扩信号）具有循环平稳性,W. A. Gardner 等[18]对循环谱的基础理论和应用作了深入研究,利用循环谱的包络估计直扩信号的参数（码片宽度、载频和幅度）[19],循环谱方法与平方倍频法、延时相乘法、基于相关/二次谱/倒谱的直扩信号检测方法相比,循环谱算法的计算量仍然比较大。此外,还有一些其他的直扩信号检测与参数估计方法,如不变量、高阶统计量[20]、Haar小波变换[21]等。

3.3.1　基于特征值分解的扩频码型估计

特征值分解法是扩频码估计的一种经典方法。Gilles Burel 等揭示了扩频码与相关矩阵的特征向量之间的关系[22],提出了利用特征向量估计扩频码的方法,并将该方法应用到直接序列扩频/码分多址（DS/CDMA）信号的扩频码估计中[23]。考虑到奇异值分解也能得到信号子空间,任啸天等[24]提出了基于奇异值分解的扩频码估计方法。由于早期的特征值分解法是用两个主特征向量估计扩频码,而特征值分解得到的特征向量具有极性不确定性,因此,估计的扩频码可能出现两部分极性相反的现象。为了避免这种现象,可利用加宽时间窗的方法,在这种方法中时间窗宽度是两倍的扩频码周期,只根据一个主特征向量估计扩频码。基于特征值分解的扩频码估计方法的缺点是计算量较大。

假设信号环境满足如下条件。

（1）理想信道模型,即传输信道的冲激响应为 $\delta(t - t_0)$,无多径影响,信道噪声建模为加性高斯白噪声。

（2）短码直扩信号的载频、初始相位、扩频码周期和码片宽度已知或已获得准确估计。

（3）接收机已实现精确的载波同步和码元定时。

（4）接收信号内只有一个短码直扩信号,调制方式为二进制相移键控（BPSK）。

此时,特征值分解法的步骤如下。

（1）计算接收信号的自相关矩阵。

（2）对自相关矩阵进行特征值λ_i分解,得到属于最大特征值和次大特征值的特征向量。

（3）估计时延和扩频码。

当信号已同步时,将信号划分为非重叠时间窗,窗口宽度为T_s,计算其自相关矩阵,利用特征值分解得到属于最大特征值的特征向量,即可估计扩频码。

3.3.1.1 信号模型

短码直扩信号的基带信号可以表示为

$$s(t) = \sum_{k=-\infty}^{\infty} a_k h(t - kT_s) \tag{3.75}$$

式中:T_s为信息符号周期;a_k为服从独立同分布的信息序列;$h(t)$为一整周期扩频码经过发射机滤波器、信道冲激响应和接收机滤波器的卷积波形,即

$$h(t) = \sum_{i=0}^{P-1} c_i p(t - iT_c) \tag{3.76}$$

式中:$\{c_i = \pm 1, i = 0, 1, \cdots, P-1\}$为扩频码;$T_c$为扩频码码片周期;$p(t)$为发射机滤波器与信道冲激响应、接收机滤波器的卷积。

接收信号可以表示为

$$r(t) = s(t) + n(t) \tag{3.77}$$

式中:$n(t)$是加性高斯白噪声,均值为0,方差为σ_n^2。接收的短码直扩信号的信噪比定义为$10\log(\sigma_s^2/\sigma_n^2)$,$\sigma_s^2$为信号$s(t)$的方差。

1）同步信号

由于已经假设信号完成了码元定时,因此,这里"同步"指的是信号采样的起始位置恰好在一周期扩频码的起始位置;"非同步"指的是信号采样的起始位置可能在一周期扩频码的起始位置,也可能不在一周期扩频码的起始位置。

假设采样周期$T_e = T_c$将同步接收的基带信号划分为非重叠时间窗,窗口的宽度为T_s,这样每个窗口只包含一个信息符号,则第i个窗口的信号向量可以表示为

$$\boldsymbol{r}_i = \boldsymbol{c} a_i + \boldsymbol{n}_i \tag{3.78}$$

其中

$$\boldsymbol{r}_i = [r(iT_s + T_c), r(iT_s + 2T_c), \cdots, r(iT_s + PT_c)]^{\mathrm{T}} \tag{3.79}$$

$$\boldsymbol{n}_i = [n(iT_s + T_c), n(iT_s + 2T_c), \cdots, n(iT_s + PT_c)]^{\mathrm{T}} \tag{3.80}$$

$$\boldsymbol{c} = [c_0, c_1, \cdots, c_{P-1}]^{\mathrm{T}} \tag{3.81}$$

式中:$\boldsymbol{r}_i$、a_i和$\boldsymbol{n}_i$分别为第i个窗口的信号向量、信息符号和噪声向量;$\boldsymbol{c}$为扩频码;$(\cdot)^{\mathrm{T}}$为转置运算。

2）非同步信号宽窗口模型

假设时延$t_0 = dT_c$，采样周期$T_e = T_c$，将非同步接收的基带信号划分为宽时间窗：窗口宽度为$2T_s$，相邻窗口之间重叠部分的宽度为T_s，如图 3.16 所示。记完整的扩频码为

$$c \overset{\text{def}}{=\!=} \left[c_f^{\mathrm{T}}, c_b^{\mathrm{T}} \right] \qquad (3.82)$$

式中

$$c_f \overset{\text{def}}{=\!=} \left[c_0, c_1, \cdots, c_{d-1} \right]^{\mathrm{T}} \qquad (3.83)$$

$$c_b \overset{\text{def}}{=\!=} \left[c_d, c_{d+1}, \cdots, c_{P-1} \right]^{\mathrm{T}} \qquad (3.84)$$

则第i个宽窗口的信号向量可以表示为

$$\bar{r}_i = a_i h_0 + a_{i+1} h_1 + a_{i+2} h_2 + n_i \qquad (3.85)$$

式中

$$h_0 \overset{\text{def}}{=\!=} \left[c_b^{\mathrm{T}}, 0_2, 0_3 \right]^{\mathrm{T}} \qquad (3.86)$$

$$h_1 \overset{\text{def}}{=\!=} \left[0_1, c^{\mathrm{T}}, 0_3 \right]^{\mathrm{T}} \qquad (3.87)$$

$$h_2 \overset{\text{def}}{=\!=} \left[0_1, 0_2, c_f^{\mathrm{T}} \right]^{\mathrm{T}} \qquad (3.88)$$

n_i为噪声向量；0_1、0_2和0_3分别为$1 \times (P-d)$、$1 \times P$和$1 \times d$维的全零向量。

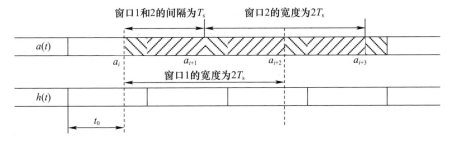

图 3.16　宽时间窗的分段方法

3）非同步信号普通窗口模型

假设时延$t_0 = dT_c$，采样周期$T_e = T_c$，将非同步接收的基带信号划分为非重叠时间窗，窗的宽度为T_s，则第i个窗口的信号向量可以表示为

$$r_i = g_0 a_i + g_0 a_{i+1} + n_i \qquad (3.89)$$

式中

$$g_0 = \left[c_b^{\mathrm{T}}, 0_3 \right]^{\mathrm{T}} \qquad (3.90)$$

$$g_1 = \left[0_1, c_f^{\mathrm{T}} \right]^{\mathrm{T}} \qquad (3.91)$$

n_i为噪声向量。

短码直扩信号扩频码估计问题可以描述为:在已知信号向量 $\boldsymbol{r}_i$ 或者 $\boldsymbol{r}_i$ 的前提下估计扩频码 $\boldsymbol{c}$。

3.3.1.2 特征值分解法

接收信号 $\boldsymbol{r}_i$ 的自相关矩阵 $\boldsymbol{R}_d$ 可以表示为

$$\boldsymbol{R}_d \overset{\text{def}}{=\!=} E(\boldsymbol{r}_i \boldsymbol{r}_i^{\mathrm{T}}) = E[\,|a_i|^2\,]\boldsymbol{g}_0 \boldsymbol{g}_0^{\mathrm{T}} + E[\,|a_{i+1}|^2\,]\boldsymbol{g}_1 \boldsymbol{g}_1^{\mathrm{T}} + \sigma_n^2 \boldsymbol{I} \tag{3.92}$$

式中:σ_n^2 为噪声的功率;$\boldsymbol{I}$ 表示单位矩阵。记 $\sigma_a^2 = E\{|a_i|^2\} = E\{|a_{i+1}|^2\}$,$E_c = \|\boldsymbol{c}\|^2$,$\boldsymbol{c}$ 是完整的扩频码,令 $\boldsymbol{u}_0 = \boldsymbol{g}_0/\|\boldsymbol{g}_0\|$,$\boldsymbol{u}_1 = \boldsymbol{g}_1/\|\boldsymbol{g}_1\|$,则有

$$\boldsymbol{R}_d = \sigma_a^2 E_c \frac{P-d}{P} \boldsymbol{u}_0 \boldsymbol{u}_0^{\mathrm{T}} + \sigma_a^2 E_c \frac{d}{P} \boldsymbol{u}_1 \boldsymbol{u}_1^{\mathrm{T}} + \sigma_n^2 \boldsymbol{I} \tag{3.93}$$

由式(3.93)可知自相关矩阵 $\boldsymbol{R}_d$ 的特征值为

$$\lambda_1 = \sigma_a^2 E_c \frac{P-d}{P} + \sigma_n^2 \tag{3.94}$$

$$\lambda_2 = \sigma_a^2 E_c \frac{d}{P} + \sigma_n^2 \tag{3.95}$$

$$\lambda_i = \sigma_n^2, \quad i \geqslant 3 \tag{3.96}$$

由于

$$\boldsymbol{R}_d \boldsymbol{u}_0 = \left(\sigma_a^2 E_c \frac{P-d}{P} + \sigma_n^2 \right) \boldsymbol{u}_0 = \lambda_1 \boldsymbol{u}_0 \tag{3.97}$$

所以 $\boldsymbol{u}_0$ 是属于特征值 λ_1 的特征向量。同理可得,$\boldsymbol{u}_1$ 是属于特征值 λ_2 的特征向量。

当 $d < P/2$ 时,时延 d 的估计值为

$$\hat{d} = \frac{P(\lambda_2 - \sigma_n^2)}{\lambda_1 + \lambda_2 - 2\sigma_n^2} \tag{3.98}$$

式中:σ_n^2 可以用下面的公式计算,即

$$\sigma_n^2 = \frac{1}{P-2} \sum_{i=3}^{P} \lambda_i \tag{3.99}$$

当 $d > P/2$ 时,时延 d 的估计值和 σ_n^2 可以保持不变。扩频码的估计可以表示为

$$\hat{\boldsymbol{c}} = \mathrm{sgn}([\,\boldsymbol{u}_1(P-\hat{d}+1:P)^{\mathrm{T}}, \boldsymbol{u}_0(1:P-\hat{d})^{\mathrm{T}}\,]^{\mathrm{T}}) \tag{3.100}$$

式中:$\boldsymbol{u}(m:n)$ 表示向量 $\boldsymbol{u}$ 中第 m 到 n 个元素组成的列向量。

因此,特征值分解法的步骤如下。

(1)计算接收信号的自相关矩阵。

（2）对自相关矩阵进行特征值分解，得到属于最大特征值和次大特征值的特征向量。

（3）估计时延和扩频码。

当信号已同步时，将信号划分为非重叠时间窗，窗口宽度为 T_s，计算其自相关矩阵，利用特征值分解得到的属于最大特征值的特征向量即可估计扩频码。

通过重新组合信号自相关矩阵的两个特征向量中的元素估计扩频码需要估计出信号时延，而上面算法中估计时延的方法性能较差[25]。可利用滑动窗技术估计时延提高估计性能，假设对自相关矩阵进行特征值分解得到的属于最大特征值的特征向量为 $\boldsymbol{u} \in R^{2P \times 1}$，记第 k 个滑动窗为 $\boldsymbol{w}_k \overset{\text{def}}{=} \boldsymbol{u}(k:k+P-1)$，以向量的 1 - 范数 $J(\boldsymbol{w}_k) = \|\boldsymbol{w}_k\|_1$ 作为代价函数，$\|\cdot\|_1$ 表示向量的 1 - 范数。假设 $m = \mathrm{argmax}_{k \in [1,P]} \{J(\boldsymbol{w}_k)\}$，则时延和扩频码的估计分别为

$$\hat{d} = \mathrm{mod}(P+1-m, P) \tag{3.101}$$

$$\hat{c} = \mathrm{sgn}(\boldsymbol{w}_m) \tag{3.102}$$

式中：$\mathrm{mod}(a,b)$ 表示 a 对 b 求余；$\mathrm{sgn}(\cdot)$ 为符号函数。该方法通过利用特征向量元素幅度的差异估计扩频码。但是，当特征值分解中出现相等的特征值时，特征向量不具有唯一性（此时的特征向量是某些特征向量的任一非零线性组合），此时的特征值分解法估计的时延和扩频码误差较大。为此，对接收信号引入人为的延时，然后对接收信号及延时后的信号进行相同处理得到各自的主特征向量，计算各个主特征向量的幅度比，选择幅度比大的主特征向量进行时延和扩频码估计。通过引入人为的延时，可以避免信号时延位于某些特殊值（如 0、$P/2$ 和 P 等）附近，从而避免特征向量的不唯一性，提高扩频码估计的准确性。引入人为延时的宽窗口模型下的特征值分解法称为改进的特征值分解法（modified Eigen Value Decomposition，mEVD），其步骤如下。

（1）对接收信号以码片宽度为采样周期进行采样，分别延时 $i\lfloor P/M \rfloor$ 得到 M 组信号 $x_i(k)$，$i = 0,1,\cdots,M-1$，其中，$\lfloor \cdot \rfloor$ 为下取整运算，$M-1$ 为延时次数。

（2）将信号 $x_i(k)$ 以 $2P$ 个采样点为宽度，重叠 P 个采样点的时间窗进行分段（如非同步信号宽窗口模型所示），产生信号向量 $\boldsymbol{x}_i(k)$，$k = 1,2,\cdots,N_i$，$i = 0,1,\cdots,M-1$，P 为扩频码长度。

（3）分别计算 M 组信号的自相关矩阵并对自相关矩阵进行特征值分解得到主特征向量 $\boldsymbol{v}^i = [v_0^i, v_1^i, \cdots, v_{2P-1}^i]$，$i = 0,1,\cdots,M-1$。

（4）用宽度为 P 的滑动窗提取向量 $\boldsymbol{v}_{i,j} = [v_j^i, v_{j+1}^i, \cdots, v_{j+P-1}^i]^{\mathrm{T}}$，$j = 0,1,\cdots,$ $P-1$。当 $\boldsymbol{v}_{i,j}$ 中的元素全是信号元素时，代价函数 $J(\boldsymbol{v}_{i,j}) = \sum\limits_{m=j}^{j+P-1} v_m^i$ 最大，记此时

的 j 为 L_i。记集合 $A = \{m \in Z \mid L_i < m < L_i + P\}$，则特征向量的幅度比 $T_i = J(\boldsymbol{v}_{i,L_i}) \Big/ \sum_{0 \leqslant j < 2P \& j \notin A} v_j^i$。

（5）选择 $s = \mathrm{argmax}_{0 < i < M} \{T_i\}$，估计的时延为 $\hat{d} = \mathrm{mod}(P - \mathrm{mod}(s \langle P/M \rangle + L_s, P), P)$，估计的扩频码为 $\hat{c} = \mathrm{sgn}(v_{s,L_s})$。

使用估计的扩频码和原扩频码的相关系数衡量扩频码估计的准确性。假设原扩频码与估计的扩频码分别为 $c \in \{\pm 1\}^{P \times 1}$ 和 $\hat{c} \in \{\pm 1\}^{P \times 1}$，则二者的相关系数可以表示为 $|c^{\mathrm{T}} \hat{c}|/P$。从相关系数的表达式可知，相关系数越大，估计的扩频码越准确。当相关系数为 1 时，估计的扩频码与原扩频码完全一样或者完全相反。

若仿真接收信号为短码直扩信号的基带信号，扩频码长度为 63，噪声为零均值的加性高斯白噪声，信号的采样周期 $T_e = T_c$，时延 d 是 0~3 的随机整数，信号长度为 8000 个信息符号周期，对于每个 SNR 值都进行 1000 次蒙特·卡罗实验，与延时次数有关的参数 M 取 1、2 和 3，分别表示没有引入人为的延时、引入 1 次人为的延时和引入 2 次人为的延时。

图 3.17 给出了当 M 分别取 1、2 和 3 时改进的特征值分解法估计的扩频码与原扩频码的平均相关系数。从图 3.17 中可以看出，即使 SNR 很高，参数 M 取 1 的改进的特征值分解法（M 取 1 实际上意味着没有采用改进措施）估计的扩频码与原扩频码的相关系数仍然达不到 1。这是因为当时延为 0 时，由于没有引入人为的延时，根据特征值分解得到的特征向量估计时延和扩频码不准确。当 M 取 2 和 3 时，由于引入了人为的延时，相关系数可以达到 1。该仿真验证了改进的特征值分解法的有效性。

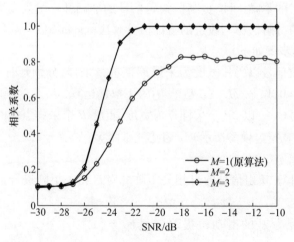

图 3.17　估计的扩频码和原扩频码的平均相关系数

3.3.2　基于 Viterbi 搜索的扩频码型估计

最大似然估计是一种常用的参数估计方法。陈永倩推导了加性高斯白噪声信道下已同步的短码直扩信号扩频码的最大似然估计模型[26]，并采用禁忌搜索算法估计扩频码。针对禁忌搜索算法计算复杂度高的问题，彭艳华提出了一种快速算法，但是该算法在低信噪比下的性能不理想[27]。借鉴卷积码解码中 Viterbi 算法的思想，采用一种基于 Viterbi 算法的扩频码估计算法。该算法利用了扩频码码元为 ±1 的先验知识，以向量的 2 - 范数的平方或 1 - 范数作为度量值。每次判决扩频码码元时计算 2 条可能路径的度量值并选择使度量值最大的那条路径作为幸存路径，最终的幸存路径即为估计的扩频码。

假设信号模型为同步信号模型，时间窗的个数为 Q，记 $\boldsymbol{X} \stackrel{\text{def}}{=} [x_0, x_1, \cdots, x_{Q-1}]$，则信号矩阵 $\boldsymbol{X}$ 的似然模型为

$$f(\boldsymbol{X}(1:j,:)) = \prod_{i=0}^{Q-1} \frac{1}{(2\pi)^{j/2}\sqrt{\det(\sigma_n^2 \boldsymbol{I})}} \mathrm{e}^{-\frac{\|x_i(1:j) - C(1:j)a_i\|^2}{2\sigma_n^2}} \tag{3.103}$$

式中：$j = 1, 2, \cdots, P$；$\det(\cdot)$ 表示对矩阵求行列式；$\boldsymbol{X}(1:j,:)$ 表示矩阵 $\boldsymbol{X}$ 的第 1 行到第 j 行元素组成的矩阵。最大化似然函数可以等效为

$$\hat{c}(1:j) = \mathrm{argmax}_{c(1:j)\in|\pm1|^{j\times1}}(\boldsymbol{c}(1:j)^{\mathrm{T}}R_j\boldsymbol{c}(1:j)) \tag{3.104}$$

式中：$\boldsymbol{c}(1:j)$ 表示向量 $\boldsymbol{c}$ 中第 1 个到第 j 个元素组成的列向量；$\hat{c}(1:j)$ 是部分扩频码 $\boldsymbol{c}(1:j)$ 的估计，即

$$\boldsymbol{R}_j \stackrel{\text{def}}{=} \frac{1}{Q}\sum_{i=0}^{Q-1}\boldsymbol{x}_i(1:j)\boldsymbol{x}_i(1:j)^{\mathrm{T}} \tag{3.105}$$

忽略常系数，可得

$$\hat{c}(1:j) = \mathrm{argmax}_{c(1:j)\in|\pm1|^{j\times1}}\left(\sum_{i=0}^{Q-1}|\boldsymbol{c}(1:j)^{\mathrm{T}}\boldsymbol{x}_i(1:j)|^2\right) \tag{3.106}$$

记 $\boldsymbol{s}_j \stackrel{\text{def}}{=} \boldsymbol{c}(1:j)^{\mathrm{T}}\boldsymbol{X}(1:j,:) = [\boldsymbol{c}(1:j)^{\mathrm{T}}\boldsymbol{x}_0(1:j), \boldsymbol{c}(1:j)^{\mathrm{T}}\boldsymbol{x}_1(1:j), \cdots, \boldsymbol{c}(1:j)^{\mathrm{T}}\boldsymbol{x}_{Q-1}(1:j)]$ 为 $1 \times Q$ 维的行向量，则上式可以表示为

$$\hat{c}(1:j) = \underset{c(1:j)\in|\pm1|^{j\times1}}{\mathrm{argmax}}(\|\boldsymbol{s}_j\|^2) \tag{3.107}$$

式中：$\|\cdot\|_2$ 表示向量的 2 - 范数。由文献[28]可知，向量的 2 - 范数与向量的 1 - 范数是等价的，即对所有可能的有限维空间中的向量 $\boldsymbol{s}_j$ 分别按其 2 - 范数与 1 - 范

数的大小排序,排序结果是一致的。所以$\hat{c}(1:j)$可以等效为

$$\hat{c}(1:j) = \underset{c(1:j) \in |\pm 1|^{j\times 1}}{\mathrm{argmax}} \left(\sum_{i=0}^{Q-1} |c(1:j)^{\mathrm{T}} x_i(1:j)| \right) \tag{3.108}$$

定义两种度量值如下:

$$D_1(j) \stackrel{\mathrm{def}}{=} \|s_j\|_1 = \sum_{i=0}^{Q-1} |c(1:j)^{\mathrm{T}} x_i(1:j)| \tag{3.109}$$

$$D_2(j) \stackrel{\mathrm{def}}{=} \|s_j\|_2^2 = \sum_{i=0}^{Q-1} |c(1:j)^{\mathrm{T}} x_i(1:j)|^2 \tag{3.110}$$

当$j=p$时,扩频码的最大似然估计是使度量值$D_1(P)$或者$D_2(P)$最大的序列$c(1:P)$;当$j<p$时,前j位扩频码的最大似然估计是使度量值$D_1(j)$或者$D_2(j)$最大的序列$c(1:j)$。

由于扩频码码元的取值为$+1$或者-1,因此,可以使用搜索的方法解决最优化问题。如果要估计P位扩频码,最坏的情况是要对所有2^P种可能序列进行检测。当P较大时,这种直接搜索方法的计算量较大,可利用 Viterbi 算法减小运算量。由于扩频码及其反相序列都会使得度量值最大,因此,在进行 Viterbi 搜索时,每次只需要计算两条路径的度量值,保留 1 条幸存路径。

由s_j的定义可知,s_j满足如下关系:

$$s_{j+1} = s_j + c_{j+1} X(j+1,:) \tag{3.111}$$

当$j<P$时,$s_P = c^{\mathrm{T}} X$。可见,s_P是对扩频信号进行匹配滤波(解扩)的结果,对其取符号函数可得信息序列的估计$\hat{a} = \mathrm{sgn}(s_P)^{\mathrm{T}}$。

仿真接收信号为已同步的短码直扩信号的基带信号,扩频码长度为P,噪声为零均值的加性高斯白噪声,信号的采样周期$T_e = T_c$。P分别取值为 63 和 255,Viterbi 算法中参数L分别取值为 27 和 105,参数M取值为 3,对每个 SNR 值进行 1000 次蒙特卡罗仿真,信号长度为 2000 个扩频码周期。将以向量 1 - 范数和向量 2 - 范数的平方为度量值的 Viterbi 算法分别记为 Viterbi 1 - 范数和 Viterbi 2 - 范数,记该算法为简化 MLE。图 3.18 给出了不同信噪比下估计的扩频码与原扩频码的平均相关系数,可以看出,低信噪比下 Viterbi 算法的性能明显优于简化最大似然估计(MLE)算法;以向量 2 - 范数的平方作为度量值的 Viterbi 算法的性能略优于以向量 1 - 范数为度量值的 Viterbi 算法,但是前者的计算量大一些。图 3.19 给出了 Viterbi 算法与匹配滤波检测器估计的信息序列的误码率比较。从图中可以看出,Viterbi 算法估计信息序列的性能非常接近匹配滤波器检测器。

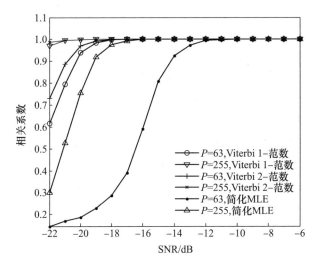

图 3.18　不同算法的性能比较

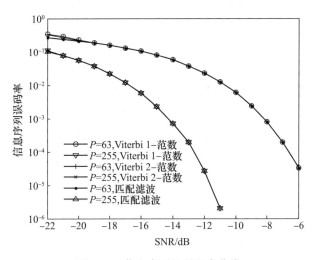

图 3.19　信息序列的误码率曲线

3.3.3　基于高阶统计量的扩频周期估计

DSSS/BPSK 信号的一阶、三阶统计量理论上等于零,二阶统计量即传统意义上的相关函数,蕴含扩频码的周期相关信息,而四阶统计量则含有比二阶统计量更丰富的信息。利用信号的二阶统计量能够检测到扩频码周期,但是容易受到噪声的影响,低信噪比时性能受限,而且不包含独立的正弦分量,其功率谱是由 $S_a^2(x)$

型分布的边带组成,不存在代表载频的谱线,所以无法从功率谱中得到信号的载频信息。

以四阶统计量为例,直扩信号的四阶统计量包含扩频码周期和载频信息,而且四阶累积量理论上可以完全抑制任何形式的高斯噪声,因此,可以解决二阶统计量不能解决的问题。但是由于四阶累积量的计算量太大,所以,为了快速检测和硬件实现,取其某些切片进行分析。

(1) $\tau_1 = \tau_2 = \tau_3 = \tau = 0$ 时,若接收信号只存在噪声,即 $x(t) = n(t)$,则 $c_{4x}(0, 0, 0) = 0$,若 $x(t) = s(t) + n(t)$,则 $c_{4x}(0, 0, 0) = -3/2 \sigma^2$,$\sigma^2$ 为信号功率。由此可以看出,根据四阶累积量 $\tau_1 = \tau_2 = \tau_3 = \tau = 0$ 在两种假设情况下的不同值,可以检测到信号的存在。

(2) $\tau_1 = 0, \tau_2 = \tau_3 = \tau$ 时,若 $x(t) = n(t)$,则 $c_{4x}(0, \tau, \tau) = c_{4n}(0, \tau, \tau) = 0$,若 $x(t) = s(t) + n(t)$,$c_{4x}(0, \tau, \tau) = \sigma^2 \cos(4\pi f_0 \tau)/2 - \sigma^2 R_a^2(\tau)[1 + \cos(4\pi f_0 \tau)]$,根据四阶统计量的 $\tau_1 = 0, \tau_2 = \tau_3 = \tau$ 切片在两种假设下的不同结果可以看出,$c_{4x}(0, \tau, \tau)$ 切片包含了扩频码的周期自相关信息,可以用来检测信号,还包含独立的二倍载频分量,可以用来检测和估计信号的载频。

(3) $\tau_1 = \tau_2 = 0, \tau_3 = \tau$ 时,若 $x(t) = n(t)$,则 $c_{4x}(0, 0, \tau) = c_{4n}(0, 0, \tau) = 0$,若 $x(t) = s(t) + n(t)$,则 $c_{4x}(0, 0, \tau) = -3 \sigma^2 R_a(\tau) \cos(2\pi f_0 \tau)/2$,因此,$c_{4x}(0, 0, \tau)$ 同样包含扩频码的自相关信息,可以用来检测和估计信号的扩频码周期信息。

3.4 OFDM 信号参数估计

正交频分复用(OFDM)主要思想是在频域将给定信道分成许多正交子信道,在每个子信道上使用一个子载波进行调制,并且各子载波并行传输。目前的短波、超短波、卫星通信中,OFDM 技术均得到广泛的应用,因而,研究和探讨通信系统中 OFDM 多载波参数估计方法具有重要意义[29]。

现有的 OFDM 系统通常具有如下几个特点。

(1) 子载波之间相互正交,这就对信号码元同步和载波同步提出了更高的要求。

(2) 在信号码元发送时具有循环前缀,使得 OFDM 信号每个子载波的码元速率小于子载波间隔。

(3) 在传输过程中可以使用不发送信息的正弦波信号作为导频载波,导频信号可以用于进行多普勒频移校正和载波同步捕获。

(4) 目前,大多数 OFDM 系统各个子载波都使用相同的调制方式。

OFDM 信号分析处理的核心问题,是合理地选择和提取适当的信号特征,并通过对信号特征的处理,完成目标信号的识别与参数估计。由此可见,若要利用 OFDM 信号的某一特征或某一特征属性空间对 OFDM 信号进行处理,则首先需要系统、全面地分析 OFDM 信号的各种属性表征,目的是从中选择出能够支撑区分和估计 OFDM 信号的时域和频域特征参数。

3.4.1　OFDM 信号特征分析

OFDM 复基带信号可表示为

$$s(t) = \sum_l \sum_k s_{kl} g_k(t - lT_s) \tag{3.112}$$

式中:基带成形波形 $g_k(t) = e^{j2\pi f_k t} g(t)$;$l$ 为索引符号序列;k 对应不同子载波;s_{kl} 对应传输符号序列;T_s 为传输周期。

若定义 $g_{kl}(t)$ 为

$$g_{kl}(t) = g_k(t - lT_s) = e^{j2\pi f_k(t - lT_s)} g(t - lT_s) \tag{3.113}$$

则 $s(t) = \sum_k s_{kl} g_{kl}$,同时 $g_{kl}(t)$ 具有时域、频域正交属性,即

$$\langle g_{kl} g_{k'l'} \rangle = \delta_{kk'} \delta_{ll'} \tag{3.114}$$

从而使得 $\langle g_{kl}, s \rangle = s_{kl}$。

3.4.1.1　时域准周期性

采用 OFDM 技术的最主要原因之一是它可以有效地对抗多径时延扩展,通过把输入的数据流并行分配到 K 个并行的子信道上,使得每个 OFDM 的符号周期可以扩大为原始数据符号周期的 K 倍,因此,时延扩展与符号周期的比值也同样降低 K 倍。在 OFDM 系统中,为了最大限度地消除符号间干扰,在每个 OFDM 符号之间要插入保护间隔。该保护间隔的长度 T_g 一般要大于无线信道的最大时延扩展,这样一个符号的多径分量就不会对下一个符号造成干扰。然而,在这种情况下,由于多径传播的影响,会产生信道间干扰(ICI),即子载波之间的正交性遭到破坏,不同的子载波之间产生干扰,为了消除由于多径造成的 ICI,可以将原来宽度为 T_u 的 OFDM 符号进行周期扩展,用扩展信号填充保护间隔,将保护间隔内的信号称为循环前缀(CP)。

因此,OFDM 信号的时域参数主要包括符号总时间长度 T_s、符号有效数据时间长度 T_u 以及保护间隔时间长度 T_g 共 3 个参数。$T_s = T_u + T_g$,其中 T_s 的倒数就是信号的符号速率,而符号有效数据时间长度 T_u 的倒数就是用采样率表示的子载波数。不难看出,OFDM 信号的循环前缀是有效数据尾部的复制,如果这样,OFDM 信号在结构上就具有自相关性。基于时域上的自相关性可以对 OFDM 信号的符号速

率进行估计。

3.4.1.2 子载波间隔特性

OFDM 系统通过 IFFT/FFT 来实现信号的调制和解调,若令 $l=0$,可以发现

$$s(t) = \frac{1}{\sqrt{T}} \sum_{k=-K/2}^{K/2} s_k \mathrm{e}^{\mathrm{j}2\pi kt/T} \tag{3.115}$$

$$s_k = \langle g_k, s \rangle = \frac{1}{\sqrt{T}} \int_0^T s(t) \mathrm{e}^{-\mathrm{j}2\pi kt/T} \mathrm{d}t \tag{3.116}$$

FFT 运算输出的频率分量可以看成输入信号与某个脉冲函数的卷积,即通过了一个带通滤波器滤波,那么,FFT 运算等效为一组等间隔的带通滤波器。每路信号均与 FFT 等效的滤波器组中的某个滤波器完全匹配,相当于通过匹配滤波器滤波,FFT 输出恰好是完全匹配时的样值,并且在其他频点处值为零。

由此可见,OFDM 信号可以看作是以并行方式同时运行的多个相邻单载波调制系统的组合,IFFT 将经过调制的 K 个连续变化的多载波有效地合成到同一时间轴上,并保持子信道的频率等间隔。因此,从信号的短时统计特性角度来看,OFDM 信号具有较强的周期特性,这是与典型高斯噪声信号的高斯特性不同的地方。一方面,OFDM 占用的正弦子载波具有特殊的要求,相邻子载波之间正好相差一个载波周期;另一方面,传输的信息数据从短时统计上是确定性的,而非随机性。高斯噪声信号是不具备这些特性的。

3.4.2 基于相关性特征的参数估计

根据 OFDM 信号的时域准周期性,可以采用可变偏移长度的相关算法进行有效数据长度的估计。将接收信号以一定的采样率采样后得到测试样本,依次计算不同相关长度时测样本数据的自相关结果,当相关长度等于有效数据长度时,会得到峰值。峰值位置就等于有效数据长度。计算相关结果的同时计算数据的功率,并以此对相关结果进行归一化,这样将消除数据传输中产生的幅度衰落影响。计算有效数据长度的方法如下:

$$\hat{N} = \mathrm{argmax}\left\{\frac{|R_k|}{E_k}\right\}, \quad k = 0, 1, \cdots, L-1 \tag{3.117}$$

其中

$$R_k = \sum_{i=1}^{M-L} r_i r_{i+k}^* \tag{3.118}$$

$$E_k = \frac{1}{2} \sum_{i=1}^{M-L} (|r_i|^2 + |r_{i+k}|^2) \tag{3.119}$$

式中:R_k是相关长度从 1 到 L 时的自相关结果;k 是可变的相关长度;E_k是对应数据的功率;M 是当前测试数据源的长度;L 是有效时间长度的估计范围;r_i是第 i 个数据;峰值位置$\hat{N}$就是以采样点个数表示的有效时间长度。

在估计出有效数据长度 N 的值后,接下来利用它来估计 OFDM 信号的总时间长度 T。对一个移动窗口内固定的相差 N 个位置的接收数据求相关,然后用此移动窗口内所有数据的能量值来对求得的相关值进行归一化以消除抖动,这种固定偏移的移动相关方法思想如图 3.20 所示。

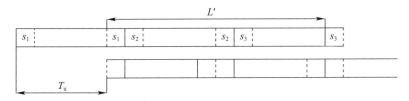

图 3.20　固定偏移的移动相关估计符号长度的方法

计算公式如下:

$$L_m = \left\{ \frac{|R_m|}{E_m} \right\}, \quad m = 0,1,\cdots,M - \hat{N} - L' - 1 \tag{3.120}$$

式中

$$R_m = \sum_{j=1}^{L'} r_{j+m} \, r_{j+m+\hat{N}}^* \tag{3.121}$$

$$E_k = \frac{1}{2} \sum_{j=1}^{L'} \left(|r_{j+m}|^2 + |r_{j+m+\hat{N}}|^2 \right) \tag{3.122}$$

式中:R_m是移动窗口里的相关值之和;E_m是移动窗口里的数据能量;m 是移动窗口的起始位置;j 是移动窗口里的第 j 个数据点;r_j是相应的第 j 个数据;L'是预先设定的移动窗口长度;L_m是归一化移动窗口内的相关序列。选择出L_m中的峰值,选出相邻两个峰值对应位置之间的中间值,相邻两个中间值位置的距离即是 OFDM 信号的符号时间长度的估计值 T。

估计出 OFDM 信号的符号时间长度 T 和有效数据长度 $N(T_u)$后,保护间隔时间长度T_g也就可以通过简单的减法运算得出,则循环前缀比例为

$$\hat{CP} = \frac{\hat{T} - \hat{T}_u}{\hat{T}_u} \tag{3.123}$$

3.4.3　基于倒谱特征的参数估计

倒谱是一种同态信号处理技术,定义为信号对数功率谱的功率谱,是从时域到

频域、频域到频域、频域到伪时域的 3 次映射,即

$$c(t') = \left| \text{FFT}[\ln |\text{FFT}[s(t)]|^2] \right|^2 \tag{3.124}$$

倒谱的对数变换可将乘性噪声变为加性噪声,有助于消除乘性干扰。该技术充分利用信号频域上的准周期特性,检测淹没在噪声之中的信号分量,实现信号的检测和参数估计。

图 3.21 为 OFDM 信号的倒谱示意图。A 是信号倒谱中的低频分量,主要与信号的功率有关;B 是信号倒谱中周期出现的窄脉冲,主要与信号的周期特性有关,通过检测窄脉冲的周期,可以准确地估计出子载波的频率间隔 $T_{\Delta f}$;C 是出现在 T_c 整倍数处的周期脉冲,通过检测 C 脉冲的周期性,可以估计出码元宽度 T_c。

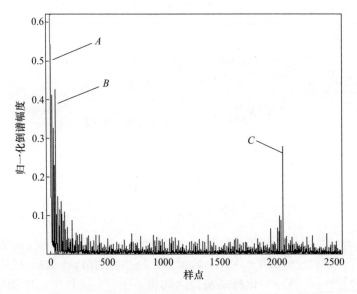

图 3.21　OFDM 信号倒谱图

因此,信号加噪声的倒谱处理结果与信号的自相关函数和噪声的平均功率有关。对于 OFDM 信号,它的自相关函数包含周期出现的窄脉冲,而窄脉冲是将 T_c 宽度的 OFDM 信号压缩后的宽度约为 $1/B$ 的 Sa 函数,有 $T_c B$ 倍的增益。噪声经过倒谱运算后除零点外没有处理增益。因此,基于倒谱的检测方法提高了输出信噪比,具有较高的检测能力。具体处理步骤包括以下几方面。

(1)从信号中任取长度为 L 的样本,进行傅里叶变换,求得信号功率谱及对数功率谱。

(2)对功率谱进行积分,计算信号带宽的两个端点频率位置序号 N_H 和 N_L,则信号带宽为 $B_s = (N_H - N_L)\Delta f$,其中 Δf 为谱分辨率 $\Delta f = f_s/L$。

（3）将对数功率谱作傅里叶变换后取模平方，即求得"倒谱"。对倒谱的谱线进行周期性分析，检测 OFDM 信号是否存在。

（4）测量"倒谱"包络周期性谱峰 B 的周期值 M_1，得到 OFDM 信号的子载波频率间隔 $\Delta f = f_s / M_1$。

（5）测量"倒谱"包络周期性谱峰 C 的周期值 M_2，得到 OFDM 信号的符号周期 $T_c = M_2 / f_s$。

（6）根据信号带宽和子信道频率间隔，求得子载波数目 $\hat{N} = \text{round}(B_s / \Delta f)$。

3.4.4　基于循环平稳特征的估计算法

周期谱在信号特征提取方面的突出优点是谱分辨能力强，即使在频率轴上的功率谱是连续的，信号特征也以周期谱的形式离散的分布在周期频率轴上，而且不同调制方式的信号其周期谱分布也不同。这样，信号在时域或频域中交迭在一起的特征可能会在周期谱中显现出来，从而得到信号的更多未知信息。另外，周期谱为谱分析提供了更加丰富的信号分析域，将通常的功率谱定义域从频率轴推广到频率 – 周期频率双频平面，它更明显地表现出了信号的特征。

接收到的复基带信号 $r(t)$ 可表示为

$$r(t) = s(t) + n(t)$$
$$= \sum_{k=0}^{K-1} \sum_{l=-\infty}^{\infty} s_{kl} \, \mathrm{e}^{\mathrm{j}2\pi f_k(t-lT-\varepsilon T)} g(t - lT - \varepsilon T) + n(t) \tag{3.125}$$

式中：K 表示子载波个数；$g(t)$ 为成形波形；$T = T_u + T_{CP}$ 为 OFDM 信号的符号周期，T_u 表示有用符号时间，T_{CP} 为循环前缀时间；f_k 为子载波频率；$n(t)$ 为加性高斯白噪声，和信号 $s(t)$ 相互独立；s_{kl} 表示第 k 个子载波上的第 l 个符号，并且独立同分布，均值为零，方差为 σ^2。由于 $\langle g_{kl}, g_{k'l'} \rangle = \delta_{kk'} \delta_{ll'}$，所以同一符号、同一子载波的数据才具有相关性，各符号间的数据不相关，并且各子载波独立。

定义自相关函数

$$R_x(t, \tau) = E[x(t) x^*(t - \tau)] \tag{3.126}$$

为了简化分析，接收到的复基带信号 $r(t)$ 在不考虑初始时延、频偏和噪声时，其自相关函数为

$$R_s(t, \tau) = E[s(t) s^*(t - \tau)]$$
$$= \sum_{l=-\infty}^{\infty} E\left[\sum_{k=0}^{K-1} s_{kl} g_{kl}(t) \sum_{k=0}^{K-1} s_{kl}^* g_{kl}^*(t - \tau) \right] \tag{3.127}$$

式中：$g_{kl}(t) = g_k(t - lT) = \mathrm{e}^{\mathrm{j}2\pi f_k(t-lT)} g(t - lT)$。可见，$R_s(t, \tau) = R_s(t + T, \tau)$，OFDM 信号的自相关函数具有周期性。当 OFDM 有循环前缀时，$T = T_u + T_{CP}$，$R_s(t, \tau)$ 会

随着时间而变化,这就证明了 OFDM 信号是二阶循环平稳信号,无循环前缀时,循环周期是 T;有循环前缀时,有不同的周期,广义的小周期为 T_{CP},大周期为 T。因 $R_s(t,\tau)$ 对时间 t 是周期函数,其傅里叶变换具有离散的谱线,谱线出现在循环频率 $\alpha = m/T_{CP}$ 或 $\alpha = m/T$,当 $m = 1$ 时,此时,α 称为基准循环频率。

图 3.22 中坐标轴幅度相对最大循环自相关值归一化,时延 $\tau = 0$ 相对 T_{CP} 进行了归一化,循环频率 α 相对 $1/T_s$ 进行了归一化。最大峰值出现在 $\alpha = 0, \tau = 0$ 的点上,在 $\alpha = 0$ 的切面上,次大峰值出现在 $\tau = \pm T_u$ 的点上。当 $|\tau| < T$ 时,在 $\alpha = m/T_{CP}$ 处出现非零的切面;当 $T_u - T_{CP} < \tau < T_u + T_{CP}$ 时,在 $\alpha = m/T$ 处出现非零的切面。所以在 $\alpha = 0$ 的切面上搜索峰值的距离,就能估计到 OFDM 信号的有用符号时间 T_u,在 $\tau < T_{CP}$ 时,搜索切面的距离,就能估计到 OFDM 信号的循环前缀时间 T_{CP}。在 $\tau = T_u$ 附近,搜索切面的距离,就能估计到 OFDM 信号的符号周期 T。

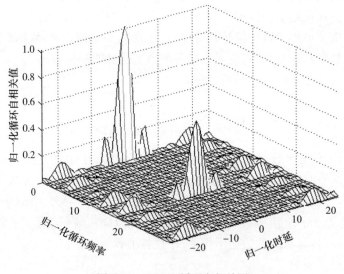

图 3.22　OFDM 循环自相关图

3.5　数字调制类型识别

依据已知的通信信号先验知识,调制识别模块可以对接收机的中频信号或下变频得到的基带信号进行处理,从 K 种备择调制方式中正确选择出输入信号对应的调制方式。

未被噪声污染的待识别调制信号 $s(t)$ 可表示为

$$s(t,\boldsymbol{u}) = a \sum_{n=1}^{N} s_n^{i,k} \, \mathrm{e}^{j(2\pi\Delta ft+\phi)} \, \mathrm{e}^{j\varphi_n} g(t - nT_s - \varepsilon T_s) \tag{3.128}$$

式中：$\{s_n^{i,k}\}_{i=1}^{M_k}$ 是来自功率归一化的标准星座图 $A^k = \{a_1^k, a_2^k, \cdots, a_{M_k}^k\}\,(k=1,2,\cdots,K)$ 的真实码元，M_k 为星座 A^k 中的星座点个数，a 代表未知的信号幅度或衰落信道的幅度影响因子；ϕ 表示载波同步后残留的相位偏移或衰落信道的相位衰减因子；Δf 和 ε 分别代表未知的残留载频和定时误差；φ_n 表示第 n 个码元的相位抖动；$g(t)$ 为信道冲击响应 $h(t)$ 与脉冲成型 $p(t)$ 的共同响应，可表示为两者的卷积，通常情况下，脉冲成型采用平方根升余弦函数，接收端匹配滤波器的输出为

$$r_n = \frac{1}{T_s} \int_{nT_s}^{(n+1)T_s} r(t) p(t - nT_s) \, \mathrm{d}t \tag{3.129}$$

$\boldsymbol{u}$ 为未知参数向量，通常包含如下全部或部分未知参数：

$$\boldsymbol{u} = \{a, \Delta f, \phi, \{\varphi_n\}_{n=1}^{N}, \varepsilon, h(t), N_0, \{s_n^{i,k}\}_{i=1}^{M_k}\} \tag{3.130}$$

如果用 $P_c^{i,j}$ 表示输入的是第 i 种调制样式的信号而被判定为第 j 种调制样式的概率，若每种调制样式的先验概率都相等，则定义平均正确识别概率（Probability of Correct Classification，PCC）来刻画调制识别模块的性能，其定义为

$$P_{cc} = \frac{1}{K} \sum_{i=1}^{K} P_c^{i,j} \tag{3.131}$$

平均错误概率为

$$P_e = 1 - P_{cc} \tag{3.132}$$

在多数文献中均使用 P_{cc} 或 P_e 作为衡量调制识别性能的指标。理想的分类器应能够依据较短的观测数据正确识别信号类型，并具有所需低信噪比、环境适应性强、运算量小等特性。

用于调制类型识别的方法主要有决策理论方法、统计模式识别方法。其中，基于决策理论的识别方法根据信号统计特性提取检验统计量，如二维向量特征，通过与基于理论分析的门限进行比较得到识别结果，该类方法需要目标信号较多的先验知识，如载频、符号速率、信噪比、传播信道模型等，才能提取有效的统计量，基于似然比及自适应马尔可夫链蒙特·卡罗的方法均属于决策理论识别方法。基于统计模式识别的方法通过提取目标信号时域、频域、变换域等多纬度特征形成特征集，在此基础上应用判决树、支撑向量机、神经网络等分类器进行特征集识别获取目标信号调制样式。该方法需要对特征集进行提取和充分选择，并考虑不同信噪比、不同传播环境对各维度特征的影响，选择合适的分类器模型，才能获取较好的识别效果。目前，神经网络随着计算能力的提升逐步实用于模式识别的各个领域，取得较好的分类效果。

3.5.1　基于似然比的调制识别

似然比方法是一类解决调制识别问题的经典方法,它建立在以概率论随机过程及数理统计为核心内容的严格数学理论基础之上。基于似然比的调制识别方法被看成一个多元假设检验问题,令信号分类集的每种信号对应一个H_k,然后将接收序列映射到观测空间R,并计算与统计观测样本对应的概率函数,根据结果判断信号类型。若用于构造似然函数的观测值$r_n,n=1,2,\cdots,N$,独立同分布,则观测序列$\boldsymbol{r}=\{r_n\}_{n=1}^N$的似然函数可表示为

$$\Gamma(\boldsymbol{r}\mid H_k)=\prod_{n=1}^{N}p(r_n\mid H_k) \qquad(3.133)$$

最大似然分类器根据计算得到的似然函数值的大小判定信号类型,当满足下述条件时,即

$$L(\boldsymbol{r}\mid H_j)>L(\boldsymbol{r}\mid H_i),\quad j\neq i,i=1,2,\cdots,K \qquad(3.134)$$

则判定信号为第j种调制信号,调制识别框图如图3.23所示。

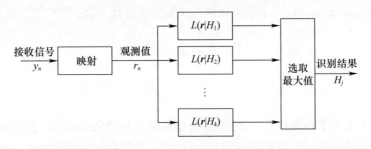

图3.23　最大似然调制识别框图

似然比算法在最大似然准则下给出判断,在相关参数均已知的理想预处理条件下,其结果在贝叶斯估计意义下是最优的。然而,处于非协作通信环境下的截获接收机,对数字通信的信息内容全部未知,同时存在信道参数的估计误差,因此构造的似然比函数中通常都含有未知参数。按照对似然函数中的未知参数处理方法的不同,基于似然比的调制识别算法可以分为3类,如图3.24所示。

(1)平均似然比检测(ALRT)。未知参数均被看成已知概率密度函数(PDF)的随机变量,似然比是在这些PDF平均的基础上得到的。

(2)广义似然比检测(GLRT),未知参数被看成确定性的,但是未知变量和似然比考虑这些参数的最大化。

(3)混合似然比检测(HLRT),前两种方法的混合,即一些参数采用方法(1),其余采用方法(2)。

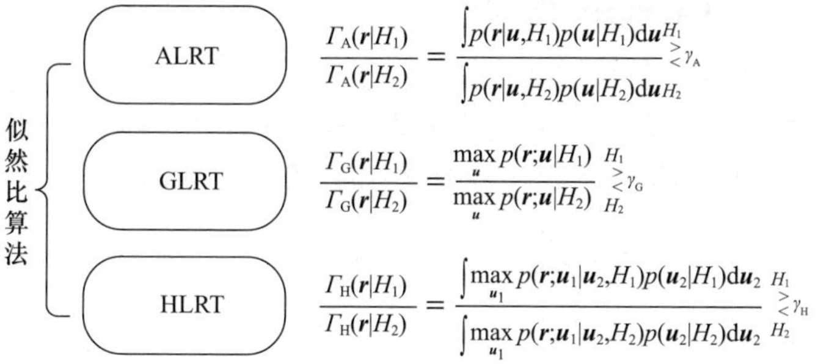

$$\dfrac{\Gamma_{\mathrm{A}}(\boldsymbol{r}|H_1)}{\Gamma_{\mathrm{A}}(\boldsymbol{r}|H_2)} = \dfrac{\int p(\boldsymbol{r}|\boldsymbol{u},H_1)p(\boldsymbol{u}|H_1)\mathrm{d}\boldsymbol{u}}{\int p(\boldsymbol{r}|\boldsymbol{u},H_2)p(\boldsymbol{u}|H_2)\mathrm{d}\boldsymbol{u}} \overset{H_1}{\underset{H_2}{\gtrless}} \gamma_{\mathrm{A}}$$

$$\dfrac{\Gamma_{\mathrm{G}}(\boldsymbol{r}|H_1)}{\Gamma_{\mathrm{G}}(\boldsymbol{r}|H_2)} = \dfrac{\max\limits_{\boldsymbol{u}} p(\boldsymbol{r};\boldsymbol{u}|H_1)}{\max\limits_{\boldsymbol{u}} p(\boldsymbol{r};\boldsymbol{u}|H_2)} \overset{H_1}{\underset{H_2}{\gtrless}} \gamma_{\mathrm{G}}$$

$$\dfrac{\Gamma_{\mathrm{H}}(\boldsymbol{r}|H_1)}{\Gamma_{\mathrm{H}}(\boldsymbol{r}|H_2)} = \dfrac{\int \max\limits_{\boldsymbol{u}_1} p(\boldsymbol{r};\boldsymbol{u}_1|\boldsymbol{u}_2,H_1)p(\boldsymbol{u}_2|H_1)\mathrm{d}\boldsymbol{u}_2}{\int \max\limits_{\boldsymbol{u}_1} p(\boldsymbol{r};\boldsymbol{u}_1|\boldsymbol{u}_2,H_2)p(\boldsymbol{u}_2|H_2)\mathrm{d}\boldsymbol{u}_2} \overset{H_1}{\underset{H_2}{\gtrless}} \gamma_{\mathrm{H}}$$

似然比算法 { ALRT　GLRT　HLRT }

图 3.24　似然比算法分类

3.5.1.1　ALRT 算法及其性能

数字通信信号的似然比调制分类,一般是对码元同步采样输出序列处理来实现的。对于任意幅相数字调制,在理想接收条件下的似然比分类器[30]性能最优。

当噪声建模为双边功率谱密度为 $N_0/2$ 的加性高斯白噪声时,以接收信号序列为观测值构造的似然函数可表示为

$$L(\boldsymbol{r}\,|\,H_k) = \prod_{n=1}^{N} \left[\sum_{i=1}^{M_k} \mathrm{e}^{-\frac{|s_n^{i,k}|^2 - 2\mathrm{Re}[r_n^* s_n^{i,k}]}{N_0}} \right] \tag{3.135}$$

理想 ALRT 算法的正确识别概率是所有算法性能的理论上界,因此为其他算法提供了比较的“标尺”[31]。在二元假设检验情况下,假设 H_i 下的正确识别概率可表示为

$$P_{cc}(\boldsymbol{r}\,|\,H_i) = \Pr\big[L(\boldsymbol{r}\,|\,H_i) - L(\boldsymbol{r}\,|\,H_j) > 0 \big] \tag{3.136}$$

理想 ALRT 算法的性能最优,并且具有较为完善的理论分析体系,然而,在现实通信系统中,理想的接收预处理条件很难达到,即使在协作通信环境下,仍然会存在或多或少的参数估计和同步误差。同时,该算法存在计算量大、先验信息依赖性大等问题,很多场合下并不适用。针对这些问题,A. Polydoros 和 K. Kim 较早提出准优化的 qALRT 算法[32],在低信噪比假设下,提出了基于高阶统计矩的准对数似然比分类算法,其判决规则为

$$\Gamma(\boldsymbol{r}\,|\,H_i) - \Gamma(\boldsymbol{r}\,|\,H_j) = \left| \sum_{n=1}^{N} (r_n)^M \right| \overset{H_i}{\underset{H_j}{\lessgtr}} \eta \tag{3.137}$$

此后,C. Y. Hwang 等[33]将算法扩展到 AWGN 信道中任意进制的 PSK(相移键控)和 QAM(正交振幅调制)信号的调制识别,用于区分 16QAM 和 V.29 信号的似然函数简化形式为

$$\Gamma(\boldsymbol{r}\,|\,H_k) = 0.0135 \left| \sum_{n=1}^{N} (r_n)^4 \right| - 0.0246 \sum_{n=1}^{N} |r_n|^4 \tag{3.138}$$

3.5.1.2 GLRT 和 HLRT 算法

ALRT 算法在实际应用中往往面临多重积分和运算复杂度高的问题,可以考虑将全部或部分未知参数作为确定性变量进行估计,这称为 GLRT 或 HLRT 算法。在 $\boldsymbol{u} = \{\phi, \{s_n^{i,k}\}_{i=1}^{M_k}\}$ 情况下,GLRT 和 HLRT 的似然函数形式为

$$\Gamma_{\mathrm{G}}(\boldsymbol{r} \mid H_k) = \max_\phi \left[\sum_{n=1}^{N} \max_{s_n^{i,k}} \{2\mathrm{Re}\{r_n \mathrm{e}^{\mathrm{j}\phi} s_n^{i,k}\}\} - \sqrt{E} \mid s_n^{i,k} \mid^2 \right]$$

$$(3.139)$$

$$\Gamma_{\mathrm{H}}(\boldsymbol{r} \mid H_k) = \max_\phi \prod_{n=1}^{N} \left[\frac{1}{M_k} \sum_{i=1}^{M_k} \mathrm{e}^{-\frac{\mid s_n^{i,k} \mid^2 - 2\mathrm{Re}\{r_n^* \mathrm{e}^{-\mathrm{j}\phi} s_n^{i,k}\}}{N_0}} \right] \quad (3.140)$$

GLRT 比 ALRT 和 HLRT 算法更加实用,因为它不需要对未知参数作任何假设,而且不需要噪声功率的先验信息,然而,嵌套的星座图往往导致 GLRT 无法完成调制识别,而 HLRT 算法不存在该问题。

似然比调制识别算法考虑的未知参数越多,问题模型越接近实际接收条件,然而算法复杂度也越大。从上述介绍可见,基于似然比的调制识别算法的发展历史及发展趋势大体沿着两条思路:一条思路是根据实际的信号预处理情况,假设接收端存在不同的未知量,选择合适的用于构造似然函数的观测量,使似然比统计量中含有尽可能少的未知参数;另一条思路是寻找接收信号在相应假设检验条件下似然函数的近似或者快速计算方法,即如何解决似然比算法的最优识别性能和其计算复杂度之间矛盾的问题。前面所提的 qALRT 和 qHLRT 方法就是这种思路的一种体现。

3.5.2　基于自适应 MCMC 的调制识别

目前,关于非理想信道环境下调制识别的公开文献较少,综合分析现有算法可以分为 3 类。

(1) 构造对信道不敏感的识别特征参数,其缺陷在于只能识别不同阶数的单一调制信号或特征统计量易受信噪比变化的影响,导致算法的稳健性较差。

(2) 采用多天线接收技术,利用天线的空间分集能力克服信道的影响,其缺陷在于只能识别常模信号或不同阶数的单一调制信号。

(3) 先采用信道估计、盲均衡[34]等预处理技术消除非理想信道给信号带来的影响,再利用理想高斯信道中的分类特征进行识别,但这种方法使系统变得复杂,并且预处理算法的效率直接影响着最终的识别结果。

Metropolis – Hastings(MH)技术的引入为非理想信道环境下的调制识别算法提供了新的思路[35]。MH 技术是起源于统计物理学的马尔可夫链蒙特卡罗

（Markov Chain Monte Carlo，MCMC）技术的重要分支之一，是在概率密度归一化常数（如后验概率中的证据因子）未知条件下的典型数值计算方法，具有适应面广的特点，在统计估计计算中越来越受到关注。基于 MH 技术的调制识别算法突破了传统思维，用相对简单有效的数值方法近似求解贝叶斯估计与分类问题，同时保持了贝叶斯方法的理论最优性和稳健性。但是其中对算法性能起决定作用的建议分布函数的选取具有任意性，如何根据实际问题选择最优的建议分布函数至今仍是难题。这里主要应用一种自适应的 MCMC 方法[36]——Adaptive Metropolis（AM）方法，其建议分布函数在迭代过程中能够自适应地更新，由此避免了建议分布函数的选取问题。该法提出了平坦衰落信道环境下基于 AM 技术的调制识别算法，并且针对多径信道环境下，未知参数维数较高引起算法收敛放缓的问题，在 AM 算法基础上进一步改进，提出了基于单分量自适应梅特罗波利斯（SCAM）技术的调制识别算法。

3.5.2.1　平坦衰落信道环境下的调制识别

假设信号与信道模型满足如下的条件。

（1）平坦衰落信道假设多径分量的传播时延远小于传输信号的符号周期，其冲激响应表示为

$$h(k) = \alpha \, \mathrm{e}^{\mathrm{j}\varphi} \delta(k-i) \tag{3.141}$$

式中：α 和 φ 分别为信道的幅度影响因子和相位影响因子。

（2）信道噪声建模为复高斯白噪声，并且噪声功率已知。

（3）接收机已知基带成型脉冲形式，并实现了匹配滤波。

（4）接收机已完成码元定时与载波同步。

（5）接收信号带宽内只含有一个通信信号。

接收信号在时间 nT（T 为符号周期）处的码元同步采样复信号序列可以表示为

$$y_n = \alpha s_n \mathrm{e}^{\mathrm{j}\varphi} + v_n, \quad n = 1, 2, \cdots, N \tag{3.142}$$

式中：N 为观测码元序列长度；$\{s_n\}$ 为含有调制信息的真实码元，来自功率归一化的标准星座图 $A^k = \{a_1^k, a_2^k, \cdots, a_{M_k}^k\}$，$k = 1, 2, \cdots, K$，$M_k$ 为第 k 个星座中的星座点个数，假设星座点独立同分布且具有相同的先验概率，即 $p(a_i^k | A^k) = 1/M_k$；α 和 φ 分别为信道的幅度影响因子和相位影响因子，并假设 α 和 φ 在同一个观测帧的 N 个码元周期内保持不变，在不同的观测帧之间独立变化。需要注意到 α 和 φ 中可能分别包含着信号的幅度和残留载波相偏的信息；$\{v_n\}$ 是零均值的方差为 $\{\sigma^2\}$ 的复高斯白噪声序列，噪声与信号相互独立。

基于似然函数的调制识别问题旨在通过对长度为 N 的被噪声污染的接收码

元序列进行观测,从 K 种可能的调制样式中选择出正确的调制类型,它可被视为一个多元假设检验问题:

$$H_k: \{s_n\}_{n=1}^N \in A^k, \quad k = 1, 2, \cdots, K \tag{3.143}$$

即 H_k 表示接收信号序列来自于第 k 个星座。这里采用接收序列本身作为构造似然函数的观测值,分类器结构如图 3.25 所示。

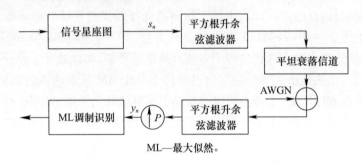

ML—最大似然。

图 3.25　基于接收序列的调制识别分类器结构图

在噪声建模为高斯分布的假设下,第 k 种假设的条件似然函数可表示为[37]

$$p(\boldsymbol{y} \mid H_k, \boldsymbol{u}) = \prod_{n=1}^N \frac{1}{M_k} \sum_{i=1}^{M_k} \frac{1}{\pi\sigma^2} \mathrm{e}^{-\frac{|y_n - \alpha a_i^k \mathrm{e}^{\mathrm{j}\varphi}|^2}{\sigma^2}} \tag{3.144}$$

式中: $\boldsymbol{u} = [\alpha, \varphi]^{\mathrm{T}}$ 为由未知频偏和相偏组成的未知参数向量。平均似然比检测(ALRT)将未知参数看成概率密度函数(PDF)已知或者可以假设的随机变量,似然函数是在对未知参数取平均意义上的结果,可表示为

$$p(\boldsymbol{y} \mid H_k) = \int p(\boldsymbol{y} \mid H_k, \boldsymbol{u}) p(\boldsymbol{u} \mid H_k)(\boldsymbol{u} \mid H_k) \mathrm{d}\boldsymbol{u} \tag{3.145}$$

式中: $p(\boldsymbol{u}|H_k)$ 为 H_k 假设下未知参数向量 $\boldsymbol{u}$ 的先验概率密度函数。当所有调制样式先验等概时,ALRT 理论可通过选取具有最大似然概率 $p(\boldsymbol{y}|H_k)$ 的备择假设提供最佳识别效果。然而,式(3.145)中的多重积分往往不存在闭式解,另外,多重积分的计算量随着向量 $\boldsymbol{u}$ 维数的增多而呈指数增长,这些因素使得 ALRT 算法的应用受到极大限制。似然函数的求解问题是似然分类中的关键问题,可以采用基于数值计算的马尔可夫链蒙特·卡罗(MCMC)方法使之得以有效实现。

根据贝叶斯理论,很容易得到

$$p(\boldsymbol{y}|H_k) = \frac{p(\boldsymbol{y}|H_k, \boldsymbol{u}) p(\boldsymbol{u}|H_k)}{p(\boldsymbol{u}|H_k, \boldsymbol{y})} \tag{3.146}$$

由重要性采样理论, $p(\boldsymbol{y}|H_k)$ 的估计可以由下式得到

$$p(\boldsymbol{y} \mid H_k) = \frac{1}{N_s} \sum_{i=1}^{N_s} \frac{p(\boldsymbol{y} \mid H_k, \boldsymbol{u}_i) p(\boldsymbol{u}_i \mid H_k)}{p(\boldsymbol{u}_i \mid H_k, \boldsymbol{y})} \tag{3.147}$$

式中：$\boldsymbol{u}_i$ 是对目标分布函数 $p(\boldsymbol{u}|H_k,\boldsymbol{y})$ 取样得到；N_s 为取样点的个数。由于未知参数向量 $\boldsymbol{u}$ 的先验概率不依赖于假设 H_k，因此概率函数可简化为 $p(\boldsymbol{u}_i|H_k)=p(\boldsymbol{u}_i)$。取样点的遍历性保证了在取样个数 $N_s\longrightarrow\infty$ 的情况下，$p(\boldsymbol{y}|H_k)$ 的数值无限接近于 $p(\boldsymbol{u}|H_k)$。因此，产生服从目标分布 $p(\boldsymbol{u}|H_k,\boldsymbol{y})$ 的取样点是 MCMC 分类器的关键。

Metropolis – Hastings(MH)算法可产生服从目标分布的马尔可夫序列 $\boldsymbol{u}_0,\boldsymbol{u}_1$，$\boldsymbol{u}_2,\cdots$。假设当前状态 $\boldsymbol{u}_i=\boldsymbol{u}$，下一状态通过从建议分布函数 $q(\cdot|\boldsymbol{u})$ 中抽取待选采样点 $\boldsymbol{w}$ 产生。然而，建议分布函数的选取以及调整方向很难确定，并且算法容易陷入局部最大值。

为避免这一难题，可借鉴自适应梅特罗波利斯(AM)算法思想，新的协方差公式引入了比例因子 s_d 和 $s_d\varepsilon\boldsymbol{I}_d$ 项，能有效确保抽样样本丰富的多样性。其中 s_d 为取决于 $\boldsymbol{u}$ 的维数 d 的比例因子，$\boldsymbol{I}_d$ 为 d 维单位阵，常数 $\varepsilon>0$。与传统 MH 算法相比，AM 算法不需要预先确定参数的建议分布函数，而是根据目前已得到的所有取样点信息对建议分布函数进行自适应更新。

根据 AM 算法的原理，假设已抽取采样点 $\boldsymbol{u}_0,\boldsymbol{u}_1,\boldsymbol{u}_2,\cdots$，下一个待选采样点 $\boldsymbol{w}$ 由建议分布函数 $q_i(\cdot|\boldsymbol{u}_0,\boldsymbol{u}_1,\cdots,\boldsymbol{u}_i)$ 中抽取产生，$\boldsymbol{w}$ 的接受概率为

$$\alpha(\boldsymbol{u}_i,\boldsymbol{w})=\min\left(1,\frac{p(\boldsymbol{w}|H_k,\boldsymbol{y})}{p(\boldsymbol{u}_i|H_k,\boldsymbol{y})}\right)=\min\left(1,\frac{p(\boldsymbol{y}|H_k,\boldsymbol{w})p(\boldsymbol{w}|H_k)}{p(\boldsymbol{y}|H_k,\boldsymbol{u}_i)p(\boldsymbol{u}_i|H_k)}\right) \quad (3.148)$$

也就是说，下一个取样点以概率 $\alpha(\boldsymbol{u}_i,\boldsymbol{w})$ 被设置为 $\boldsymbol{u}_{i+1}=\boldsymbol{w}$，以概率 $1-\alpha(\boldsymbol{u}_i,\boldsymbol{w})$ 保持前一取样点的值不变，即 $\boldsymbol{u}_{i+1}=\boldsymbol{u}_i$。AM 算法中的建议分布函数就是均值为 $\bar{\boldsymbol{u}}_i$（$\bar{\boldsymbol{u}}_i$ 为前 i 个取样点的均值向量），协方差矩阵为 $\boldsymbol{C}_i=\boldsymbol{C}_i(\boldsymbol{u}_0,\boldsymbol{u}_1,\cdots,\boldsymbol{u}_i)$ 的高斯分布函数。选择合适的非自适应阶段迭代次数 $N_0>0$，则协方差矩阵为

$$\boldsymbol{C}_i=\begin{cases}\boldsymbol{C}_0, & i\leqslant N_0 \\ s_d\mathrm{cov}(\boldsymbol{u}_0,\boldsymbol{u}_1,\cdots,\boldsymbol{u}_i)+s_d\varepsilon\boldsymbol{I}_d, & i>N_0\end{cases} \quad (3.149)$$

其递归形式为

$$\boldsymbol{C}_{i+1}=\frac{i}{i+1}\boldsymbol{C}_i+\frac{s_d}{i+1}(\boldsymbol{u}_i\boldsymbol{u}_i^{\mathrm{T}}+i\bar{\boldsymbol{u}}_{i-1}\bar{\boldsymbol{u}}_{i-1}^{\mathrm{T}}+(i+1)\bar{\boldsymbol{u}}_i\bar{\boldsymbol{u}}_i^{\mathrm{T}}+\varepsilon\boldsymbol{I}_d) \quad (3.150)$$

其中

$$\bar{\boldsymbol{u}}_i=\frac{1}{i+1}\sum_{j=0}^{i}\boldsymbol{u}_j$$

为了测试平坦衰落信道环境下 AM 算法的调制识别性能，仿真试验如下，在无任何先验信息的前提下，通常假设 α 和 φ 的先验概率分别服从 Rayleigh 分布与均匀分布，AM 采样器中参数设置如下。

（1）参数 $\varepsilon = 10^{-6}$，比例因子 $s_d = (2.4)^2/d$。

（2）非自适应阶段迭代次数：$N_0 = 50$。

（3）过渡迭代次数：$N_b = 400$。

（4）稳态后用于计算式中遍历均值的取样长度：$N_s = 1000$。

（5）马尔可夫链的初始状态：$\boldsymbol{u}_0 = [0,0]^T$，$\boldsymbol{C}_0 = \begin{bmatrix} 1 & 0 \\ 0 & 1 \end{bmatrix}$。

图 3.26 给出了分别用改进 AM 调制识别算法与 HLRT 调制识别算法对 BPSK/4ASK（振幅键控）/8PSK/16QAM 信号的分类性能曲线。平坦衰落信道参数分别设置为 $\alpha = 0.85$，$\varphi = 0.2\mathrm{rad}$，观测码元长度为 $N = 200$。由图可知,AM 算法的识别性能明显好于 HLRT 算法。与此同时,改进的 AM 算法可以用于识别所有线性数字调制信号,而现有的针对平坦衰落环境的算法大多只针对不同调制阶数的某一类调制信号进行识别,在识别种类上也体现了改进算法的优越性。

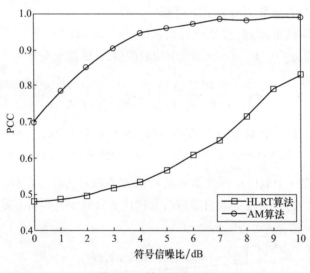

图 3.26　算法性能比较

3.5.2.2　多径信道环境下的调制识别

这里对基于自适应 MCMC 技术的调制识别算法进行分析[38],将平坦衰落信道环境下基于 AM 的调制识别算法推广到多径信道环境下。由于当未知参数向量维数较高时,AM 算法的收敛速度变得缓慢,因此,在 AM 算法的基础上进行改进,采用基于 SCAM 的调制识别算法。

假设信号与信道模型满足如下条件。

（1）假设信道多径分量的传播时延相对于传输信号的符号周期来说不能忽略不

计,这里采用有限长冲激响应(FIR)信道模型,其冲激响应表示为 $h(k) = \sum_{i=0}^{L-1} h_i \delta(k-i)$,其中 L 为信道多径数,算法中假设 L 已知,$h_i, i = 0, 1, \cdots, L-1$,是未知的多径系数。

（2）信道噪声建模为复高斯白噪声,并且噪声功率已知。

（3）接收机已知基带成型脉冲形式,并实现了匹配滤波。

（4）接收机已完成码元定时与载波同步,但仍可能残留载波频率和相位偏差。

（5）接收信号带宽内只含有一个通信信号。

基于上述假设,在接收机的匹配滤波器输出端得到的同步码元序列的复基带形式可表示为

$$y_n = \sqrt{E}\, \mathrm{e}^{\mathrm{j}2\pi\Delta f n/N + \mathrm{j}\phi} \sum_{l=0}^{L-1} h_l s_{n-l} + v_n, \quad n = 1, 2, \cdots, N \quad (3.151)$$

式中:N 为观测码元序列长度;$\{s_n\}$ 为含有调制信息的真实码元,来自功率归一化的标准星座图 $A^k = \{a_1^k, a_2^k, \cdots, a_{M_k}^k\}$ $(k = 1, 2, \cdots, K)$,M_k 为第 k 个星座中的星座点个数,假设星座点独立同分布且具有相同的先验概率,即 $p(a_i^k | A^k) = 1/M_k$;E 是信号平均功率,假设 E 可由其他算法进行估计,不失一般性可令 $E = 1$;Δf 和 ϕ 分别表示频偏和相偏,并假设 Δf 和 ϕ 在同一个观测帧的 N 个码元周期内保持不变,在不同的观测帧之间独立变化;$\{v_n\}$ 是零均值的方差为 σ^2 的复高斯白噪声序列,噪声与信号相互独立。这里假设频偏、相偏以及信道冲击响应系数未知,其余参数均已知,即未知参数向量为 $\boldsymbol{u} = [\Delta f, \phi, h_0, \cdots, h_{L-1}]^{\mathrm{T}}$。

似然比调制识别可被视为一个多元假设检验问题:

$$H_k : \{s_n\}_{n=1}^N \in A^k, \quad k = 1, 2, \cdots, K \quad (3.152)$$

即 H_k 表示接收信号序列来自于第 k 个星座。

这里采用接收序列本身作为构造似然函数的观测值,调制识别分类器结构图如图 3.27 所示。

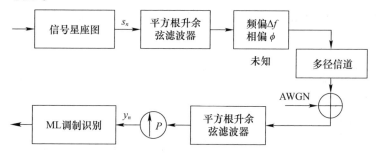

图 3.27　存在未知量的调制识别分类器结构图

在噪声建模为高斯分布的假设下,第 k 种假设的条件似然函数可表示为

$$p(\boldsymbol{y} \mid H_k, \boldsymbol{u}) = \prod_{n=1}^{N} \frac{1}{M_k} \sum_{i=1}^{M_k} \frac{1}{\pi \sigma^2} \mathrm{e}^{-\frac{|\tilde{y}_n - \sqrt{E} a_i^k|^2}{\sigma^2}} \qquad (3.153)$$

式中: $\tilde{y}_n$ 为 $y_n \mathrm{e}^{-\mathrm{j}(2\pi n \Delta \hat{f}/N_s + \hat{\phi})}$ 经过转移函数为 $H^{-1}(z) = 1 \Big/ \sum_{l=0}^{L-1} \hat{h}_l z^{-l}$ 的滤波器后的输出序列, $\Delta \hat{f}, \hat{\phi}$ 和 $\hat{h}_l$ 分别为假设 H_k 下频偏、相偏和多径系数的估计值。似然函数是在对未知参数取平均意义上的结果,可表示为

$$p(\boldsymbol{y} \mid H_k) = \int p(\boldsymbol{y} \mid H_k, \boldsymbol{u}) p(\boldsymbol{u} \mid H_k) \mathrm{d}\boldsymbol{u} \qquad (3.154)$$

式中: $p(\boldsymbol{u} \mid H_k)$ 为 H_k 假设下未知参数向量 $\boldsymbol{u}$ 的先验概率密度函数。采用基于数值计算的 MCMC 方法实现未知参数的迭代估计和似然函数的近似计算。

根据

$$p(\boldsymbol{y} \mid H_k) = \frac{1}{N_s} \sum_{i=1}^{N_s} \frac{p(\boldsymbol{y} \mid H_k, \boldsymbol{u}_i) p(\boldsymbol{u}_i \mid H_k)}{p(\boldsymbol{u}_i \mid H_k, \boldsymbol{y})} \qquad (3.155)$$

式中: $\boldsymbol{u}_i$ 是对目标分布函数 $p(\boldsymbol{u} \mid H_k, \boldsymbol{y})$ 取样得到; N_s 为用于取样点的个数。因此,产生服从目标分布 $p(\boldsymbol{u} \mid H_k, \boldsymbol{y})$ 的取样点是 MCMC 分类器的关键。

当未知参数向量 $\boldsymbol{u}$ 的维数较低时,AM 算法能够快速收敛并得到令人满意的效果。然而,当 $\boldsymbol{u}$ 维数较高时,所有参数在迭代过程中同时更新,AM 算法的效率会明显降低。

这里由于多径系数的引入,使未知参数向量 $\boldsymbol{u} = [\Delta f, \phi, h_0, \cdots, h_{L-1}]^T$ 维数较高,采用单分量自适应梅特罗波利斯(SCAM)算法进行采样,即按顺序对未知参数向量中每个分量单独进行类似自适应梅特罗波利斯采样的操作,建议分布函数采用一维高斯分布,其方差按照 AM 算法规则自适应地更新。

为了测试多径信道环境下 SCAM 算法的性能,仿真中假设备择调制样式包括 BPSK、QPSK、8PSK、16QAM,并且各种调制样式先验等概,频偏、相偏和多径系数均统计独立。SCAM 采样器中参数设置如下。

(1) 参数 $\varepsilon = 10^{-6}$,比例因子 $s_1 = 2.4$。

(2) 非自适应阶段迭代次数: $N_0 = 50$。

(3) 过渡迭代次数: $N_b = 400$。

(4) 稳态后遍历均值的取样长度: $N_s = 1000$。

(5) 马尔可夫链的初始状态:

$$\boldsymbol{u}_0 = [\Delta f_0, \phi_0, h_{0,0}, \cdots, h_{L-1,0}] = [0, 0, \cdots, 0]_{1 \times (L+2)} \qquad (3.156)$$

$$\boldsymbol{C}_0 = \left[C_0^{\Delta f}, C_0^{\phi}, C_0^{h_0}, \cdots, C_0^{h_{L-1}} \right] = \left[0, 0, \cdots, 0 \right]_{1 \times (L+2)} \tag{3.157}$$

将 MH 算法、H. Wu 提出的适用于多径信道环境下改进的高阶统计量(HOS)算法和 SCAM 调制识别算法进行性能比较。MH 方法中的建议分布函数定义为高斯分布 $q(\boldsymbol{w}|\boldsymbol{u}_i) = q(\boldsymbol{w}|\boldsymbol{u}_i) \sim N(0, \sigma_u^2)$，其中为得到较为合适的接受概率，$\sigma_u^2$ 设置为 0.23。

表 3.2 为 SCAM、MH 算法和 HOS 算法[39]的性能比较。备选调制样式为 $\{BPSK, QPSK, 8PSK, 16QAM\}$ 4 种信号。其中假设观测码元个数为 $N = 250$，符号信噪比为 $SNR = 5dB$。频偏、相偏及信道参数分别设置为 $\Delta f = 0.1Hz, \phi = 0.2rad$，$\boldsymbol{h} = [1, 0.25, 0.15]^T$。表 3.2 中的数据是在每种调制样式的假设下，分别采用 3 种算法进行 1000 次试验的统计结果。

表 3.2　3 种算法分类性能比较

发送调制类型		接收识别调制类型			
		BPSK	QPSK	8PSK	16QAM
SCAM	BPSK	993	7	0	0
	QPSK	17	983	0	0
	8PSK	0	7	976	17
	16QAM	0	6	65	929
MH	BPSK	989	11	0	0
	QPSK	28	972	0	0
	8PSK	0	8	951	41
	16QAM	0	20	141	839
HOS	BPSK	541	178	0	281
	QPSK	225	585	6	184
	8PSK	0	179	623	198
	16QAM	32	186	314	468

当存在频偏、相偏及多径影响时，两种 MCMC 算法的识别性能明显优于 HOS 算法，这是由于 HOS 算法仅对多径系数进行了估计和补偿，并未考虑频偏与相偏因素。相对于 MH 算法，SCAM 算法的识别性能更佳，尤其当对 16QAM 信号进行识别时，SCAM 算法的优势更加明显。

3.5.3　基于特征提取的调制识别

从特征提取的调制识别算法可以被看成是一个多元模式识别问题[40]，与其他的模式识别问题相似，调制识别也分为特征提取和分类判决两个步骤来完成。图 3.28 为该类算法的基本流程图。

图 3.28　调制识别过程框图

预处理过程是为了达到算法所要求的信号模型、参数条件等,为后续处理提供合适的数据。

特征提取部分是从信号中提取能够明显反映信号类型的特征,从而有效地实现分类识别,它严重影响着调制分类器的设计和性能,在类内聚集性越强并同时在类间可分性越大的分类特征是越理想的,然而,在很多实际的问题中,要找到那些最重要的特征往往并非易事,或者无法对它们进行测量,从而使得特征提取和选择变得尤为复杂,成为信号调制识别任务中最困难的环节之一。

分类判决是根据识别对象特征的观察值,给出调制识别结果。通过利用已知调制类型的特征参数对分类器进行训练,直到分类器输出的误差满足给定的要求,或根据特征参数的统计量直接设置分类器的阈值,完成信号分类。

3.5.3.1　瞬时特征

通信信号的时域特征通常指信号的瞬时幅度、瞬时频率和瞬时相位等特征,它们包含了丰富的调制信息,合理选择和构造它们的各阶统计量是获得识别特征的有效途径。在这类研究中,最具代表性的是 E. E. Azzouz 和 A. K. Nandi 提出的算法[41],他们利用瞬时幅度、频率和相位的特征识别不同的低阶数字信号,所采用的特征量包括以下几方面。

(1) 中心归一化瞬时幅度功率谱密度的最大值为

$$\gamma_{\max} = \frac{\max |\,\mathrm{FFT}(a_{\mathrm{cn}}^2(i))\,|}{N} \qquad (3.158)$$

式中:N 为取样点数;$a_{\mathrm{cn}}(i)$ 为中心归一化瞬时幅度。该特征用于区分 FSK 信号和其他调制方式,因为它的瞬时幅度恒定不变且标准中心瞬时幅度为零,因此 $\gamma_{\max}$ 为零;ASK(幅移键控)和 QAM 信号本身有幅度信息,所以其 $\gamma_{\max}$ 大于特定门限;PSK信号因为带宽限制也出现了幅度信息,特别是当码元相位跳变时会产生幅度突变。

(2) 瞬时相位中心非线性分量绝对值的标准偏差为

$$\sigma_{\mathrm{ap}} = \sqrt{\frac{1}{M}\sum_{a_{\mathrm{n}}(i)>t_{\mathrm{a}}} \Phi_{\mathrm{NL}}^2(i) - \left(\frac{1}{M}\sum_{a_{\mathrm{n}}(i)>t_{\mathrm{a}}} |\,\Phi_{\mathrm{NL}}(i)\,|\right)^2} \qquad (3.159)$$

式中:$\Phi_{\mathrm{NL}}(i)$ 为去折叠后瞬时相位的非线性分量;$a_{\mathrm{n}}(i)$ 为瞬时包络;t_{a} 为设定的包络门限。该特征用来将 QPSK 信号从 BPSK、2ASK 和 4ASK 信号中区分出来。ASK

信号不含绝对相位信息,而 BPSK 经中心化以后其绝对相位是 $\pi/2$,也不含绝对相位信息,只有 QPSK 取绝对值后仍带有相位信息,因此其 σ_{ap} 高于特定门限。

(3)瞬时相位中心非线性分量的标准偏差为

$$\sigma_{\mathrm{dp}} = \sqrt{\frac{1}{M}\sum\nolimits_{a_{\mathrm{n}}(i)>t_{\mathrm{a}}}\Phi_{\mathrm{NL}}^2(i) - \left(\frac{1}{M}\sum\nolimits_{a_{\mathrm{n}}(i)>t_{\mathrm{a}}}\Phi_{\mathrm{NL}}(i)\right)^2} \quad (3.160)$$

该特征用于将 BPSK 信号从 2ASK、4ASK 信号中区分出来。2ASK、4ASK 信号不含直接相位信息,而 BPSK 信号含有直接相位信息,因此 σ_{dp} 高于特定门限。

(4)瞬时幅度中心非线性成分绝对值的标准偏差为

$$\sigma_{\mathrm{aa}} = \sqrt{\frac{1}{N}\sum\nolimits_{i=1}^{N}a_{\mathrm{cn}}^2(i) - \left(\frac{1}{N}\sum\nolimits_{i=1}^{N}|a_{\mathrm{cn}}(i)|\right)^2} \quad (3.161)$$

该特征主要用于区分 2ASK 信号和 4ASK 信号。由于 2ASK 信号的两个标准中心化瞬时幅度关于零点对称,其绝对值相同,因此 2ASK 信号不含绝对幅度信息,而 4ASK 信号却有绝对幅度信息,因此其 σ_{aa} 大于特定门限。

(5)瞬时频率中心非线性成分绝对值的标准偏差为

$$\sigma_{\mathrm{af}} = \sqrt{\frac{1}{M}(\sum\nolimits_{a_{\mathrm{n}}(i)>t_{\mathrm{a}}}f_N^2(i)) - \left(\frac{1}{M}\sum\nolimits_{a_{\mathrm{n}}(i)>t_{\mathrm{a}}}|f_N(i)|\right)^2} \quad (3.162)$$

该特征用来区分 2FSK 和 4FSK 信号。由于 2FSK 的标准中心化瞬时频率值的幅度相等、符号相反,其绝对值相同,因此 2FSK 信号不含绝对频率信息,而 4FSK 信号本身含有绝对频率信息,其 σ_{af} 大于特定门限。

此后,在这 5 个特征的基础上又增加了零中心归一化瞬时幅度的紧致性 μ_{42}^a、零中心归一化瞬时频率紧致性 μ_{42}^f、谱对称性 P 等特征。

另外,信号功率谱及其高次方谱是对信号在频域方面的一种描述,可以较好地体现多种调制特性,提取这些特性作为特征参数可以较好地实现调制识别[42]。此类方法根据不同信号的二次方和四次方谱中的谱峰位置、数量以及谱的平坦度等不同的特性,设定相应的门限来判决信号的调制方式。

将上述特征形成样本参量,后继可采用多种学习分类器进行识别。以 K 最近邻(KNN)算法为例,该算法,是一种原理简单的监督学习算法,它是一种"懒惰学习算法"。使用 KNN 算法进行分类,无需对分类器进行显式的训练。给定一个训练数据集,对于新的测试样本,在训练集中找到与该样本距离最近的 k 个训练样本,则可以将分类样本归类为 k 个样本中出现最多的类别。下面给出了 KNN 算法的一个示意图,此处假设 k 设置为 5。

如图 3.29 所示,在距离测试样本最近的 $k(k=5)$ 个样本中,有 3 个样本的类别为 1,两个样本的类别为 2,因此可以判别测试样本的类别为 1。

KNN 算法中,在寻找近邻的过程中,距离的度量是最关键的一步。假设分类

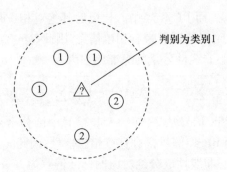

图 3.29　KNN 算法示意图

的样本具有 n 个特征,现有 $X_i = (x_i^{(1)}, x_i^{(2)}, \cdots, x_i^{(n)})$, $X_j = (x_j^{(1)}, x_j^{(2)}, \cdots, x_j^{(n)})$ 两个样本,则 X_i 与 X_j 之间的 L_p 距离为

$$L_p(x_i, x_j) = \left(\sum_{l=1}^{n} \left| x_i^{(l)} - x_j^{(1)} \right|^p \right)^{1/p} \tag{3.163}$$

　　由于 KNN 算法是依靠样本间的距离来进行分类识别的,所以其识别准确率与样本的特征尺度密切相关。同时,由于在调制样式识别中,各个特征的尺度差别较大,所以在进行识别前,需要对样本进行归一化处理。此处采用零均值方差归一化方法来对样本进行归一化,其归一化公式为

$$z = \frac{x - \mu}{\sigma} \tag{3.164}$$

式中:μ 表示训练样本在该特征下的均值;σ 表示训练样本在该特征下的标准差。同时,在进行 K 近邻距离度量时,通过对比比较,选取了 L_1 距离度量方法。

　　在仿真实验中,提取了 16 种调制样式信号的 12 维特征,其中连续特征 9 维,离散特征 3 维,信噪比从 4dB 到 17dB。提取特征所使用的信号点数为 4096×2,即 I、Q 两路各使用了 4096 个点。同时对于每种调制样式,针对其每种信噪比都提取了 1000 个样本。所有调制样式的总样本个数为 213000 个。在实验中选取了 70% 的样本(191100 个)作为训练集,30% 的样本(81900 个)作为测试集。最后达到的测试集下的总准确率为 91.8%。具体结果如图 3.30 所示。

	BPSK	QPSK	OQPSK	DQPSK	8PSK	16PSK	8QAM	16QAM	32QAM	64QAM	128QAM	256QAM	16APSK	32APSK	MSK	2FSK
BPSK	99.54%	0.12%	0.17%	0.1%	0.0%	0.0%	0.06%	0.0%	0.0%	0.0%	0.0%	0.0%	0.0%	0.0%	0.0%	0.0%
QPSK	0.33%	82.63%	0.52%	16.31%	0.0%	0.0%	0.19%	0.02%	0.0%	0.0%	0.0%	0.0%	0.0%	0.0%	0.0%	0.0%
OQPSK	0.07%	0.18%	99.45%	0.29%	0.0%	0.0%	0.02%	0.0%	0.0%	0.0%	0.0%	0.0%	0.0%	0.0%	0.0%	0.0%
DQPSK	0.29%	29.39%	0.99%	69.12%	0.0%	0.0%	0.2%	0.0%	0.0%	0.0%	0.0%	0.0%	0.0%	0.0%	0.0%	0.0%
8PSK	0.0%	0.08%	0.0%	0.16%	97.67%	2.09%	0.0%	0.0%	0.0%	0.0%	0.0%	0.0%	0.0%	0.0%	0.0%	0.0%
16PSK	0.0%	0.0%	0.0%	0.0%	1.37%	98.63%	0.0%	0.0%	0.0%	0.0%	0.0%	0.0%	0.0%	0.0%	0.0%	0.0%
8QAM	0.07%	0.0%	0.05%	0.69%	0.0%	0.0%	97.42%	0.84%	0.0%	0.26%	0.13%	0.02%	0.0%	0.02%	0.0%	0.0%
16QAM	0.0%	0.0%	0.0%	0.02%	0.0%	0.0%	0.56%	81.14%	0.09%	13.53%	0.06%	4.61%	0.0%	0.15%	0.0%	0.0%
32QAM	0.0%	0.0%	0.0%	0.0%	0.0%	0.0%	0.54%	86.04%	8.43%	0.0%	0.06%	0.0%	0.15%	4.77%	0.0%	0.0%
64QAM	0.0%	0.0%	0.0%	0.0%	0.0%	0.0%	0.11%	2.42%	0.0%	90.62%	0.0%	6.85%	0.0%	0.0%	0.0%	0.0%
128QAM	0.04%	0.11%	0.02%	0.05%	0.0%	0.0%	5.27%	0.2%	4.64%	0.04%	89.16%	0.04%	0.0%	1.04%	0.0%	0.0%
256QAM	0.0%	0.0%	0.0%	0.0%	0.0%	0.0%	0.02%	0.29%	0.0%	5.66%	0.0%	94.03%	0.0%	0.0%	0.0%	0.0%
16APSK	0.0%	0.0%	0.0%	0.0%	0.0%	0.0%	0.04%	1.16%	0.0%	0.75%	0.0%	0.0%	97.26%	0.73%	0.0%	0.0%
32APSK	0.0%	0.0%	0.0%	0.0%	0.0%	0.0%	0.0%	8.56%	0.0%	9.35%	0.0%	0.37%	0.0%	81.72%	0.0%	0.0%
MSK	0.0%	0.0%	0.0%	0.09%	0.0%	0.0%	0.0%	0.0%	0.0%	0.0%	0.0%	0.0%	0.0%	0.0%	99.91%	0.0%
2FSK	0.0%	0.0%	0.0%	0.0%	0.0%	0.0%	0.0%	0.0%	0.0%	0.0%	0.0%	0.0%	0.0%	0.0%	0.0%	100.0%

图 3.30　KNN 分类识别结果

基于瞬时值特征的调制识别算法,信号模型大多为复基带信号模型,不需要进行同步预处理,因此对先验知识依赖少,预处理要求不高,算法的计算复杂度较低。然而,有些基于直方图判决的算法,对观测信号长度要求较高,并且信道特性对识别效果影响较大,在低信噪比或衰落信道环境下,该类方法的识别效果无法令人满意。

3.5.3.2　高阶统计量

由于码元序列的高阶统计量(HOS)能够反映星座图的分布特征,适合于区分幅度相位调制方式,并具有抗噪声等优点,因此,基于高阶统计量特征的自动调制方式识别算法成为一类经典的分类算法。

基于 HOS 的调制识别算法中,最具代表性和影响力的是 A. Swami 等[43]于 2000 年提出的基于高阶累积量的数字调制识别算法,该算法利用完成理想同步和功率归一化后信号的四阶累积量 $c_{s,4,0}$、$c_{s,4,2}$ 作为分类特征,对 PAM、PSK 和 QAM 信号进行类内和类间的区分。

受该算法的启发,派生出了许多基于高阶累积量的特征,其中,如高阶累量不变量特征 $|c_{r,6,3}|^2/|c_{r,4,2}|^3$ 对相移、频偏也是稳健的[44],对星座图伸缩具有不变性,并且能够推广到多径衰落环境。为了提高衰落信道下 PSK、QAM 信号的分类效果,对 $c_{r,4,2}/c_{r,2,1}^2$ 进行改进,提出了 $\tilde{c}_{s,4,2}$ 特征[45],分析表明,$\tilde{c}_{s,6,3}$ 在区分 PSK 信号时,效果要好于 $\tilde{c}_{s,4,2}$。此外,文献[45]利用 $c_{r,4,2}/c_{r,2,1}^2$ 对 OFDM 多载波调制信号与单载波调制信号进行识别,达到了较为满意的效果。

基于高阶累积量的调制识别算法计算简便,需要的观测数据量较少,因此应用较广泛。然而,算法在非协作接收条件下预处理要求较高,并且当选取的累积量阶数增大时,算法的复杂度也会明显增加。

3.5.3.3　循环平稳特征

研究表明,周期平稳特性是大多数通信信号都具有的特征,循环统计量可以很好地刻画通信信号的这种周期性。C. M. Spooner 等[46]最早利用高阶循环累积量作为分类特征,在共信道多信号环境下实现 PSK、QAM 信号的识别,证明了联立六阶循环累积量组可以实现部分通信信号的识别。随后针对非高斯噪声、多信号环境下 MPSK 信号的调制分类问题,又衍生出一种基于循环累量不变量的算法[47]。基于循环平稳特征的调制识别算法对信道环境不敏感,抗噪声性能好,预处理要求较低;不足之处是算法的计算复杂度偏高,需要的数据量偏大。

综上所述,基于特征提取的调制识别算法的核心在于提取合适的用于分类的特征量。没有固定的规则指明哪种特征具有最优的分类效果,因为实际中面对的信号很复杂,如接收信号的信噪比很低,信道存在多径衰落,用于辅助调制识别的参数估计精度等的影响都可能存在,很难找到一个系统的解决方案。基本准则是将不同调制类型的信号变换到相应特征空间使调制类型特征的距离最大化。

一般来说,提取不同的分类特征量所需要的通信信号及信道的先验知识多少也不同,这直接决定着识别方法在实际应用环境中的表现。实际信号处理场合要求调制识别方法具有对调制参数的先验信息依赖少、特征提取步骤简单的特点。

3.5.3.4 星座轨迹特征

由于不同的信号调制样式在星座图上呈现出不同的拓扑形状和状态转移曲线,因此,可以将一些典型的数字调制方式的识别转换为图形分类问题,并且星座轨迹图像元素相对比较简单,通过普通的卷积神经网络或者比较经典的卷积神经网络即可完成此任务。这里采用 AlexNet 作为分类器,该模型一共分为 8 层,即 5 个卷积层以及 3 个全连接层,在每一个卷积层中包含了激励函数 RELU(线性整流函数)以及局部响应归一化(LRN)处理,然后再经过降采样池化处理(Pool 处理)。输入图像经过使用 96 个大小规格为 11×11 的过滤器,或者称为卷积核,进行特征提取。

每个卷积核通过局部链接,每次连接 11×11 大小区域,然后得到一个新的特征,在此基础上再卷积,再得到新的特征,也就是将传统上采用的全链接的浅层次神经网络,通过加深神经网路层次也就是增加隐藏层,然后下一个隐藏层中的某一个神经元是由上一个网络层中的多个神经元乘以权重加上偏置之后得到的,也就是所谓的权值共享,通过这来逐步扩大局部视野,最后达到全链接的效果。再通过使用 RELU 激励函数,确保特征图的值范围在合理范围之内。

根据输入数据在 255×255 的图像上绘出相应调制样式的状态转移轨迹图像,如图 3.31 所示。

将调制类型、信噪比等参数作为标签信息,并根据 Min – Max 将图像的像素值归一化到 $[0,1]$,再划分为训练集和数据集。建立 AlexNet 模型,将图像数据输入模型进行预测,预测出的最高概率索引即为该种调制样式的类型。

采用的训练集中,每种样式信噪比分布从 $-5dB$ 到 $14dB$ 一共 20 个不同的信噪比强度,训练集由每个信噪比下每种调制样式生成的 100 张图片组成,测试集为 20 张图片。AlexNet 的识别结果如图 3.32 所示。

在不低于 5dB 信噪比的条件下,除了 π/4 QPSK 调制样式以外,其他的调制样式识别准确率均为 97% 以上。低信噪比条件下,π/4 QPSK 有 20% 的概率会被误识别为 8PSK,此时,两者的星座图拓扑结构很相似,在低信噪比下图片本身特征不明显,卷积神经网络难以完全将两者区分开。

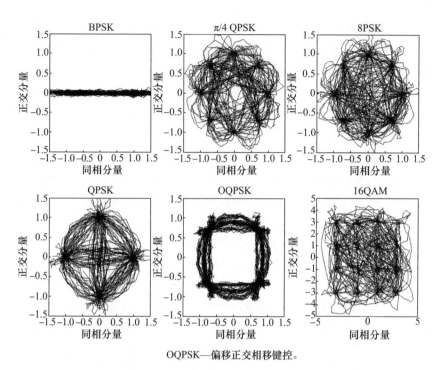

OQPSK—偏移正交相移键控。

图 3.31　不同调制样式对应状态转移轨迹图

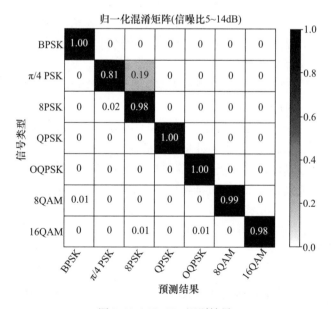

图 3.32　AlexNet 识别结果

深度学习是一种人工智能技术,通过构建深层神经网络模型,输入训练数据进行学习,从而使得机器具备人一样分析判断能力。可以预见,深度学习技术将在信号检测与识别领域中发挥越来越重要的作用。

3.6 小　结

本章主要阐述了数字通信信号参数估计与调制样式识别的基本原理及方法。

(1) 将信号参数估计理论模型应用到信噪比、载波频率、调制速率等基础参数与扩频信号、OFDM 信号等特定参数估计中,在统一估计模型框架下深入分析了传统及现代信号处理技术在典型参数估计中的应用原理和估计性能。

① 着重介绍了基于最大似然、高阶矩及子空间分解的信噪比估计方法,基于非线性变换及最小二乘相位拟合的载波频率估计方法,基于信号幅相变化特征的符号速率估计方法等。

② 对非合作情况下具有隐蔽特点的直扩信号,重点介绍了基于高阶统计量的扩频周期估计、基于特征值分解的扩频码型估计等典型扩频参数估计方法。

③ 针对正交频分复用信号固有的正交、循环及导频特征,阐述了相关处理、倒谱分析及循环平稳分析等方法在信号子载波个数、载波间隔估计中的应用原理及方法。

(2) 分别从多元假设检验、多元模式识别等角度介绍了典型的基于似然比和基于特征提取的调制识别方法,进一步阐述了由统计估计计算衍生的基于 MH 技术的调制识别算法原理及性能。

① 详细介绍了将调制方式识别视为多元假设检验问题的似然比识别理论及性能,包括 ALRT、GLRT 和 HLRT 等。

② 详细阐述了多元模式识别框架下基于特征提取调制识别技术及其性能,包括信号瞬时特征、基带数据高阶统计量特征等。

③ 针对平坦衰落信道、多径信道等非理想信道环境,着重分析了基于 MH 技术的调制识别理论及优化算法,包括针对平坦衰落信道的 AM 算法和针对多径信道的 SCMA 算法。

参考文献

[1] 詹亚锋. 通信信号自动制式识别及参数估计[D]. 北京:清华大学,2004.
[2] WEAVER C S,COLE C A,KRUMLAND R B,et al. The automatic classification of modulation types by pattern recognition,stanford electronics laboratories[J]. Technical Report No. 1829 - 2,1969.

［3］ DOBRE O A，ABDI A，BAR－NESS Y，et al. Survey of automatic modulation classification techniques：Classical approaches and new trends［J］. IET Communications，2007，1（2）：137－156.

［4］ PAULUZZI D R.，BEAULIEU N C. A Comparison of SNR estimation techniques for the AWGN channel［J］. IEEE Transactions on Communications，2000，48（10）：1681－1691.

［5］ ANDERSIN M，MANDAYAM N B，YATES R D. Subspace based estimation of the signal to interference radio for TDMA cellular systems［C］. IEEE Vehicular Technology Conference. Atlanta，GA：IEEE，1996：1155－1159.

［6］ 杨书玲. 数字调制信号的识别和参数测量研究［D］. 石家庄：中国电子科技集团公司第五十四研究所，2006.

［7］ 张秀丽. 低信噪比条件下通信信号调制类型识别研究［D］. 石家庄：中国电子科技集团公司第五十四研究所，2010.

［8］ 胡绍民. 基于最小二乘拟合测量电力系统频率的新方法［J］. 电力系统自动化，2000，24（16）：32－34.

［9］ PROAKIS J G. Digital communications［M］. 北京：电子工业出版社，2001.

［10］ 张海瑛. 基于卫星通信信号的参数测量和样式识别技术［C］. 第八届全国遥感遥测遥控学术研讨会，2002，9：57－62.

［11］ CHAN Y T，PLEWS J W，HO K C. Symbol rate estimate by the wavelet transform［C］//IEEE Internat Symp on Circuits and Systems，1997，Part 1：177－180.

［12］ 赫畅，宋胜军. 基于自相关的码速率估计技术［J］. 无线电工程，2015（2）：39－41.

［13］ 周德强. 直接序列扩频信号的扩频码估计算法研究［D］. 石家庄：中国电子科技集团公司第五十四研究所，2014.

［14］ BUREL G. Detection of spread spectrum transmissions using fluctuations of correlation estimators［C］//ISPACS′2000，IEEE Int Symp on Intelligent Signal Processing and Communication Systems. Kitami：Kitami Institute of Technology，2000.

［15］ 孟建，胡来招. 直扩信号检测的相关积累技术［J］. 电子对抗技术，2001，16（2）：1－5.

［16］ 张天骐，周正中. 直扩信号伪码周期的谱检测［J］. 电波科学学报，2001，16（4）：518－528.

［17］ 张天骐，周正中，邝育军，等. 低信噪比伪码直扩信号伪码周期的估计方法［J］. 系统工程与电子技术，2007，29（1）：12－16.

［18］ GARDNER W A. Exploitation of spectral redundancy in cyclostationary signals［J］. IEEE Signal Processing Magazine，1991，8（2）：14－36.

［19］ 黄春琳，柳征，姜文利，等. 基于循环谱包络的扩谱直序信号的码片时宽、载频、幅度估计［J］. 电子学报，2002，30（9）：1353－1356.

［20］ 马丽华，杨慧中. 一种 DSSS 信号载频与码片速率的估计方法［J］. 计算机仿真，2010，27（10）：343－346.

［21］ CHANG L，WANG F P，WANG Z J. Detection of DSSS signal in non－cooperative communications［C］. IEEE International Conference on Communication Technology，2006：1－4.

［22］ BUREL G，BOUDER C. Blind estimation of the pseudo－random sequence of a direct sequence spread spectrum signal[C]//IEEE 21st Century Military Communications Conference. Los Angeles:IEEE,2000,2:967 – 970.

[23] NZÉZA C N,GAUTIER R,BUREL G. Blind synchronization and sequences identification in CDMA transmissions[C]//Proc of the IEEE Military Communications Conference,2004:1384 – 1390.

[24] 任啸天,徐晖,黄知涛,等. 短码 DS – SS 信号扩频序列及信息序列联合盲估计方法[J]. 通信学报,2012,33(4):169 – 175.

[25] 彭艳华. DSSS 信号参数及扩频序列盲估计算法研究[D]. 成都:电子科技大学,2010.

[26] CHEN Y Q,XIAO X C. PN code sequence estimation using Tabu search[C]// Proceedings of International Symposium on Communications and Information Technologies,2005:1315 – 1318.

[27] PENG Y H,TANG B,LV M. Fast method for spreading sequence estimation of DSSS signal based on maximum likelihood function[J]. Journal of Systems Engineering and Electronics,2010,21 (6):948 – 953.

[28] 程云鹏,张凯院,徐仲. 矩阵论[M].3 版. 西安:西北工业大学出版社,2006.

[29] 张海瑛. OFDM 信号特征集构建技术研究[J]. 无线电通信技术,2013,39(3):1 – 6.

[30] WEI W,MENDEL J. Maximum – likelihood classification for digital amplitude – phase modulations[J]. IEEE Transactions on Communications,2002,48(2):189 – 193.

[31] WEN W,MENDEL J. A New Maximum – likelihood method for modulation classification [C]// Proc. IEEE Signals,Syst,Comput,Pacific Grove,CA,Nov,1995,2:1132 – 1136.

[32] KIM K,POLYDOROS A. Digital modulation classification:The BPSK versus QPSK case[C]// Proc. of IEEE MILCOM'98. Boston,MA,US,1998,2:431 – 436.

[33] HWANG C Y,POLYDOROS A. Advanced methods for digital quadrature and offset modulation classification[C]. IEEE MILCOM,San Diego,CA,Oct,1991,2:841 – 845.

[34] BARBAROSSA S,SWAMI A,SADLER B,et al. Classification of digital constellations under unknown multipath propagation conditions[C]//Proceeding of SPIE,2000,4045:175 – 184.

[35] LESAGE S,TOURNERET J Y,DJURIC P M. Classification of digital modulations by MCMC sampling[C]//IEEE ICASSP,2001:2553 – 2556.

[36] 靳晓艳,周希元. 多径衰落信道中基于自适应 MCMC 的调制识别算法[J]. 北京邮电大学学报,2014,37(1):32 – 35.

[37] 靳晓艳,周希元. 一种基于特定 Duffing 振子的 MPSK 信号调制识别算法[J]. 电子与信息学报,2013,35(8):1882 – 1887.

[38] 靳晓艳,周希元. 基于自适应 MCMC 的调制识别算法[J]. 网络安全技术与应用,2013 (1):46 – 49.

[39] WU H,SAQUIB M,YUN Z. Novel automatic modulation classification using cumulant features for communications via multipath channels[J]. IEEE Transactions on Wireless Communications, 2008,7(8):3098 – 3105.

[40] 靳晓艳,周希元. 一种最大似然调制识别的快速算法[J]. 系统工程与电子技术,2013,35 (3):615 – 618.

[41] AZZOUZ E E,NANDI A K. Automatic identification of digital modulation types[J]. Signal Processing,1995,47(4):55 - 69.

[42] 范海波,杨志俊,曹志刚. 卫星通信常用调制方式的自动识别[J]. 通信学报,2004,25(1):140 - 149.

[43] SWAMI A,SADLER B. Hierarchical digital modulation classification using cumulants [J]. IEEE Transactions on Communications,2000,48(3):416 - 429.

[44] 陈卫东. 数字通信信号调制识别算法研究[D]. 西安:西安电子科技大学,2001.

[45] 陈卫东,杨绍全,董春曦,等. 多径信道中 MPSK 信号的调制识别算法[J]. 通信学报,2002,23(6):14 - 21.

[46] SPOONER C M. On the utility of sixth - order cyclic cumulants for RF signal classification [C]//Proc. of 35th Asilomar on Signals,Systems,and Computers,2001:890 - 897.

[47] 陈卫东,杨绍全. 基于循环累量不变量的 MPSK 信号调制识别算法[J]. 电子与信息学报,2003,25(3):320 - 325.

第 4 章

数字通信信号非合作解调

4.1 引 言

数字调制包括调幅、调频、调相以及幅度相位联合调制方式,这些调制方式是基本的数字调制方式,在现代数字通信系统中获得了广泛的应用。为了满足特定的信道、特定的通信系统的需要,由这几种基本的数字调制方式衍生出来了许多改进或者组合的调制方式,如二次调制、扩频调制、多载波并行调制等。本章根据侦察系统的需求,从非合作接收的角度,针对基本数字调制方式、改进及组合的数字调制信号的解调方法进行了分析。

本章共包括以下五部分内容。

(1)介绍数字通信信号非合作解调在侦察系统中的地位,以及非合作解调的特点和发展。

(2)结合侦察系统的应用,建立通信信号非合作解调的模型,分析在非合作解调中需要解决的问题以及同步的作用。

(3)介绍在高斯白噪声信道下,基本数字调制信号的非合作解调方法,包括FSK、PSK、幅度相位联合调制和恒包络调制信号。

(4)在衰落信道非合作解调方面:针对频率选择性信道,介绍适用于非合作解调的盲均衡技术;针对自适应调制信号,介绍基于协议参数辅助的解调方式;最后介绍了适用于多音并行传输信号的非合作解调方法。

(5)根据作者多年的工程实践经验,列举了几种常见的通信系统,针对其中的数字通信信号,剖析信号调制的特点,对非合作解调的思路与实现进行了分析。

4.1.1 非合作解调在侦察系统中的地位和作用

在通信系统中发送端和接收端是基于已知的通信参数进行通信,通常情况下,接收端基于已知的通信参数来实现信号的接收。通信参数包括调制方式、载波中心频率、符号速率、成形滤波器的滚降系数等信息。发送端和接收端使用的通信参数可以预先约定,或者发送端通过专用信道传送给接收端。

接收端也可以通过通信系统预设的特定信道(公共信道、网控信道)或其他通信方式获取通信参数。例如,在卫星移动通信系统中,通信终端通过接收前向区域广播信号,就可以得到前向业务信道的载波频率、载波类型(包括调制方式、符号速率)、编码类型等参数。在 Vsat 通信系统中,通信终端通过接收前向信号,解析其中的时隙分配计划(BTP),可以得到分配给自己的载波频率、时隙位置等信道参数。这种收发双方调制信息和调制参数相互透明的通信模式我们称为"合作通信",接收端采用合作解调的方式。在合作通信中,由于通信参数已知,接收端只需考虑信道对通信信号造成的影响,信号接收过程中可以采用数据辅助的算法完成解调。

但是在另一些通信系统中,接收端是非授权的第三方接入用户,不能像合作通信中预先知道发送方使用的通信参数。在不知道发送端通信信号的参数,或者部分参数未知的情况下,只能采用盲处理或非数据辅助的算法对发送端通信信号进行解调,这种处理过程称为非合作解调。

非合作解调在民用领域和军用领域都有着极为重要的用途。例如,民用通信中的频谱监控管理系统需要对无线电信号进行监控与管理;警用移动通信信号侦听系统中需要对犯罪分子的移动终端发出的无线信号进行非合作解调,才能侦听其通话内容、短消息、QQ 及微信等内容,获取犯罪证据;在通信对抗系统中,对目标通信系统的无线通信信号进行侦察控守,可以掌握敌对方通信系统的使用规律,对收集情报方面也起着尤为重要的作用。

4.1.2　非合作解调的特点

与通信系统中的合作解调相比较,用于侦察领域的非合作解调的特点主要表现在以下几个方面。

1) 信号参数一般是侦察得到的,存在误差

在一般的通信系统中,信号参数、信道参数对收发双方都是已知的,接收端只需要对确定参数的信号进行解调就可以了。

在通信系统中,一般在发送信息之前先发送通信双方约定的训练序列,或者在传送的数据帧中加入已知的字段,协助接收机进行均衡、时钟同步和载波同步。这种方法可以降低对接收机处理能力的要求。接收信号直接进行解调,并且只需要针对特定的调制方式、数据速率、帧长度等信号参数设计解调器。

在侦察系统中,接收方处理的一般是非合作信号,通信协议无法获取,通信体制、信号参数、信道参数未知。在处理流程上,需要分析单元引导解调单元。解调

器在启动之前需要首先分析信号的参数,受接收设备性能限制以及信道的影响,分析得到的信号参数存在一定的误差。因此,非合作解调要求适应的信号参数范围较宽。

需要说明的是,某些通信系统采用的是公开的通信协议,载波调制参数、接入方式、信道配置等参数都可以作为先验知识供侦收方直接使用。对这些信号的解调与通信系统的解调没有区别。

2) 目标信号信噪比低,信道衰落严重

与通信解调器处于发射天线波束主瓣不同,由于地域限制,侦察系统一般处于发射天线的旁瓣,甚至远旁瓣,接收信号电平低;另外,非合作接收很多情况下收到的不是信号主径,而是多次反射的信号,甚至淹没在其他信号之中,信号失真严重。在这样的环境下,针对解调器来说,需要采取低信噪比信号捕获算法、抗信道衰落的分集合并以及均衡算法等。

3) 要求解调设备适应信号种类多,速率范围宽,动态范围宽

在通信系统中,解调器一般支持某一种通信协议或者某一类通信协议,因此,支持的调制类型少,符号速率范围窄,或固定支持几种符号速率。

在侦察系统中,由于侦察目标参数不确知,因此,就要求解调器参数适应范围宽,包括:支持调制类型多;符号速率范围宽,并且连续可调;星座映射可配置;支持的通信协议多等。在非合作解调中需要设计适应多种类型信号的解调模块,如用于短波侦察的解调器,要求支持调制类型包括 AM、FM(频率调制)、DSB(双边带调制)、SSB(单边带调制)、2FSK、4FSK、8FSK、BPSK、QPSK、8PSK、16QAM、OFDM 等,支持速率范围为 50 ~ 19.2 千波特等。

另外,侦察设备可能布设在目标通信系统的波束主瓣覆盖范围以内,也可能布设在波束旁瓣覆盖区,两种情况下,接收到的信号强弱之比很大,因此,对解调器的灵敏度、动态范围等指标提出了很高的要求。在解调器实现过程中,往往采用大动态的自动增益控制(AGC)来解决这一问题。

4) 信号检测范围宽

接收突发信号时,需要在解调器中增加突发信号检测单元,确定突发信号的起止时刻。在合作解调中,突发起止时刻的准确位置是已知的,只需要在较短的时间窗内进行突发检测即可检测得到目标突发信号。在非合作解调中,不知道突发起止时刻的准确位置,需要在较宽的时间窗内进行突发检测或者连续进行突发检测,才能检测得到目标信号。

5) 解调算法受限,实现复杂度高

在非合作解调中,通信体制、信号参数等先验信息不可用,或只有部分可用,导致基于数据辅助的同步算法、均衡算法不能采用,而只能采用基于非数据辅助的算

法,如自适应盲均衡算法,这就使得解调器算法复杂、计算量偏高、工程实现复杂度高、解调锁定速度慢。

6）具备可升级波形能力

随着对侦察目标的研究不断深入,非合作解调器支持的目标信号的种类需要不断扩充,调制方式、速率范围、编码方式等不断扩大。因此,非合作解调器支持的波形需要不断升级。

例如,在无线电频谱监测系统中,需要在原来支持模拟调制信号的基础上,不断地增加数字调制信号的检测能力,以提高对越来越多的数字通信波形的适应能力。

4.1.3　非合作解调的发展

近年来,随着人们对通信容量需求的高速增长,在数字调制领域发生了很多变化,主要表现如下:高速高阶调制应用越来越多;在信道带宽受限的情况下,无线电频谱越来越拥挤,出现了频率复用新技术;对高速业务需求越来越多;数字信号处理芯片和处理平台的发展,加速了数字通信新技术的工程化与实用化。基于通信领域的这些变化,非合作解调的发展呈现出如下特点。

1）高速、宽带解调的需求越来越多

为了满足民用,尤其是军用高速信息传输的需求,通信系统支持的速率越来越高、通信信号的带宽越来越宽。相应地,在非合作解调领域,研究适应高速、宽带信号的解调算法及工程实现是发展方向。

2）需要适应越来越多的复杂调制方式

近年来,随着卫星通信、深空通信、短波通信、移动通信等领域的高速发展,具有更高频谱效率、更好匹配信道特性的调制方式进入实用阶段,如成对载波多址接入(PCMA)技术已经大量在商业卫星通信系统中出现,MIMO 技术已在商用 5G 通信中广泛使用。所有这些新技术的应用对非合作解调都提出了巨大挑战。

3）基于软件无线电的非合作解调是发展方向

随着数字信号处理技术以及高速模数转换器(ADC)和数模转换器(DAC)芯片、大容量 FPGA 和高性能 DSP 等器件的发展,使得解调器的实现向着软件无线电的方向发展。现阶段,中频数字化硬件平台加载多类型解调算法的架构,已在侦察系统中广泛应用。

4.2　非合作解调原理

调制解调在数字通信领域具有重要的作用。调制器是发射机中的重要组成部分,其作用是使发送信号的特性与信道的特性相匹配,适合于在信道中传输,具有抗信道干扰的能力。

数字调制的作用是把量化的比特信息通过某种数学变换,控制载波信号,使得载波信号的某一个(或几个)参数随着被调制的比特信息而变化。

在接收端,与发射机相对应的是接收机,与调制器对应的是解调器,解调器是接收机中的重要组成部分。只有完成解调,才能完成发送端与接收端之间的通信。

调制信号经过信道后,不可避免地会叠加噪声、干扰信号,还会产生各种失真,如频率误差、幅度误差等。解调器的目的是从叠加了噪声与干扰信号,并且信号产生失真的混合信号中,经过与发送端数学变换相对应的逆变换过程,通过信号处理去除或者降低噪声与干扰的影响,最终判决,得到发送的原始比特信息。

4.2.1 非合作解调模型

根据侦察系统中非合作解调的特点以及处理过程,总结非合作解调的模型如图4.1所示。接收天线接收目标通信信号,经过选频滤波下变频、ADC后,首先进行信号参数分析,分析结果送给非合作解调单元。非合作解调单元基于分析参数完成解调处理,需要的基本参数包括载波频率、符号速率、调制类型、星座映射等。

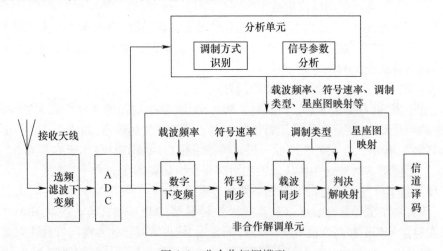

图 4.1　非合作解调模型

非合作解调单元接收分析单元输出的信号参数,并配置不同的功能单元。数字下变频单元接收载波频率参数,把中频信号变为零中频信号。符号同步单元根据配置的符号速率对零中频数据进行处理,得到判决时刻的数据。载波同步接收调制类型参数并消除判决时刻数据中剩余的载波偏差。判决解映射单元根据调制类型、星座图映射参数完成信号电平到星座点的判决和星座解映射处理,输出解调码流。

需要说明的是,此处讨论的非合作解调模型是根据常见的数字通信信号解调特点建立的模型,能够适应大部分非合作信号的解调过程。另外,在此模型中,非合作解调单元配置的参数只是解调的基本参数。如果针对某些特定的目标通信系统,分析单元能够得到更多的调制参数,如信号帧格式参数、辅助序列参数等。非合作解调单元也可以利用这些参数,辅助完成解调处理。

以 QPSK 信号非合作解调为例,接收端信号可以表示为

$$x(kT_s) = e^{j(2\pi(\Delta f)kT_s+\theta)} \sum_n (a_n + jb_n)h(kT_s - nT - \tau) \qquad (4.1)$$

式中:T_s 是传输的符号周期;Δf 是载波频差;θ 是载波相差;a_n、b_n 分别是传输的同相和正交的数字信号(a_n、$b_n = \pm 1$);$h(t)$ 是基带成形脉冲响应的波形($h(t) = g_T(t)g_R(t)$,$g_T(t)$、$g_R(t)$ 分别为发送端的基带脉冲成型滤波器、接收端的匹配滤波器响应波形);τ 是定时偏差。

下面针对非合作解调中需要的几个基本参数展开分析。

1)载波频率

非合作解调单元采用的载波频率是分析单元估计出来的,不可避免地会带有分析误差。因此,非合作解调需要适应的载波频率偏差包含两方面,即

$$\Delta f = f_1 + f_2 \qquad (4.2)$$

式中:f_1 是分析误差;f_2 是接收端本振的频率偏差。

可见,非合作解调适应的频差范围一般要大于合作解调的频差范围。因此,在某些非合作解调中,需要专门增加扩大频差捕获范围的设计。

2)符号速率

非合作解调单元采用的符号速率是分析单元估计出来的,同样带有分析误差。因此,非合作解调符号速率捕获范围要大于符号速率分析误差。

另外,在通信系统中,往往采用固定的几种标称符号速率。在非合作解调中,由于不知道目标信号的符号速率集合,适应的符号速率范围往往设计为一个区间。

3)匹配滤波器参数

在通信系统中,匹配滤波器的目的是使接收端的信号瞬时功率与噪声平均功率之比为最大。一般地,在 PSK 调制方式中,发送端使用平方根升余弦波形来成型,接收端采用平方根升余弦波形进行匹配滤波,并且接收端和发送端采用相同的滚降系数。在非合作解调中,要求采用与发送端相同的滚降系数,才能取得最佳的接收效果。若分析得到的滚降系数存在误差,就会导致匹配滤波时信号受损,或者带外噪声抑制不够,信噪比降低,导致误比特率升高。

4)星座图映射参数

对于某些目标系统来说,其通信信号采用的星座图映射可以通过资料查询或

者信号分析得到。这种情况下,非合作解调的判决解映射不会出现错误的比特映射。对于另外的目标系统,其通信信号采用的星座映射无法查询得到,那么信号分析单元得到的星座映射就可能存在错误。因此,这种情况下,非合作解调得到的码流误码率很高。

5)信号检测窗口

目标信号是突发信号时,在解调器中一般需要进行突发检测获取突发起始和终止时刻,在信号持续期间进行解调处理。对合作解调中,接收端基于系统的定时机制和信道时延参数只需要设置一个较小的检测窗口,就能够实现对突发信号的检测。在非合作解调中,目标信号的定时机制无法利用,因此往往需要设计较宽的突发检测窗口,甚至采用连续检测方式。

4.2.2 非合作解调中的误差分析

4.2.2.1 幅度误差对解调的影响

发射机发射的射频信号经过无线信道传输后,信号幅度不可避免地要衰减,接收端需要对接收的信号进行滤波、放大等处理,信号幅度又有可能发生变化,如果不对信号进行增益控制,有可能进入 ADC 的信号幅度过小,有效量化位数少;如果信号幅度过高,则有可能造成 ADC 饱和。

另外,在调幅信号的接收机以及采用幅度判决算法的解调器中,必须调整信号幅度,以适应根据标准星座图确定的判决门限。

如果存在信号幅度误差,从星座图上观测,会看到星座图变大或变小。图 4.2所示是存在误差的 16QAM 调制信号星座图与标准星座图的对比,图 4.2(a)是信号幅度过低时的情况,图 4.2(b)是信号幅度过高时的情况,图 4.2(c)是标准星座图(星座点幅度为 -3、-1、1、3)。

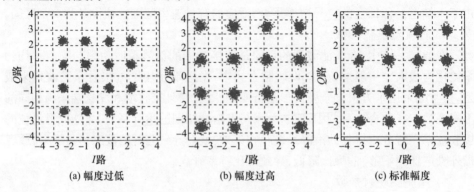

(a) 幅度过低   (b) 幅度过高   (c) 标准幅度

图 4.2   存在幅度误差时星座图与标准星座图对比

若采用基于幅度的判决方式,判决门限为 -2、2,则图 4.2(a)和图 4.2(b)中很容易会造成符号判决错误,造成误码率增高。

4.2.2.2　定时误差对解调的影响

在数字通信系统中,发送端按照一定的时间间隔周期性地发送比特信息,该周期即是符号周期。接收端必须用与发送端同频同相的符号时钟来对接收到的信号进行采样,对采样时刻的信号进行判决就得到发送端的信息。

发送端到接收端的信号传播延迟一般是未知的。在解调器中,需要从接收信号中提取出定时信号,对接收信号完成同步采样,即符号同步。同步实质上是传输时间信息的问题,也就是如何将发送端的帧、码元、字的起点时刻准确无误地传送到接收端的问题,同步信息的特点是信息量很小,但是要求比信息比特传输更可靠。符号同步的稳定性影响通信系统的性能。因为在接收端的解调和译码单元中,需要各种定时信号,它们是由符号同步信号派生出来的。符号同步信号中断就意味着通信中断。

在非合作解调中的符号同步环节中,除了需要考虑通信系统中收发两端符号速率误差、传输延迟等问题外,还需要考虑符号速率的捕获范围问题,捕获范围需要大于符号速率参数估计的误差,这是非合作解调设计中需要考虑的问题。

符号同步工作不正常,或者性能不好,就不能得到每个符号的最佳判决时刻,不能采样得到最佳判决值,引起误判,导致误码率增高。定时误差对解调的影响可以通过眼图直观地进行观测。

定时偏差是由于采样时钟相位和传输符号的相位不一致引起的,由傅里叶变换性质可知,时域信号的时延等效于频域谱乘一个相位因子,因而不会改变幅频特性,所以仍然可以得到基带信号,有定时偏差的眼图如图 4.3(a)所示。在判决点处眼皮厚度加大,信噪比降低时,会出现误判。无定时偏差的眼图如图 4.3(b)所示。在判决点处眼皮厚度很薄,不会出现误判。

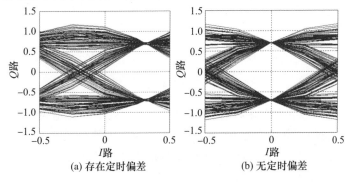

图 4.3　定时误差对眼图的影响

4.2.2.3 载波误差对解调的影响

在通信系统中,有很多原因会导致接收信号的载波频率与发射机的载波频率不一致。收发双方频率源频率不一致、振荡器不稳定、信号传输过程中产生多普勒频移,而且在侦察接收机中接收方还缺乏有关发送信号的精确频率信息,所有这些原因都会导致载波频率偏差和载波相位偏差。

载波频率偏差对接收端恢复信息影响很大,频率偏差较大时,甚至会导致误码率上升,通信中断。在采用相干解调方式的接收机中,去除载波频率偏差和载波相位偏差后,才能判决正确。

解调器中接收到的信号的相位 $\theta(t) = 2\pi\Delta ft + \varphi + \varphi_0$,其中 φ 和 φ_0 分别是发送端和接收端载波的初相位,可以看出,由于频率偏差和相位偏差的存在,一方面使得有用信号乘以 $\cos\theta(t)$,造成了有用信号功率的下降,反映到接收机所接收信号的指标上就是信号的信噪比下降,下降幅度与 $\cos^2\theta(t)$ 成反比,另一方面在 I、Q 信号中引入了正交支路间的串扰,其串扰程度与 $|\sin\theta(t)|$ 成正比。

$2\pi\Delta ft$ 是随时间变化的相位差,它的作用是使信号向量乘以一个随时间变化的旋转因子,$\varphi - \varphi_0$ 是固定的相位差,它的作用是使信号向量乘以一个固定的旋转因子,它们对星座图造成的影响如图 4.4 所示。

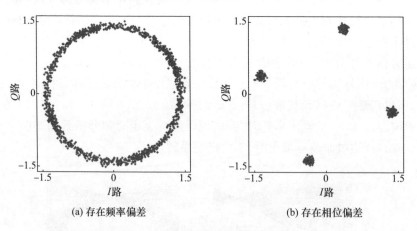

(a) 存在频率偏差 (b) 存在相位偏差

图 4.4 定时误差对星座图的影响

在 16QAM 信号的解调中,假设只考虑载波误差,不存在定时、幅度等误差,用 Matlab 仿真载波恢复分别存在 $0°$、$3°$ 和 $5°$ 的相位差时系统的误码性能,仿真结果如图 4.5 所示。由图可见,16QAM 解调器对相位误差非常敏感,相位差不为零时,系统性能受到了很大的影响,误码率增大。

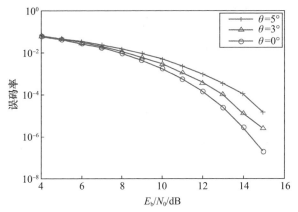

E_b—单位比特能量；N_0—单位功率谱密度。

图 4.5　载波相差对误码率的影响

4.2.3　非合作解调器组成及工作原理

非合作条件下解调主要完成存在分析误差情况下的符号同步、载波同步以及补偿信道传输造成的非理想效应。具体完成的工作包括：调整接收信号的幅度；对中频采样信号经数字下变频为基带信号，并滤除高频镜像分量，再使用与发送端相应的匹配滤波器消除码间串扰；提取符号速率时钟，并进行抽样判决；估计并消除载波频差与相差，完成载波同步；完成信道均衡。

在工程实现中，非合作解调器原理框图如图 4.6 所示，主要包括解调单元与信号分析单元。其中信号分析单元提供解调单元所需参数，如符号速率、载波频率等参数，有关这部分的内容请参看第 3 章"信号参数估计与调制类型识别"。解调单元主要包括带通滤波、增益控制、AD 变换单元、下变频、符号同步、载波同步、信道均衡、判决解映射等单元。其中带通滤波单元参数来于带宽估计单元；下变频单元的参数来自于载频估计单元；符号同步所需的符号速率、调制类型参数来自于符号速率估计与调制识别单元；载波同步、信道均衡、判决解映射所需的调制类型参数来自于调制信号分析单元中的调制识别模块。

解调过程主要有 4 个关键环路，其中：增益控制（自动增益控制环路）用来调节采样信号的功率，使得接收信号保持恒定平均功率；符号同步环路调节全数字的内插器，用来获得符号同步，得到发送信号的正确采样值；载波同步环路用来获得载波同步，进行载波频率、相位恢复并跟踪载波相位；均衡器用来完成信道均衡，消除传输信道的各种非理想效应。其中，载波恢复环路与自适应均衡器可采用混合结构，以便能够在存在较大信道失真的情况下更好地去除载波频偏及补偿信道造

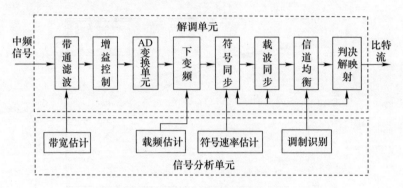

图 4.6　非合作解调原理框图

成的信号失真。其中均衡器可以根据信道失真情况、工程实现的代价等进行取舍，一般情况下，自动增益控制、符号同步、载波同步是必需的单元。

　　4 个关键环路的操作完成后，均衡器输出的信号送到判决器进行判决可得到发送端发送的数据，判决器计算受噪声恶化的接收信号点与 M 个可能发送的信号点之间的欧氏距离，并选择最接近接收信号点的信号。为了提高系统的抗噪声干扰的性能，可使用前向纠错码技术来进一步提高系统的误码率性能。

　　上述是以连续信号的非合作解调为例说明解调原理的，对于突发信号非合作解调来说，除了包含以上的处理环节外，还需要包括突发起始与终止时刻的检测。

4.2.4　自动增益控制

　　自动增益控制电路（AGC）的作用是自动调节信号功率以维持一个恒定的平均功率来优化使用 ADC 的动态范围。AGC 电路的一般结构如图 4.7 所示。首先，ADC 的采样值送入一个平方器估算其功率，随后，将估计功率与预先设定的阈值功率相减，其差值送入一个积分环路滤波器；环路滤波器输出的误差信号再驱动一个 1 比特 $\Sigma - \Delta DAC$。DAC 输出的脉冲宽度调制信号（PWM）可以控制前端信道的增益。当环路稳定后，ADC 输出信号的功率等于预先设定的数值。环路滤波器中的环路增益 A_L 决定了低通滤波器的带宽，A_L 越小，带宽越窄，AGC 稳态抖动越小，但捕获速度越慢，反之，控制电压的抖动较大，但捕获速度较快。

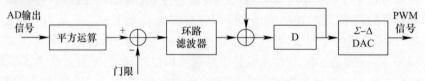

图 4.7　自动增益控制组成框图

4.2.5 符号同步

在传统的接收机中,采样时钟由数控振荡器产生,并通过定时误差检测器提取位同步信息,控制数控振荡器对采样时钟的相位和速率进行控制,使采样时钟与信号时钟同步,这种解调器称为同步采样(Synchronization Sampling)解调器。全数字接收机与此不同,A/D 采样的时钟是固定的,接收机的采样速率与发送的符号速率是相互独立的,它被称为异步采样(Asynchronization Sampling)解调器。

同步采样实现框图如图 4.8 所示。采样时钟是压控振荡器输出的时钟,该时钟往往是接收信号符号速率的整数倍。

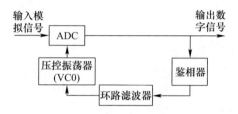

图 4.8 同步采样实现框图

在全数字解调器中,通常采用异步采样方式,采样时钟与传输符号在频率和相位上存在一定的差异。这就需要用数字信号处理的方法来得到同步采样值,即通过定时误差估值控制内插滤波器对采样得到的信号样本值进行插值运算,从而得到信号在最佳采样时刻的近似值。

异步采样实现框图如图 4.9 所示。

图 4.9 异步采样实现框图

在现代通信发展的半个多世纪中,同步定时算法逐步成熟起来。其中,基于时钟调整的定时算法出现较早,基于数据调整的同步定时算法则出现较晚。

4.2.6 载波同步

在实际通信或者侦收系统中,接收端需要从接收信号中去除承载信息的载波频率,实际中,存在很多原因不能完全去除载波频率。如收发双方的晶体振荡器不同导致频率值出现差异,信号经信道传输时产生的多普勒频移等因素。对于相位调制信号,如果接收信号中存在载波频率偏移,则接收方将不能进行正确的判决。因此,载波同步是实际通信系统中必须解决的问题。

MPSK 调制是一种常用的数字载波调制技术,此类信号的包络恒定,但是相位通常是离散的。载波频率的偏移导致接收信号的相位发生变化甚至产生判决错误,但是频偏引起的相位是连续的,在进行载波同步时需要利用接收信号的相位信息,而与包络信息无关。同时,如果信号中存在符号间干扰,则在进行载波同步时,将不能完全去除调制信息引起的相位信息。对于 MPSK 信号解调,假设定时同步先于载波同步,载波同步的信号样值为最佳采样时刻点的信号值,收发双方存在的载波频率差异将导致接收信号的相位产生旋转现象。因此,需要进行载波频率同步去除相位旋转的影响,载波同步前后星座图对比如图 4.10 所示。

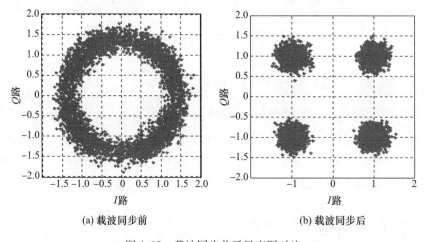

(a) 载波同步前   (b) 载波同步后

图 4.10 载波同步前后星座图对比

4.3 高斯白噪声信道下的非合作解调技术

4.3.1 频移键控信号非合作解调

二进制数字频移键控(2FSK)又称为二进制频移键控,其调制幅度不变,抗衰落和抗噪声性能优良,由于其调制和解调处理在工程中容易实现,所以一直被广泛应用于各种数据传输中。

2FSK 的解调有相干和非相干方式以及非相干解调多种方法。下面介绍几种适应于非合作解调的方法:相干解调、过零点检测法、包络检测、谱分析法等。

4.3.1.1 2FSK 相干解调

2FSK 信号的相干解调原理如图 4.11 所示。在接收端恢复出调制载波的两个频率分量,分别与接收信号相乘,通过低通滤波器滤除高频成分,得到基带信号。此时,经过抽样判决即可恢复出原始码元信息。

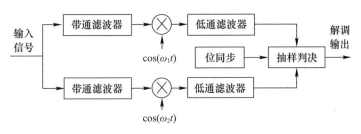

图 4.11 2FSK 信号相干解调原理框图

4.3.1.2 过零检测法

过零检测法是利用单位时间内信号经过零点的次数多少来衡量频率的高低。数字调频波的过零点数随不同载频而异,故检出过零点数可以得到关于频率的差异,这就是过零检测法的基本思想,其原理如图 4.12 所示。2FSK 输入信号经放大限幅后产生矩形脉冲序列,经微分及全波整流后形成与频率变化相应的尖脉冲序列,这个序列就代表着调频波的过零点。尖脉冲触发宽脉冲发生器,变换成具有一定宽度的矩形波,该矩形波的直流分量代表着信号的频率,脉冲越密,直流分量越大,反映出输入信号的频率越高。经低通滤波器就可得到脉冲波的直流分量。这样就完成了频率 – 幅度变换,从而再根据直流分量幅度上的区别还原出数字信号"1"和"0"。

图 4.12 2FSK 过零检测法原理框图

4.3.1.3 包络检波法

对于 2FSK 的包络检波法原理如图 4.13 所示。将接收的信号分别通过对应载波频率的带通滤波器,可以分离出对应频率的信号,经过低通滤波获得的包络即为原始码元信息。

4.3.1.4 谱分析法

FSK 信号的传统解调方法是在时域通过对已调信号进行某种变换来得到基带

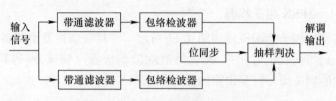

图 4.13　2FSK 包络检波法原理框图

信号,从而达到解调的目的。谱分析法是 FSK 信号在频域的一种解调方法。

以 2FSK 为例,谱分析法解调原理如下:对接收到的 2FSK 信号进行采样后,通过两路数字带通滤波器,分别滤出两个载波的频率成分;然后对每个码元分别用波形稳定区内若干个载波周期的采样值进行 DFT,就可以得到两个幅值,通过比较它们的大小来恢复数字码元。

设 2FSK 信号的载频为f_1和f_2,采样频率为f_s,采样后的样值序列为 $s(i) = x(i) + n(i)$,其中,$n(i)$是高斯白噪声序列,基于 DFT 的数字化解调算法如图 4.14 所示。

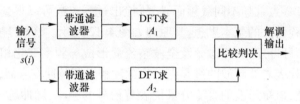

图 4.14　2FSK 谱分析法解调原理框图

数字带通滤波器 BPF1、BPF2 的中心频率分别为f_1和f_2,对滤波输出的两路信号分别进行 DFT,求出同一个码元的两个幅值A_1和A_2。求A_1的计算公式如下:

$$\begin{cases} I = \dfrac{1}{N} \sum_{i=1}^{N} s(i) \cos\left(2\pi f_1 \dfrac{i}{f_s}\right) \\ Q = \dfrac{1}{N} \sum_{i=1}^{N} s(i) \sin\left(2\pi f_1 \dfrac{i}{f_s}\right) \end{cases} \tag{4.3}$$

$$A_1 = \mathrm{sqrt}(I^2 + Q^2) \tag{4.4}$$

求A_2时只需要把式(4.3)中的f_1改写为f_2。码元判决:若$A_1 > A_2$,码元判为 1,否则判为 0。

为了确定码元的切换时刻,可以分别对两个数字带通滤波器输出信号的每一个(或几个)载波周期的采样值进行 DFT,得到两个幅值序列$B_1(k)$和$B_2(k)$。为了克服噪声的影响,可以对$B_1(k)$和$B_2(k)$进行适当的滤波。为了细化位同步的时间刻度,对$B_1(k)$和$B_2(k)$序列进行插值,求出每一个采样时刻的$B_1(k)$和$B_2(k)$。在

1 码元，$B_1(k)$ 应大于 $B_2(k)$；在 0 码元，$B_1(k)$ 应小于 $B_2(k)$。当 $B_1(k) - B_2(k)$ 的值由正数转变为负数或者由负数转变为正数时，就可以认为此处为码元的同步点，即 $B_1(k) - B_2(k)$ 的极性改变时刻对应于码元切换时刻。由求得的码元切换时刻就可以调整再生时钟的相位，从而解决再生时钟与接收码元之间的同频同相问题，使收到的码元可以获得正确的判决。

4.3.2 相移键控信号非合作解调

4.3.2.1 相移键控信号解调架构

多进制相移键控（MPSK）信号非合作解调一般采用相干方式，主要包括符号同步、载波同步、判决解映射等关键单元。MPSK 相干解调原理框图如图 4.15 所示。下面针对其中关键的符号同步和载波同步进行介绍。

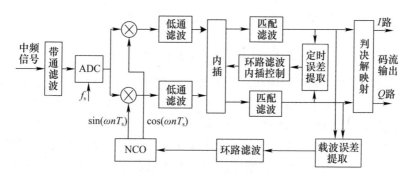

图 4.15　MPSK 信号相干解调原理框图

4.3.2.2 基于内插的符号同步

在非合作解调中，一般采用异步采样，采样点中不包括判决点，采用内插滤波器通过差值运算得到最佳采样点，基于内插的符号同步环路如图 4.16 所示。

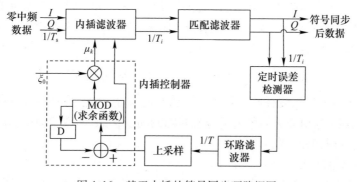

图 4.16　基于内插的符号同步环路框图

为了跟踪采样频偏和相偏,采用二阶锁相环结构,主要由内插滤波器、定时误差检测器(TED)、环路滤波器和内插控制器组成。定时误差检测器对经过匹配滤波后的数据提取定时误差,误差信号经过环路滤波器滤除高频噪声后送给内插控制器,内插控制器主要由一个递减数控振荡器(NCO)组成,NCO 溢出时输出分数间隔μ_k,溢出信号和μ_k决定内插滤波器的插值基点及滤波器系数。

在这种同步环路中,有 3 个时钟域。内插滤波器和内插控制器的工作时钟是采样时钟($1/T_s$),匹配滤波器和 TED 单元工作时钟是符号时钟整数倍($1/T_i$),环路滤波器单元工作时钟是符号时钟($1/T$),上采样单元完成在不同时钟域的数据交换。

1)内插原理

Gardner 在其文献中给出了速率转换模型来分析内插滤波器,该模型如图 4.17 所示。

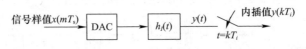

信号样值$x(mT_s)$ → DAC → $h_I(t)$ → $y(t)$ → 内插值$y(kT_i)$ $t=kT_i$

图 4.17　内插滤波器速率转换模型

设发送的线性调制符号周期为 T,T_s 为采样周期。在全数字接收机中,由于T_s的定时来源于独立的本地振荡时钟,所以 T/T_s 的值一般情况下是无理数。把采样值输入内插滤波器,输出的抽样值表示为 $y(kT_i)$,它是以 T_i 为周期的函数,因T_i与 T 是同步的,所以应有 $T_i = T/k$,k 是一小整数。然后,内插滤波器根据 k 值降抽样恢复出原始数据。可以看出,插值滤波器实际上完成了时变插值和抽取的功能。信号样值经 DAC 与模拟滤波器$h_I(t)$后,输出信号为

$$y(kT_i) = \sum_m x(mT_s) h_1(kT_i - mT_s) \tag{4.5}$$

可以用一个无限长 FIR 滤波器完成理想线性内插,但在实际中滤波器通常取 N 个抽头。

定义 $kT_i = T_s(kT_i/T_s) = (m_k + \mu_k) T_s$,其中,$m_k = \mathrm{int}[kT_i/T_s]$ 表示内插基点,$\mu_k = \mathrm{int}[kT_i/T_s] - m_k(0 \leqslant \mu_k < 1)$ 表示分数间隔,$I_2 - I_1 + 1$ 为内插滤波器的长度,由此得到内插公式:

$$y(kT_i) = \sum_{i=I_1}^{I_2} x[(m_k - i) T_s] h_1[(i + \mu_k) T_s] \tag{4.6}$$

由式(4.6)可见,内插滤波器是一种线性滤波器,但它的内插估值点μ_k随时间变化,因此数字插值滤波器脉冲响应也是随时间变化的,即数字插值滤波器是一种典型的时变线性滤波器。

2)内插滤波器

在全数字接收机中,我们可以采用多项式内插函数,如抛物线内插函数、立方

内插函数。

完成对异步采样数据的插值运算与数据抽取功能,内插滤波器选用拉格朗日三次内插函数。输入为数字下变频后的 IQ 两路正交基带信号,采样率为 $1/T_s$,内插滤波器后的数据采样率为 k/T,k 为 1、2、4 等小整数,由选用的 TED 算法决定,这里取为 2。

采用立方内插函数的内插滤波器的实现框图如图 4.18 所示,完成一次插值运算需要 4 个采样点数据。

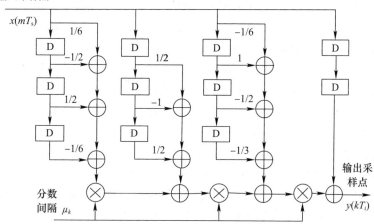

图 4.18 采用立方内插函数的内插滤波器的实现框图

内插滤波器需要 μ_k、m_k 两个控制量,这两个变量由内插控制器产生,内插控制器可以用 NCO 或迭代的方法实现。

3）定时误差提取算法

定时误差提取采用 Gardner 提出的定时误差检测算法,这是一种利用波形检测提取定时信息的方法,该算法不需要辅助数据,并且算法性能与载波偏差无关。该算法可以工作在捕获和跟踪模式,每个符号只需要两个采样点。其基本思想是:当前后 2 个码元发生变化或不变化,匹配滤波后的基带信号的幅度和极性都会有相应的变化,如果提取出相邻码元最佳采样点的幅度和极性变化信息,再加上相邻码元过渡点是否为零这一信息,就可以从采样信号中提取出定时误差。

设接收端基带信号为

$$y(t) = y_I + jy_Q = \sum_p a_p g(t - pT) \tag{4.7}$$

式中:a_p 为传输的复数数据;$g(t-pT)$ 为成型滤波滤波器基带函数,对 $y(t)$ 的采样值可能产生定时偏差,Gardner 算法提取的定时误差为

$$\varepsilon(t) = y_I\left(\left(n - \frac{1}{2}\right)T + \tau\right)\left[y_I(nT + \tau) - y_I\left((n-1)T + \tau\right)\right] +$$

$$y_Q\left(\left(n - \frac{1}{2}\right)T + \tau\right)\left[y_Q(nT + \tau) - y_Q\left((n-1)T + \tau\right)\right] \tag{4.8}$$

式中：y_I 和 y_Q 表示同相和正交分量；T 为符号周期；τ 为定时误差。可以证明，当接收信号中存在载波偏差时，对定时误差的提取没有影响。

4）环路滤波器

环路滤波器采用一阶低通数字滤波器，环路为二阶数字锁相环，可以跟踪采样频偏与相位偏差。调节环路滤波器的直通路和积分路的系数，可以改变载波环路的收敛时间、捕获带宽、稳态抖动等性能，环路的阻尼因子 ξ 通常取为 0.707，此时，环路噪声带宽、收敛时间等参数取得最好的折中。

将同步过程分为捕获和跟踪阶段，首先是捕获阶段，环路采用较大的带宽捕获时钟频率误差，这样可以使环路较快地达到频率锁定，进入跟踪阶段后，减小环路带宽，可以使环路稳态抖动减小。通过检测环路滤波器积分路输出数据的方差可以判定环路是否进入频率锁定状态。

5）内插控制器

内插滤波器的控制由一个基于 NCO 的控制器来完成。NCO 的步进由环路滤波器输出的误差信号进行跟踪调整，每次相位累加器溢出时，产生一个溢出标志 ovfl，溢出标志决定内插器选择哪 4 个连续采样点数据 $x[(m_k - 1)T_s]$、$x[m_k T_s]$、$x[(m_k + 1)T_s]$、$x[(m_k + 2)T_s]$ 进行内插运算。ovfl 信号周期即为 T_i，由该信号分频即可得到符号时钟。NCO 溢出时刻的前一采样时刻值与 ξ_0 相乘，得到分数间隔 μ_k，这里 $\xi_0 = T_s/T_i$，而分数间隔决定了内插滤波器的系数。

4.3.2.3　非数据辅助的载波同步

MPSK 信号载波同步可以采用相干方式和非相干方式解调，相干方式有科斯塔斯环、判决反馈环等方式，非相干方式有差分检测等方式。对于不同的调制阶数，载波鉴相算法不同，下面针对常见的 BPSK、QPSK、8PSK 介绍适用于非合作解调的非数据辅助鉴相算法。这类算法不需要知道传输的符号内容，而是直接对接收数据进行硬判决，提取判决前后信号的相位差，并完成载波同步。

1）QPSK 载波鉴相算法及实现

对定时后的两路基带信号进行非线性处理，基带信号中的调制信息被消除，就可以产生只和相位差 ϕ 有关的误差信号。根据不同的调制样式，采用不同的非线性基带处理函数，就可以构成不同的载波跟踪环路。对于第一代数字视频广播标准（DVB - S）信号，由于采用 QPSK 调制，信号平面分割图如图 4.19 所示。可以采用松尾环的结构，其基带数字处理函数为

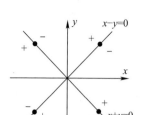

图 4.19　QPSK 信号平面分割图

$$f(x,y) = \mathrm{sgn}(x+y) \oplus \mathrm{sgn}(x-y) \oplus \mathrm{sgn}(x) \oplus \mathrm{sgn}(y) \qquad (4.9)$$

式中:sgn 表示符号函数;⊕ 表示模二加运算,可以用异或门实现,可见该非线性处理函数很易用数字信号处理芯片实现。QPSK 松尾环实现框图如图 4.20 所示。

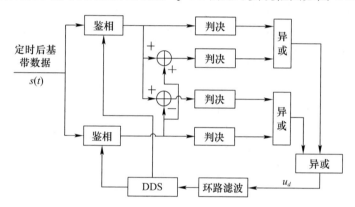

图 4.20　QPSK 信号松尾环实现框图

基带数字处理函数具有 $\mathrm{sgn}[\sin(4\varnothing)]$ 的鉴相特性,在 $0 \sim 2\pi$ 区间内,具有 4 个稳定锁定点,并且鉴相特性为矩形,有四重相位模糊度。

载波同步环路中的环路滤波器与符号同步环路形同,调整其系数可以设置载波同步环路的捕获带宽、捕获时间、稳态抖动等特性。数控振荡器对环路滤波器的输出信号进行累加,累加值进行查表得到相位偏差的正弦和余弦值,用于解旋操作。

2) BPSK 载波鉴相算法

对于 BPSK 信号,由两条分割线将平面分成四部分:

$$x = 0, \quad y = 0 \qquad (4.10)$$

BPSK 信号平面分割如图 4.21 所示。

BPSK 基带数字处理函数为

$$f(x,y) = \mathrm{sgn}(x) \oplus \mathrm{sgn}(y) \qquad (4.11)$$

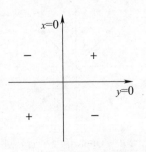

图 4.21　BPSK 信号平面分割图

基带数字处理函数具有 $\mathrm{sgn}[\sin(2\varnothing)]$ 的鉴相特性,在 $0\sim2\pi$ 区间内,具有 2 个稳定锁定点,并且鉴相特性为矩形,有二重相位模糊度。

3）8PSK 载波鉴相算法及实现

8PSK 信号平面分割图如图 4.22 所示,4 条检测边界线的方程为

$$\begin{cases} y\cos\left(\dfrac{\pi}{8}\right) - x\sin\left(\dfrac{\pi}{8}\right) = 0 \\[2mm] y\sin\left(\dfrac{\pi}{8}\right) - x\cos\left(\dfrac{\pi}{8}\right) = 0 \\[2mm] y\cos\left(\dfrac{\pi}{8}\right) + x\sin\left(\dfrac{\pi}{8}\right) = 0 \\[2mm] y\sin\left(\dfrac{\pi}{8}\right) + x\cos\left(\dfrac{\pi}{8}\right) = 0 \end{cases} \tag{4.12}$$

4 条辅助边界线的方程为

$$\begin{cases} x = 0 \\ y = 0 \\ x - y = 0 \\ x + y = 0 \end{cases} \tag{4.13}$$

因此,8PSK 松尾环的基带数字处理函数为

$$f(x,y) = \mathrm{sgn}(x)\oplus\mathrm{sgn}(y)\oplus\mathrm{sgn}(x-y)\oplus\mathrm{sgn}(x+y)\oplus$$

$$\mathrm{sgn}\left(y\cos\frac{\pi}{8} - x\sin\frac{\pi}{8}\right)\oplus\mathrm{sgn}\left(y\sin\frac{\pi}{8} - x\cos\frac{\pi}{8}\right)\oplus$$

$$\mathrm{sgn}\left(y\cos\frac{\pi}{8} + x\sin\frac{\pi}{8}\right)\oplus\mathrm{sgn}\left(y\sin\frac{\pi}{8} + x\cos\frac{\pi}{8}\right) \tag{4.14}$$

基带数字处理函数具有 $\mathrm{sgn}[\sin(8\varnothing)]$ 的鉴相特性,具有八重相位模糊度,并且鉴相特性为矩形。

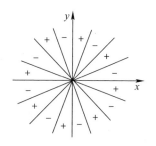

图 4.22 8PSK 信号平面分割图

4.3.3 幅度相位联合调制信号非合作解调

多进制振幅键控（MASK）调制时，向量端点分布在一条轴上，MPSK 调制时，向量端点分布在一个圆周上，随着 M 的增大，这些向量端点的最小距离也随之减小，当信号收到噪声和干扰的影响时，接收错误概率会增大。振幅相位联合调制充分利用整个向量平面，将向量端点合理分布，通过增大向量端点距离，增强抗噪声与抗干扰能力。

在通信系统中比较流行的幅度相位联合调制主要包括多进制正交幅度调制（MQAM）和多进制幅度相移键控（MAPSK）调制。常见的 MQAM 调制包括 16QAM、32QAM、64QAM、128QAM、256QAM，常见的 MAPSK 调制包括 16APSK、32APSK 等。对于 MQAM、MAPSK 调制信号，一般采用相干解调方式。

4.3.3.1 MQAM 信号非合作解调

1）MQAM 非合作解调原理

MQAM 信号是由两个独立的基带波形对两个正交的同频载波进行调制形成的，利用其在同一带宽内频谱正交的性质来实现两路并行的数字信息传输。MQAM 信号调制解调框图如图 4.23 所示。

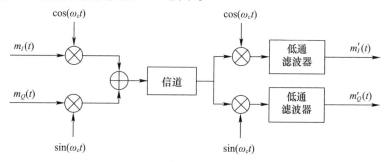

图 4.23 MQAM 信号调制解调框图

133

在发送端,MQAM 接收信号表示为

$$e_0(t) = m_I(t)\cos(\omega_c t) + m_Q(t)\sin(\omega_c t) \tag{4.15}$$

式中:$m_I(t)$ 与 $m_Q(t)$ 分别为两个独立的带宽受限的基带信号。$m_I(t)\cos(\omega_c t)$ 通常称为同相信号,而 $m_Q(t)\sin(\omega_c t)$ 称为正交信号。

QAM 调制信号经过理想信道传输后,在接收端,接收信号分别与本地正交载波 $\cos(\omega_c t)$、$\sin(\omega_c t)$ 相乘,再经过低通滤波器滤除高频分量,得到如下信号:

$$\begin{aligned}
I(t) &= e_0(t)\cos(\omega_c t) \\
&= m_I(t)\cos^2(\omega_c t) + m_Q(t)\sin(\omega_c t)\cos(\omega_c t) \\
&= \frac{1}{2}m_I(t) + \frac{1}{2}m_I(t)\cos(2\omega_c t) + \frac{1}{2}m_Q(t)\sin(2\omega_c t)
\end{aligned} \tag{4.16}$$

$$\begin{aligned}
Q(t) &= e_0(t)\sin(\omega_c t) \\
&= m_I(t)\sin(\omega_c t)\cos(\omega_c t) + m_Q(t)\sin^2(\omega_c t) \\
&= \frac{1}{2}m_Q(t) + \frac{1}{2}m_I(t)\sin(2\omega_c t) - \frac{1}{2}m_Q(t)\cos(2\omega_c t)
\end{aligned} \tag{4.17}$$

低通滤波后,得到

$$\begin{aligned}
m_I'(t) &= \frac{1}{2}m_I(t) \\
m_Q'(t) &= \frac{1}{2}m_Q(t)
\end{aligned} \tag{4.18}$$

可见,传输的基带信号能够无失真地恢复出来。但是在实际信号传输过程中,存在着载波偏差、采样偏差、信道失真等因素,因此,在 MQAM 解调器中,AGC、符号同步、载波同步、均衡单元都是必需的单元。在工程实际中,MQAM 信号解调一般采用中频数字化接收机结构,MQAM 解调原理如图 4.24 所示。

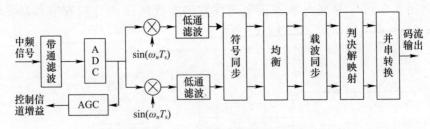

图 4.24   MQAM 信号解调原理框图

中频经过带通滤波、采样后的数字信号首先给 AGC 模块提取幅度误差,对信道增益进行调整。幅度合适的采样信号与两路正交的数字载波信号相乘进行混频,低通滤波,得到两路零中频信号。数字下变频确保了 IQ 两路信号的幅度、相位的一致性。符号同步环路采用对载波频偏不敏感的鉴相算法对两路正交的零中频信号进行内插滤波处理,得到判决时刻的采样值,但是该值带有频偏和多径因素等造成的失真,载波恢复环路去除载波频偏和相偏,均衡模块对码间串扰进行校正。在实际中,根据信道失真的程度,均衡器可以在载波环前或载波环后。

其中,符号同步单元与 MPSK 的符号同步单元结构相同,需要考虑的是对多电平信号定时误差提取的问题以及高阶调制信号精确插值的问题,这一部分内容就不进行详细介绍了。均衡是为了消除信道衰落引起的符号串扰问题,该部分问题在 4.4 节衰落信道下的非合作解调技术中介绍。下面详细分析 MQAM 信号的载波同步问题。

MQAM 信号载波同步环路一般采用二阶锁相环结构。载波误差提取算法包括判决指向(Decision Directed,DD)算法、简化星座(Reduced Constellation,RC)算法和极性判决算法。DD 算法一般只适用于小频偏的载波恢复。RC 算法不适用于奇数阶 QAM 信号。极性判决算法是对 RC 算法的一种改进,可以适用于奇数阶 QAM 信号。

一般采用鉴频算法进行载波捕获,再切换到 DD 算法进行载波跟踪。

2)载波鉴相算法

通用环是一种专门用于 QAM 信号集的载波恢复环,它是二阶环结构,可以跟踪载波频偏与相偏,其载波相位误差提取算法为这种环路从理论上可以完全消除统计跟踪法或向量点扣除法所固有的码型噪声,达到比较理想的载波跟踪性能。

(1)16QAM 载波鉴相算法。16QAM 信号载波误差提取函数为

$$u_d = \text{sgn}(u_1 - \hat{u}_1) \oplus \text{sgn}(u_2) - \text{sgn}(u_2 - \hat{u}_2) \oplus \text{sgn}(u_1) \tag{4.19}$$

该误差提取函数在相差 $\varphi = 0$ 附近,曲线通过原点,并且斜率为正。在 $-45° \sim +45°$ 区间内只有一个稳定锁定点,在稳定锁定点处的鉴相特性是矩形,并且不存在任何假锁点。

这种方法可以完全消除码型噪声,鉴相特性为矩形,在稳定锁定点处鉴相输出方差为 0,可以实现很好的跟踪性能。由通用环处理函数可以看出,该鉴相器在 FPGA 中用加法器和异或门即可实现,结构简单,便于芯片实现通用环的多电平判决及奇偶校验,实现框图如图 4.25 所示。

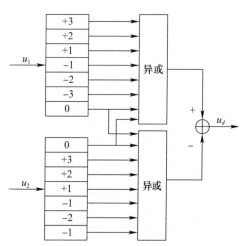

图 4.25　16QAM 通用环多电平判决实现

（2）64QAM 载波鉴相算法及实现。对于一般的多电平正交移幅键控信号的通用环,它的基带数字处理函数可以表示为

$$u_d = \text{sgn}(u_2) \oplus \text{sgn} \prod_{i=-m+1}^{m-1} (u_1 - i) - \text{sgn}(u_1) \oplus \text{sgn} \prod_{j=-m+1}^{m-1} (u_2 - j)$$

$$(4.20)$$

64QAM 信号通用环多电平判决实现框图如图 4.26 所示。

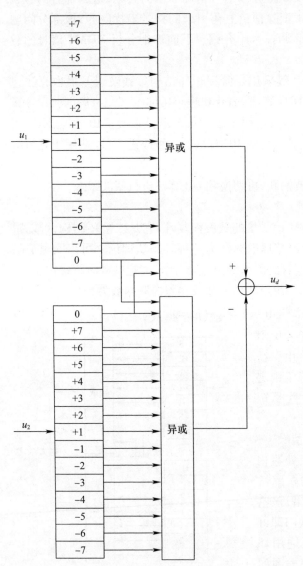

图 4.26　64QAM 信号通用环多电平判决实现框图

（3）载波捕获范围拓宽。通用环是面向判决的,它对基带信号进行了硬判决,基带信号中丰富的信息没有被利用起来。当载波有比较大的频差时,判决很不可靠,使得提取出的误差也不可靠,这时载波恢复环路无法很好地工作。只有当载波频差很小时,判决比较可靠了,才能有效地恢复出载波。因此,通用环一般只用于环路的跟踪(可看成是相位检测(PD))阶段,若用于环路的捕捉,那么捕捉范围将非常小。因此,环路的捕捉范围必须通过其他方法来扩展,如频率扫描、环路滤波器切换或者使用辅助的频率检测(FD)电路。实践证明,第三种方法是比较有效的,其捕捉时间最小。一个更好的方法是把 FD 和 PD 结合成一个电路,称为相位和频率检测器(PFD),环路锁定前,以 FD 方式工作,锁定后,转为 PD 方式进行跟踪。这种方法现在广泛地应用于数字通信系统中。

PFD 中的 FD 的作用就是

采用一定的方法使输出信号具有与频偏同样极性的直流输出,PFD 以跟踪 - 保持的方式工作。以图 4.27 为例分析 PFD 算法。

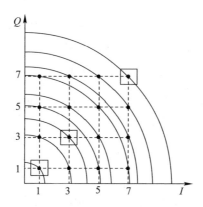

图 4.27 64QAM 信号第一象限星座图

当信号落入以对角线上星座点为中心的指定窗口内时,以跟踪方式工作,否则,输出信号保持原值。环路输出为

$$\bar{u}_n = E(\varepsilon_n / r_n \in D) + p(r_n \notin D)\ \bar{u}_{n-1} \tag{4.21}$$

式中:D 是 QAM 信号对角线上星座点的窗口集合,第一项表示信号落在窗口内时的误差信号,第二项表示信号不在窗口内时利用前一次的误差信号。算法中的 PD 仍然是上面介绍的带判决的通用载波恢复环。

这种 PFD 算法将 FD 和 PD 相结合,大大扩展了环路捕捉的范围。在环路锁定后,利用控制逻辑切换到 PD 方式下工作,即对所有的信号点都进行相位检测,以此减小稳态相位抖动。

4.3.3.2 MAPSK 信号非合作解调

在数字通信中,采用 QAM 信号可以提高传输效率,但是幅度等级比较多的高阶 QAM 信号,由于峰均比参数较高,对功放的线性度指标造成很大的压力。MAPSK 调制方式充分利用了星座点的相位间隔,减少了幅度等级,大大降低了对功放线性度指标的要求。M 为 16、32 时的 MAPSK 的星座图如图 4.28 所示。由图可见,16APSK、32APSK 的星座图分别有 2 种、3 种幅度。

1)定时同步

MAPSK 信号解调采用基于内插的符号同步,原理与 MPSK 符号同步相同。为了适应 MAPSK 调制方式多种幅度的特性,需要对定时误差提取算法、内插算法进行改进。

(1)定时误差算法改进。增加高通滤波器,进一步滤除噪声。

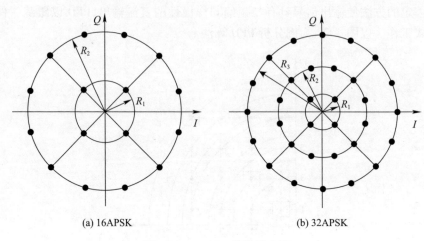

(a) 16APSK   (b) 32APSK

图 4.28　MAPSK 信号星座图

（2）内插滤波器改进。采用内插精度更高的插值滤波器,如基于多项式基函数的基多项式插值技术,可以给插值滤波器设定多个通带和阻带,以及每个频带的频谱特性,能够得到更接近于理想插值滤波器的频率响应。

2）载波同步

对于 MAPSK 的载波同步一般采用相干方式,采用二阶锁相环结构。下面主要对 MAPSK 信号载波误差提取算法进行分析。

对 MAPSK 信号,其信号模型为

$$s(t) = \mathrm{Re}\{r_m(I+\mathrm{j}Q)\,\mathrm{e}^{\mathrm{j}\omega t}\} = \mathrm{Re}\{r_m\mathrm{e}^{\mathrm{j}\theta_i}\mathrm{e}^{\mathrm{j}\omega t}\} \tag{4.22}$$

式中:r_m 为调制幅度;θ_i 为调制相位。分析 16APSK 的星座图,星座点映射到两个圆环,内环的星座点分布在对角线上,外环的点存在 $\pi/12$ 的相位差。对 $s(t)$ 进行 3 次幂运算,星座点会移到对角线上,然后可以采取 QPSK 的载波相位提取算法。对于 32APSK 可以做类似的分析,相位误差提取表达式为

$$q(k) = s(k)^Q\mathrm{e}^{\mathrm{j}\beta}$$

$$\mathrm{e}^{\varphi}(k) = \mathrm{Im}\{q(k)\{\mathrm{sgn}[\mathrm{Re}(q(k))] - \mathrm{jsgn}[\mathrm{Im}(q(k))]\}\} \tag{4.23}$$

式中:$s(k)$ 表示接收数据符号;$q(k)$ 表示对 $s(k)$ 进行非线性处理后的信号。对于 16APSK,$Q=3,\beta=0$;对于 32APSK,$Q=4,\beta=\pi/4$。经过这样的处理,理想的 16APSK 和 32APSK 的调制方式星座图如图 4.29 所示,圆圈代表进行幂运算后的点。对 16APSK 来说完全消除了调制信息,对 32APSK 来说,经过幂运算和相位旋转处理后,理想星座图中间一圈 12 个符号也应转变为 3 个点,但其中出现了 I、Q 两路绝对值不相等的位置,相位分别为 $7\pi/12$ 和 $-\pi/12$。这些位置的点计算出的 $\mathrm{e}^{\varphi}(k)$ 并不为零,会影响环路的稳定,但统计意义上 $\mathrm{e}^{\varphi}(k)$ 的数学期望为零,即该相

位恢复环路仍能收敛。

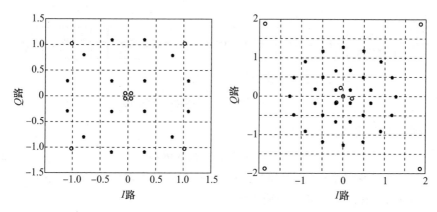

图 4.29 16APSK 和 32APSK 信号非线性处理星座图

4.3.4 恒包络调制信号的非合作解调

恒包络调制对调制器、功放等的线性度要求低、抗干扰抗衰落能力强,具有较好的解调门限,在数字通信系统中得到了大量应用。下面介绍几种典型的恒包络调制信号的非合作解调。

4.3.4.1 OQPSK 解调

OQPSK 信号可采用正交相干解调方式解调,其解调原理如图 4.30 所示。可以看出,OQPSK 与 QPSK 信号的解调原理基本相同,其差别仅在于对 Q 支路信号抽样判决时间比 I 支路延迟了 $T_b/2$(T_b 是符号周期),这是因为在调制时,Q 支路信号在时间上偏移了 $T_b/2$,所以抽样判决时刻也相应偏移了 $T_b/2$,以保证对两支路的交错抽样。

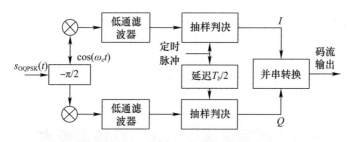

图 4.30 OQPSK 信号相干解调原理框图

4.3.4.2 GMSK 解调

GMSK 的解调可采用正交相干解调和锁相环解调两种方法,也可采用鉴相器或差分检测器,图 4.31 所示为一比特延迟差分检测原理框图。

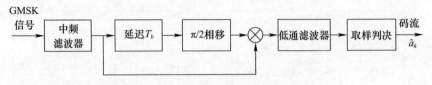

图 4.31　一比特延迟差分检测原理框图

设中频滤波器的输出信号为

$$s_{IF}(t) = R(t)\cos[\omega_c t + \theta(t)] \tag{4.24}$$

式中:$R(t)$ 是时变包络;ω_c 是中频载波角频率;$\theta(t)$ 是附加相位函数。在不计输入噪声与干扰的情况下,相乘器的输出为

$$R(t)\cos[\omega_c t + \theta(t)] \cdot R(t - T_b)\sin[\omega_c(t - T_b) + \theta(t - T_b)] \tag{4.25}$$

经 LPF 后的输出信号为

$$Y(t) = \frac{1}{2}R(t)R(t - T_b)\sin[\omega_c T_b + \Delta\theta(T_b)] \tag{4.26}$$

$$\Delta\theta(T_b) = \theta(t) - \theta(t - T_b)$$

当 $\omega_c T_b = k2\pi$(k 为整数)时,有

$$Y(t) = \frac{1}{2}R(t)R(t - T_b)\sin(\Delta\theta T_b) \tag{4.27}$$

式中:$R(t)$ 和 $R(t - T_b)$ 是信号的包络,永远是正值,因而,$Y(t)$ 的极性取决于相差信息 $\Delta\theta T_b$。令判决门限为零,即判决规则为 $Y(t) > 0$ 判为"$+1$",$Y(t) < 0$ 判为"-1"。

在输入"$+1$"时 $\theta(t)$ 增大,在输入"-1"时 $\theta(t)$ 减小。用上述判决规则即可恢复出原来的数据,即 $\hat{a}_k = a_k$。

当 $B_b T_b = 0.25$ 时,在 AWGN 信道下采用相干解调方式的误比特率计算公式如下:

$$P = Q\left(\sqrt{\frac{1.36E_b}{n_0}}\right) \tag{4.28}$$

4.4　衰落信道下的非合作解调技术

前面介绍了高斯白噪声信道下常规数字调制信号的解调方法,这些方法是非合作解调的基本处理方法。为了提高衰落信道下侦收性能,还需要采取各种抗衰落技术。

根据衰落信道的类型不同,采用自动增益控制、自适应调制解调技术、信道编码与交织技术、分集接收技术、均衡技术可以有效抵抗信道衰落。其中,自动增益控制在 4.2.4 节已介绍,在本节中重点介绍盲均衡技术在非合作信号解调中的应用,针对衰落信道中采用的自适应调制解调技术和多音并行传输技术,介绍了这两种信号的非合作解调方法。

4.4.1　适用于频率选择性信道的盲均衡技术

4.4.1.1　自适应盲均衡

在频率选择性信道中,信号带宽大于信道相关带宽,造成频率选择性衰落,信道群时延抖动、回波、多普勒频移等都会对信道产生失真,造成码间串扰解调误码率升高。另外,随着通信速率的提高,越来越多的高阶调制方式被采用。高阶调制方式星座点间距变小,与低阶调制相比较,对信道失真更加敏感。因此,在频率选择性衰落信道中进行非合作信号的侦收,有必要引入均衡技术来对信道失真进行补偿,提高解调器的性能。

因为信道的特性是未知的,并且会实时变化,必须动态地跟踪信道的变化,此时,就需要采用自适应均衡技术来补偿信道失真。这样就产生了各种自适应均衡算法。自适应均衡主要分为两种类型:传统自适应均衡和自适应盲均衡。一般传统的自适应均衡器需要一个训练序列,依靠训练序列完成均衡器系数的收敛。自适应盲均衡可以不借助训练序列,只采用所接收到的原始信号,就能够完成系数收敛。

自适应均衡的原理框图如图 4.32 所示,发送的离散数字信号 $a(n)$ 经过信道传输被接收机接收,考虑到高斯白噪声的影响,该过程可用线性离散时间滤波器来描述,即

$$x(n) = \sum_{i=0}^{N} a(n-i)h_i + v(n) \tag{4.29}$$

式中:$x(n)$ 为采样后的基带接收信号;h_i 为传输信道的冲激响应;N 为滤波器的阶数,从时域来看,信号经信道传输等于信号与信道冲激响应的卷积运算;$v(n)$ 为加性高斯白噪声。

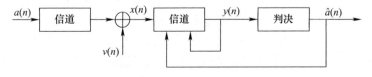

图 4.32　自适应均衡原理框图

基带信号 $x(n)$ 经过均衡器补偿信道失真,此过程可表示为如下滤波运算:

$$y(n) = \sum_{i=0}^{M} W^n(i)x(n-i) \tag{4.30}$$

式中:$W^n(i)$ 为均衡器在 n 时刻的冲激响应;M 为均衡器的阶数;$y(n)$ 为均衡器的输出。均衡器的输出经过判决器进行判决得到期望值 $\hat{a}(n)$,在信道失真完全被均衡器补偿后,$\hat{a}(n)$ 即为 $a(n)$。

均衡器的实现结构可以分为线性横向结构与非线性判决反馈结构,不管采用哪种结构,由于信道特性未知,都需要采用自适应方法来完成均衡器抽头系数的更新。

需要根据信道的衰落特性选择均衡算法,根据信号符号速率和信道多径时延来设计均衡器的节数。以短波信道为例,其多径时延 Δt 的典型值范围为 $2 \sim 5\text{ms}$,取 $\Delta t = 5\text{ms}$,则计算不同符号速率的信号通过短波信道时,设计均衡器的理论节数如表4.1所列。

表4.1   多径时延与均衡器节数理论计算

波特率/kBaud	时延 2ms	时延 3ms	时延 4ms	时延 5ms
4.096	8	12	16	21
2.048	4	6	8	10
1.024	2	3	4	5

4.4.1.2   均衡器结构

均衡器按照研究的角度分为频域均衡器和时域均衡器。频域均衡的基本思想是利用可调滤波器的频率特性补偿基带系统的频率特性,使包括可调滤波器在内的基带系统的总特性满足实际性能的要求。时域均衡器是直接从时间响应角度考虑,使包括均衡器在内的整个传输系统的冲激响应满足无码间干扰条件。频域均衡满足奈奎斯特整形定理的要求,仅在判决点满足无码间干扰的条件相对宽松一些。所以,在数字通信中一般时域均衡器使用较多。

时域均衡器可以分为线性均衡器和非线性均衡器。如果接收机中判决的结果经过反馈用于均衡器的参数调整,则为非线性均衡器;反之,则为线性均衡器。在线性均衡器中,最常用的均衡器结构是线性横向均衡器,它由若干个抽头延迟线组成,延时时间间隔等于码元间隔。非线性均衡器的种类较多,包括判决反馈均衡器(DFE)、最大似然(ML)符号检测器和最大似然序列估计等。

横向均衡器和判决反馈均衡器的结构如图4.33和图4.34所示。

按照抽样间隔的不同,均衡器还可以分为码元间隔均衡器和分数间隔均衡器。实际中码元间隔均衡器使用比较多,但是性能上却不如分数间隔均衡器好。

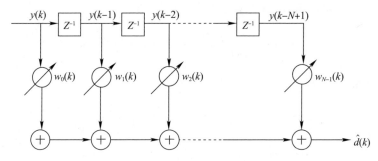

图 4.33　横向均衡器

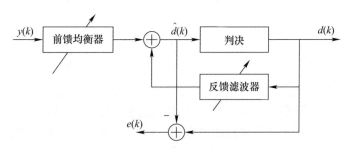

图 4.34　判决反馈均衡器

如果均衡器中的滤波器系数是固定的,那就不能适应信道的时变特性。因此,在非合作解调中需要的均衡器能够自动更新滤波器的抽头系数,实现自适应的功能,即需要一种性能优异的自适应算法。

为了能够自适应的去调整滤波器系数来适应信道的变化,产生了各种自适应盲均衡算法,其中最经典的就是 CMA 类算法、LMS 算法、RLS 算法。

4.4.1.3　CMA 类盲均衡算法

CMA 算法(恒模算法)是 20 世纪七八十年代提出的基于信号的高阶统计量的均衡算法,属于 Bussgang 类算法,适用于 MPSK 信号的均衡。20 世纪 90 年代后,CMA 算法以及改进算法在 QAM、APSK 等高阶调制信号得到了应用。

CMA 算法的代价函数为

$$J_{\mathrm{CMA}}(y(n)) = \frac{1}{4} ||y(n)|^2 - R_2|^2 \tag{4.31}$$

其中,参考电平为

$$R_2 = \frac{E\{|a(n)|^4\}}{E\{|a(n)|^2\}} \tag{4.32}$$

式中:$|a(n)|$ 为发送信号的矩。

由代价函数可以得到 CMA 算法的误差函数为

$$e_{\text{CMA}}(n) = \frac{\partial J(y(n))}{\partial y(n)} = y(n)(\,|\,y(n)\,|^2 - R_2) \qquad (4.33)$$

系数更新方程为

$$W_i^{n+1} = W_i^n - \mu \cdot \nabla J_{\text{CMA}}(y(n)) = W_i^n - \mu \cdot \frac{\partial J_{\text{CMA}}(y(n))}{\partial W_i} \qquad (4.34)$$

$$= W_i^n - \mu \cdot y(n)(\,|\,y(n)\,|^2 - R_2) \cdot x^*(n-i)$$

R_2 是参考电平，$|a(n)|^2$ 是发送信号的 2 阶矩，典型 QAM 信号的 R_2 值如表 4.2 所列。

表 4.2　典型 QAM 信号的 R_2 值

调制方式	QPSK	16QAM	64QAM	256QAM
R_2	2	13.2	58	237.2

由式(4.34)可以看出，CMA 算法采用固定步长，它对 CMA 算法的收敛性能起很大的作用。当采用大步长调整滤波器的权系数时，每次调整幅度大，相应的在收敛性能方面表现为算法的收敛时间短，系统的跟踪速度快，但是系统稳定后有较大的稳态误差；相反，采用小步长调整滤波器的权系数时，每次调整的幅度小，性能方面表现为算法收敛时间长，系统的跟踪速度慢，但是稳定后的稳态误差会小一些。

CMA 算法无须训练序列就能使眼图张开，在均衡开始阶段不受载波频偏的影响，是一种广泛适用于合作通信和非合作通信的自适应盲均衡算法。CMA 算法只利用了接收信号的幅度信息，因此均衡器收敛后，输出信号仍存在载波相偏或频偏引入的相位误差问题。对于 MPSK 信号来说，CMA 算法具有很好的性能，但是对于 MQAM 信号来说，CMA 均衡后剩余误差较大，收敛速度较慢。

恒模算法代价函数中的 R_2 值恒定，导致无论接收到任何信号，均衡器的抽头调整趋势都是使均衡器输出的数据向半径为 R_2 的圆上靠近。

CMA 算法的优点是稳健性能好，具有良好的初始收敛条件。CMA 算法的缺点是只利用了信号的幅度信息，没有利用信号的相位信息，导致均衡器收敛后，输出信号由于信道特性和载波偏移会产生随机相位，稳态误差大。

以 QPSK 调制信号为例，对 CMA 算法进行仿真，仿真参数如下：采样率 $F_s = 33.6\text{MHz}$，符号速率 $R_s = 2.4\text{Ms/s}$，信噪比 $E_b/N_0 = 12\text{dB}$。径数设为 3，三径的相对延迟分别为 0、$1\mu\text{s}$、$1.8\mu\text{s}$，三径的幅度衰减分别为 0、4dB、9dB。

信号经过衰落信道后的信号频谱如图 4.35 所示，可见，信号频谱出现了明显的频率选择性衰落。

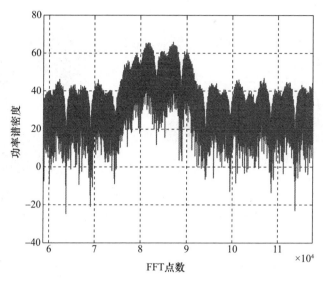

图 4.35　QPSK 信号经过衰落信道后的频谱

在频率选择性衰落信道下,不采用均衡算法时,定时同步和载波同步后的信号星座图如图 4.36 所示,可见,同步单元无法抵消信道衰落造成的码间串扰码,星座图无法收敛,无法进行正确的判决。

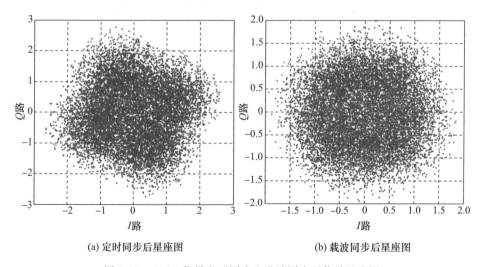

(a) 定时同步后星座图　　　　　　　　(b) 载波同步后星座图

图 4.36　QPSK 信号定时同步和载波同步后信号星座图

采用 CMA 算法进行信道盲均衡,均衡器阶数为 40 阶,步长设置为 3×10^{-3},CMA 算法均方误差及均衡收敛后的星座图如图 4.37 所示。

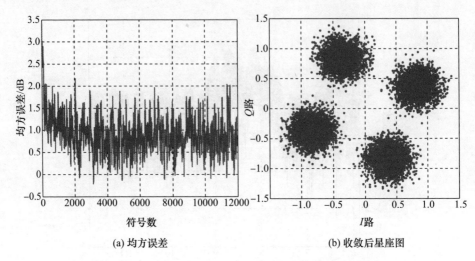

(a) 均方误差   (b) 收敛后星座图

图 4.37   CMA 算法均方误差及均衡收敛后的星座图

由仿真结果可知,由于信道特性产生随机相位,均衡器收敛后输出信号的星座图无法落在正确的星座点上,并且稳态误差较大。

为了克服 CMA 算法的缺点,人们提出了改进型的 CMA 算法。

1) MCMA 算法

CMA 自适应盲均衡算法由于收敛慢、对载波相位不敏感、稳态误差大等缺点,在实际应用中受到很大的限制。因而,提出了修正常系数模算法(MCMA),该算法对 CMA 算法的误差函数进行了改进,把代价函数分为实部和虚部,解决了 CMA 相位不敏感问题。

代价函数为

$$J_{\mathrm{MCMA}}(y(n)) = J_{\mathrm{R}}(y(n)) + J_{\mathrm{I}}(y(n))$$

$$= E\big[(y_{\mathrm{R}}^2(n) - R_{2,\mathrm{R}})^2\big] + E\big[(y_{\mathrm{I}}^2(n) - R_{2,\mathrm{I}})^2\big] \tag{4.35}$$

其中

$$R_{2,\mathrm{R}} = \frac{E\{a_{\mathrm{R}}^4(n)\}}{E\{a_{\mathrm{R}}^2(n)\}}, R_{2,\mathrm{I}} = \frac{E\{a_{\mathrm{I}}^4(n)\}}{E\{a_{\mathrm{I}}^2(n)\}} \tag{4.36}$$

误差函数为

$$e_{\mathrm{MCMA}}(n) = e_{\mathrm{R}}(n) + je_{\mathrm{I}}(n)$$

$$e_{\mathrm{R}}(n) = y_{\mathrm{R}}(n)(y_{\mathrm{R}}^2(n) - R_{2,\mathrm{R}})$$

$$e_{\mathrm{I}}(n) = y_{\mathrm{I}}(n)(y_{\mathrm{I}}^2(n) - R_{2,\mathrm{I}}) \tag{4.37}$$

采用前面 CMA 算法仿真参数,对 MCMA 算法进行仿真,均衡器为 40 阶,步长

设置为 3×10^{-3}，MCMA 算法与 CMA 算法的均方误差收敛曲线如图 4.38(a)所示，MCMA 算法收敛后的星座图如图 4.38(b)所示。

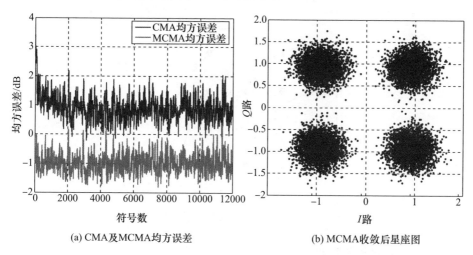

(a) CMA 及 MCMA 均方误差   (b) MCMA 收敛后星座图

图 4.38　MCMA 算法均方误差及均衡收敛后的星座图(见彩图)

可以看出，MCMA 算法收敛后相对于 CMA 算法有更小的稳态误差。MCMA 均衡算法收敛后的星座图落在了正确的星座点上，说明 MCMA 算法有效克服了信号的相位偏转，同时具有均衡与相位恢复功能。

MCMA 算法的优点是：在一定程度上改进了恒模算法收敛速度慢、稳态误差大的缺点；利用了信号的幅度信息和相位信息，可以自动补偿信道引起的相位误差，同时具有均衡与相位恢复功能。MCMA 算法的缺点是：在均衡器完全收敛之后，稳态误差仍然很大，尤其是应用于高阶 QAM 信号均衡时，不能达到理想效果。

2) HCMA 算法

多层常模算法(HCMA)是 CMA 算法针对高阶 QAM 信号进行改进得到的算法。HCMA 算法的代价函数为

$$J_{\text{HCMA}}(y(n)) = \frac{1}{4}(|y(n)|^2 - R_2(n))^2 \tag{4.38}$$

式中：$R_2(n)$ 为 $y(n)$ 的二阶矩判决值。

分析 64QAM 星座图，理想星座图的星座点所在圆环的半径平方为 2、10、18、26、34、50、58、74、98。取这些相邻数值的中间值，得到判决门限值为 6、14、22、30、42、54、66、86。假如 $|y(n)|^2$ 的值落入判决门限的相应区域，就能得对应的 $R_2(n)$ 的值。例如，$22 \leqslant |y(n)|^2 \leqslant 30$，那么，$R_2(n)$ 的值就取 26。64QAM 星座旋转图如图 4.39 所示。

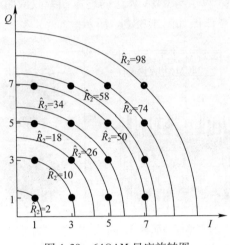

图 4.39   64QAM 星座旋转图

4.4.1.4   决策指向算法

决策指向(DD)算法有广泛的应用,能够很好地改善均衡器的收敛性能和误差性能,其代价函数为

$$J(k) = E\big[(y_R(k) - \mathrm{dec}(y_R(k)))^2 \big] + E\big[(y_I(k) - \mathrm{dec}(y_I(k)))^2 \big] \qquad (4.39)$$

式中:$\mathrm{dec}(y_R(k))$ 和 $\mathrm{dec}(y_I(k))$ 是 $y_R(k)$ 和 $y_I(k)$ 的判决输出。决策指向算法的误差函数为

$$e(k) = (y_R(k) - \mathrm{dec}(y_R(k))) + j(y_I(k) - \mathrm{dec}(y_I(k))) \qquad (4.40)$$

DD 算法的优点是算法收敛速度快、稳态误差小。DD 算法的缺点是当判决错误率较高时,算法无法收敛。

采用前面 CMA 算法仿真中的信号参数,对 DD 盲均衡算法进行仿真,均衡器为 40 阶,步长设置为 3×10^{-3},DD 算法均方误差及均衡收敛后的星座图如图 4.40 所示。

可以看出,DD 算法有比 MCMA 算法更低的均方误差。DD 算法收敛后的星座图落在了正确的星座点上,说明该算法能够克服信号的相位偏转,同时具有均衡与相位恢复功能。

4.4.1.5   最小均方盲均衡算法

最小均方(LMS)算法是均衡器中一种基本算法,它是根据最小均方误差准则(MSE)提出的,其核心思想是利用平方误差代替均方误差,其误差计算公式和系数更新公式为

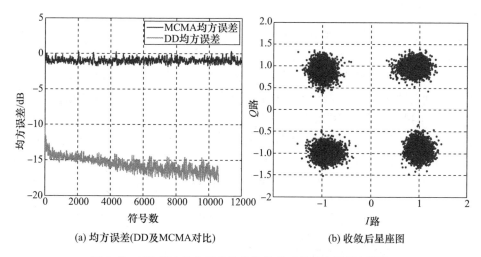

(a) 均方误差(DD及MCMA对比)　　　　(b) 收敛后星座图

图 4.40　DD 算法均方误差及均衡收敛后的星座图(见彩图)

$$e_{\text{LMS}}(n) = d(n) - y(n) \tag{4.41}$$

$$W_i^{n+1} = W_i^n - 2\mu \cdot e^*(n-1) \cdot x(n-1)$$
$$= W_i^n - 2\mu \cdot e(n-1) \cdot x^*(n-1) \tag{4.42}$$

式中:μ 是步长因子;$x^*(n-1)$ 是接收信号复数的共轭;$d(n)$ 是期望得到的输出值,可以使用判决后的值 $\hat{y}(n)$ 代替,则误差计算公式为 $e_{\text{LMS}}(n) = \hat{y}(n) - y(n)$。当二者的误差为 0 时,均衡器的抽头系数停止更新,收敛后的稳态剩余误差较小。

LMS 算法应用的前提是信道中的大部分码间串扰(ISI)已经被消除,信号的眼图基本已张开,判决器的输出在很大程度上是正确的,这样才能保证 LMS 算法对代价函数梯度的估计方向在统计上是正确的。所以,此算法可以应用于对信道的跟踪阶段,这样能充分利用它优良的剩余误差特性。

4.4.1.6　双模式盲均衡算法

1) CMA + LMS 双模算法

CMA 算法的最大优点是代价函数只与接收序列的幅度有关,与相位无关,所以它对载波相位不敏感,可以在接收信号眼图未张开时进行捕获,CMA 算法的稳态误差较大,并且均衡收敛后还需要进行载波同步。LMS 算法的优点是剩余误差特性很小,适用于对信道的跟踪阶段,但是应用的前提是大部分的 ISI 已经被消除,信号的眼图基本已张开。因此,可以综合利用 CMA、LMS 算法的优点,使两种算法分别工作于捕获、跟踪阶段。

采用 CMA + LMS 双模算法的处理流程如下。

(1) CMA 均衡阶段。启用 CMA 算法来更新均衡器的抽头系数,使得均衡器收敛。

（2）载波同步阶段。暂停均衡器系数更新并启动载波同步环路,消除载波频偏和载波相偏。

（3）LMS 均衡阶段。载波同步收敛后,均衡器的系数更新算法切换至 LMS 算法,并重新启动均衡器系数更新,进而精确地补偿信道失真以获得均衡的全局收敛。

针对 64QAM 信号,采用 CMA + LMS 双模算法的仿真结果如图 4.41 所示。CMA 算法收敛后,星座图还存在相位误差;LMS 算法收敛后,星座图收敛良好。该双模算法综合了 CMA 和 LMS 算法的优点,收敛速度与稳态精度性能优良。特别说明的是,需要对均衡与载波同步环路的工作阶段进行切换控制。

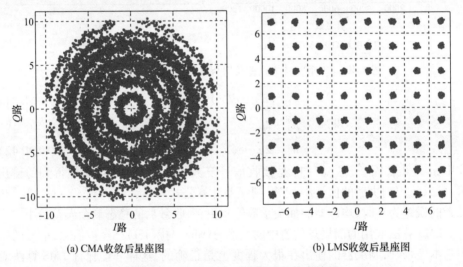

(a) CMA收敛后星座图　　　　　　　(b) LMS收敛后星座图

图 4.41　CMA + LMS 双模算法的仿真结果

2）CMA + HCMA 双模算法

可以把 CMA 和 HCMA 算法组合起来,其中 HCMA 算法功能类似 LMS 算法,也需要接收信号的眼图初张开,但是 CMA + HCMA 双模式算法效果要比 CMA + LMS 双模式算法效果好,因为 LMS 算法对相位的敏感性而使得载波捕获的速度慢的问题,使得在载波恢复前不能对信号进行有效的均衡。CMA + HCMA 双模式算法可以很好地解决这个问题,因为这两种算法都采用的是二阶矩,其收敛特性与载波频偏无关,可以把信道均衡放到载波恢复前进行。

CMA + HCMA 双模式算法工程实现简单,可以在载波同步前实现,捕获速度比 CMA + LMS 快。

4.4.1.7　基于数据重用的均衡方法

Bussgang 类盲均衡算法简单灵活、应用性强,可以很好地应用到 MPSK 信号盲均衡中。但是该类算法有一个显著的缺点就是收敛速度慢。在一个合理步长控制的情况下,通常也需要 1000 次以上甚至更多的计算才能达到收敛。突发信号一般只有几百甚至几十个字符,很多情况下,这么少量的数据不足以使均衡器收敛。对于突发信号采用数据重用的方法,将接收到的数据通过一定的方法反复利用并输入均衡器,最后达到顺利消除码间串扰的效果。

"数据重用"就是将数据多次应用以求到达最佳效果。被"重用"的数据必须包含大部分甚至全部的信道输出状态。数据重用有很多种方式,如单数据的重用、数据串的重用、逆数据串的重用、正反向的数据重用。

假设接收到的信号为

$$x_0 x_1 x_2 \cdots x_n$$

单数据重用将数据转换为

$$\underbrace{x_0 x_0 \cdots x_0}_{N个数据} \underbrace{x_1 x_1 \cdots x_1}_{N个数据} \underbrace{x_2 x_2 \cdots x_2}_{N个数据} \cdots \underbrace{x_n x_n \cdots x_n}_{N个数据}$$

数据串重用将数据转换为

$$\underbrace{x_0 x_1 \cdots x_{N-1}}_{N个数据} \underbrace{x_1 x_2 \cdots x_N}_{N个数据} \cdots \underbrace{x_{n-N+1} x_{n-N} \cdots x_n}_{N个数据}$$

逆数据串重用将数据转换为

$$\underbrace{x_{0+(N-1)} x_{0+(N-2)} \cdots x_{0+0}}_{N个数据} \underbrace{x_{1+(N-1)} x_{1+(N-1)} \cdots x_{1+0}}_{N个数据} \cdots \underbrace{x_{n+(N-1)} x_{n+(N-2)} \cdots x_{n+0}}_{N个数据}$$

正反向的数据重用将数据转换为

$$x_0 x_1 x_2 \cdots x_n, x_n \cdots x_2 x_1 x_0, x_0 x_1 x_2 \cdots x_n, \cdots x_n \cdots x_2 x_1 x_0$$

或者

$$x_0 x_1 x_2 \cdots x_n, x_n \cdots x_2 x_1 x_0, x_0 x_1 x_2 \cdots x_n, \cdots x_0 x_1 x_2 \cdots x_n$$

将接收数据通过一定的方式反复重用解决了突发信号数据量少均衡困难的问题。

截取 QPSK 信号定时同步后的 1000 个样点,采用加权双模式算法进行信道盲均衡,均衡器为 40 阶,MCMA 均衡器步长设置为 3×10^{-5},DD 均衡器步长设置为 3×10^{-3},MCMA + DD 算法性能(均方误差及收敛后的星座图)如图 4.42 所示。

将截取的信号采用正向数据重用的方式完成信道均衡,均衡算法仍然采用 MCMA + DD,均衡器参数同上。数据重用 MCMA + DD 算法性能(均方误差及收敛后的星座图)如图 4.43 所示。

可以看出,突发信号采用数据重用的均衡算法其均方误差曲线有一个收敛过程,与 1000 个样点均衡后的稳态误差相比,降低了约 2.5dB,并且星座图能够收敛到正确的星座点上。但在均衡算法收敛以后,即使增加数据重用次数,算法的收敛性能也不会再提高。

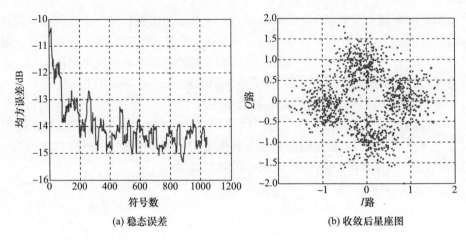

(a) 稳态误差　　　　　　　　　(b) 收敛后星座图

图 4.42　MCMA + DD 算法性能

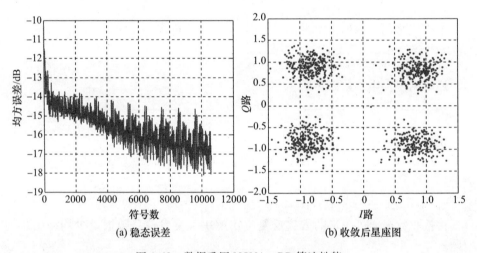

(a) 稳态误差　　　　　　　　　(b) 收敛后星座图

图 4.43　数据重用 MCMA + DD 算法性能

4.4.2　数据辅助的自适应调制信号非合作解调

在许多数字通信系统中,系统可以根据信道质量动态调整信号调制方式与信道编码参数,调制参数及信道编码参数一般承载在帧头中或者网控信道中。

针对这种变调制方式的系统的侦收,需要首先获取业务信号的调制参数,然后再进行解调。获取业务信号的调制参数有以下两种途径。

(1) 在数据帧中的帧头部分中,承载调制参数及信道编码参数,通过对帧头的捕获、解调,可以获得载荷部分的调制方式,据此,实现对载荷部分数据的解调。这就要求对帧头部分的解调必须采用适应低信噪比、高信道失真的场景。

（2）对目标信号的帧头结构未知，或者目标系统就没有给业务信号配置随路的配置参数。这种情况下，只能对业务信号进行调制样式识别与参数估计，然后再进行业务信号的解调。

下面以短波自适应线路建立通信系统信号为例介绍数据辅助的非合作解调方法。

4.4.2.1　短波自适应线路建立通信系统信号简介

1）帧结构

短波自适应线路建立通信系统信号帧结构中，首先是长度为 287 个符号的初始同步序列，后面发送 72 帧数据。每帧数据包括长度为 256 个符号的数据块和长度为 31 个符号由已知数据组成的训练序列。第 72 帧数据后面是长度为 72 个符号的重新插入标识。最后 1 个长度为 256 符号的数据块后面的 31 个符号的训练序列加上后面的 72 个符号的重新插入标识正好构成长度为 103 个符号的规律重插序列。具体帧结构如图 4.44 所示。

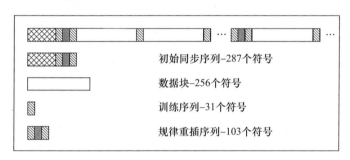

图 4.44　帧结构

2）数据调制

在数据中已知数据均采用 8PSK 调制；数据部分，数据速率与调制方式存在固定的对应关系，如表 4.3 所列。系统采用的调制速率为每秒 2400 个符号，载波为 1800Hz。

表 4.3　参数配置表

数据速率/（b/s）	调制方式
3200	QPSK
4800	8PSK
6400	16QAM
8000	32QAM
9600	64QAM
12800	128QAM

3）同步头

同步头包括两部分。第一部分包括 N 块长度为 184 个 8PSK 调制符号，N 的值取 0 ~ 7，若 N 为 0，则第一部分将不发送。这 184 个符号见图 4.45 中的前 184 个符号，实际发送的数据为该图中数据的复共轭。

```
1, 5, 1, 3, 6, 1, 3, 1, 6, 3, 7, 7, 3, 5, 4, 3, 6, 6, 4, 5, 4, 0,
2, 2, 2, 6, 0, 7, 5, 7, 4, 0, 7, 5, 7, 1, 6, 1, 0, 5, 2, 2, 6, 2, 3,
6, 0, 0, 5, 1, 4, 2, 2, 2, 3, 4, 0, 6, 2, 7, 4, 3, 3, 7, 2, 0, 2, 6,
4, 4, 1, 7, 6, 2, 0, 6, 2, 3, 6, 7, 4, 3, 6, 1, 3, 7, 4, 6, 5, 7, 2,
0, 1, 1, 1, 4, 4, 0, 5, 7, 7, 4, 7, 3, 6, 1, 8, 6, 5, 6, 6, 4, 6,
3, 4, 3, 0, 7, 1, 3, 4, 7, 0, 1, 4, 3, 3, 5, 1, 1, 1, 4, 6, 1, 0,
6, 0, 1, 3, 1, 4, 1, 7, 7, 6, 3, 0, 0, 7, 2, 7, 2, 0, 2, 6, 1, 1, 1,
2, 7, 7, 5, 3, 3, 6, 0, 5, 3, 3, 1, 0, 7, 1, 1, 0, 3, 0, 4, 0, 7, 3
0, 0, 0, 0, 0, 2, 4, 6, 0, 4, 0, 0, 0, 4, 2, 4, 6, 0, 4, 0, 4, 0, 6, 4,
2
(D0, D0, D0, D0, D0, D0, D0, D0, D0, D0, D0, D0, D0 + 0, 4, 0, 4, 0, 0, 4, 4, 0, 0, 0, 0, 0) Modulo 8
(D1, D1, D1, D1, D1, D1, D1, D1, D1, D1, D1, D1, D1 + 0, 4, 0, 4, 0, 0, 4, 4, 0, 0, 0, 0, 0) Modulo 8
(D2, D2, D2, D2, D2, D2, D2, D2, D2, D2, D2, D2, D2 + 0, 4, 0, 4, 0, 0, 4, 4, 0, 0, 0, 0, 0) Modulo 8
6,
4, 4, 4, 4, 4, 4, 0, 4, 0, 4, 0, 6, 4, 4, 4, 4, 6, 0, 2, 4, 0, 4, 0, 4, 2, 0
```

图 4.45 同步头

第二部分包括 287 个符号。前 184 个符号主要表征同步和多普勒频移，后 103 个符号和重新插入标识一样，也携带比特率和交织设置的信息。上表中的 D0、D1、D2 的内容根据比特率和交织参数从表 4.4 中选择。

表 4.4 交织参数表

数据速率/（b/s）	帧交织长度（256 个符号数据块）					
	1	3	9	18	36	72
3200	0,0,4	0,2,6	0,2,4	2,0,6	2,0,4	2,2,6
4800	0,6,2	0,4,0	0,4,2	2,6,0	2,6,2	2,4,0
6400	0,6,4	0,4,6	0,4,4	2,6,6	2,6,4	2,4,6
8000	6,0,2	6,2,0	6,2,2	4,0,0	4,0,2	4,2,0
9600	6,0,4	6,2,6	6,2,4	4,0,6	4,0,4	4,2,6
12800	6,6,2	保留	保留	保留	保留	保留

使用各组 D 值对 13bit 巴克码（0101001100000）的相位进行变换，即 13bit 巴克码相位（0 或 4）与 D 值模 8 相加。

4）重新插入标识

重新插入标识就是同步头的最后 72 个符号，如图 4.46 所示。103 个已知符号如下。

```
0, 0, 0, 0, 0, 2, 4, 6, 0, 4, 0, 4, 0, 6, 4, 2, 0, 0, 0, 0, 0, 2, 4, 6, 0, 4, 0, 4, 0, 6, 4,
2

(D0, D0, D0, D0, D0, D0, D0, D0, D0, D0, D0, D0, D0+ 0, 4, 0, 4, 0, 0, 4, 4, 0, 0, 0, 0, 0) Modulo 8
(D1, D1, D1, D1, D1, D1, D1, D1, D1, D1, D1, D1, D1+ 0, 4, 0, 4, 0, 0, 4, 4, 0, 0, 0, 0, 0) Modulo 8
(D2, D2, D2, D2, D2, D2, D2, D2, D2, D2, D2, D2, D2+ 0, 4, 0, 4, 0, 0, 4, 4, 0, 0, 0, 0, 0) Modulo 8

6,
4, 4, 4, 4, 4, 6, 0, 2, 4, 0, 4, 0, 4, 2, 0, 6, 4, 4, 4, 4, 4, 6, 0, 2, 4, 0, 4, 0, 4, 2, 0
```

图 4.46　重新插入标识

其中 D0、D1、D2 的取法及意义与上面相同。这些符号的前 31 个是紧邻 72 个数据块的最后一个训练序列。

5）训练序列

在 8PSK 调制方式下,31 个符号的训练序列若为 0,0,0,0,0,2,4,6,0,4,0,4, 0,6,4,2,0,0,0,0,0,2,4,6,0,4,0,4,0,6,4,则这个训练序列就被标记为" + "。相位反转之后的序列 4,4,4,4,4,6,0,2,4,0,4,0,4,2,0,6,4,4,4,4,4,6,0,2,4, 0,4,0,4,2,0,这个训练序列标记为" − "。

共有 73 个训练序列,编号为 0 ~ 72。为了方便,在重新插入标识之前的 31 个符号训练序列被定义为 0,重新插入标识之后的数据块后面的训练序列被定义为 1。第 72 个数据块后面的训练序列,也就是下一个 103 个符号重新插入标识的前 31 个符号。编号为 1 ~ 72 的训练序列被分为 4 组:1 ~ 18,19 ~ 36,37 ~ 54,55 ~ 72。

每一个训练序列组包括 7 个" − "和 1 个" + ",后面 6 个符号由比特率和交织长度决定,3 个符号表明在哪 18 个训练序列集合中,最后 1 个" + "。这个 18 序列可以表示为 − − − − − − − + S0S1S2S3S4S5S6S7S8 + 。

其中 S0S1S2S3S4S5 取值如表 4.5 所列。

表 4.5　训练序列配置表

数据速率/(b/s)	帧交织长度(256 个符号数据块)					
	1	3	9	18	36	72
3200	+ + − + + −	+ + − + − +	+ + − + − −	+ + − + + −	+ + − − + −	+ + − − − +
4800	+ − + + + −	+ − + + − +	+ − + + − −	+ − + + + −	+ − + − + −	+ − + − − +
6400	+ − − + + −	+ − − + − +	+ − − + − −	+ − − + + −	+ − − − + −	+ − − − − +
8000	− + + + + −	− + + + − +	− + + + − −	− + + + + −	− + + − + −	− + + − − +
9600	− + − + + −	− + − + − +	− + − + − −	− + − + + −	− + − − + −	− + − − − +
12800	− − + + + −	保留	保留	保留	保留	保留

这 6bit 符号和前面所述的比特率和交织长度是对应的。S6S7S8 取值如表 4.6 所列。

表 4.6　S6S7S8 取值参数表

S6S7S8 取值参数			
1 ~ 18	19 ~ 36	37 ~ 54	55 ~ 72
+ + −	+ − +	+ − −	− + +

4.4.2.2　基于协议参数的解调方法

基于协议参数对短波自适应线路建立通信系统信号解调处理流程如下。

（1）首先对接收信号进行下变频,抽取滤波后进行符号同步,得到符号信息。

（2）使用相关检测的方法,以重插前导的 103 个符号作为特殊字进行相关峰检测,得到准确的帧起始位置。

（3）使用重插前导的 103(31 + 1 + 39 + 1 + 31) 个符号做均衡。前 32 个符号做已知数据的均衡,使均衡器达到收敛状态;中间 39 个符号做盲均衡,解调得到 D0D1D2(数据速率和交织参数);后 32 个符号再做已知数据的均衡。根据解出的数据速率和交织参数得到标准探测序列与数据的调制方式。

（4）对数据进行处理,对未知数据均衡时不更新均衡器系数,探测数据均衡时更新均衡器系数。

（5）对解调出的未知数据进行解扰和解码。

样本数据的速率为 8000b/s,交织长度为 18,数据共 6 帧,按照上面的处理流程对样本信号解调。样本数据定时后星座图如图 4.47 所示。

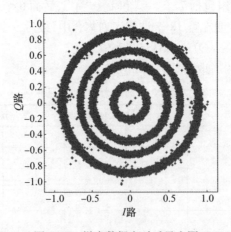

图 4.47　样本数据定时后星座图

使用 184 个符号进行相关峰检测,正谱和反谱的相关峰检测结果如图 4.48 所示。

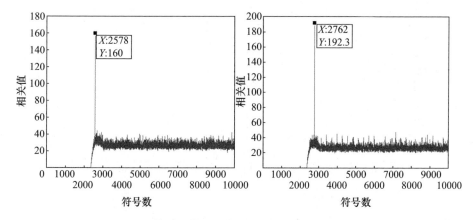

图 4.48　正谱和反谱的相关峰检测结果(使用 184 个符号)

正谱和反谱找到的前导起始位置相差 184 个符号,验证了协议中 $N(0 \sim 7)$ 个 184 符号中的 N 为 1,并且相位反向。

使用 103 个符号进行相关峰检测,如图 4.49 所示。

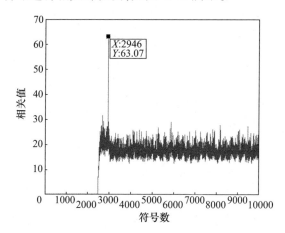

图 4.49　使用 103 个符号进行相关峰检测

对前导中前 32 个符号均衡,星座图锁定良好。均衡前后的星座图对比如图 4.50所示。

均衡器误差收敛曲线如图 4.51 所示,均衡器能够稳定收敛。

对前导中的 39 个符号进行解调,前导解调星座图如图 4.52 所示,判据后得到 D0、D1、D2 比特内容为 4、0、0。

按照协议对后面的数据交叉做未知数据和已知数据的均衡,未知数据星座图和探测数据星座图分别如图 4.53 所示,星座图收敛良好。

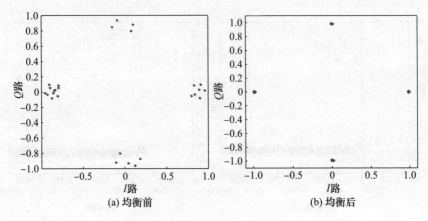

(a) 均衡前   (b) 均衡后

图 4.50 前导均衡前后星座图对比

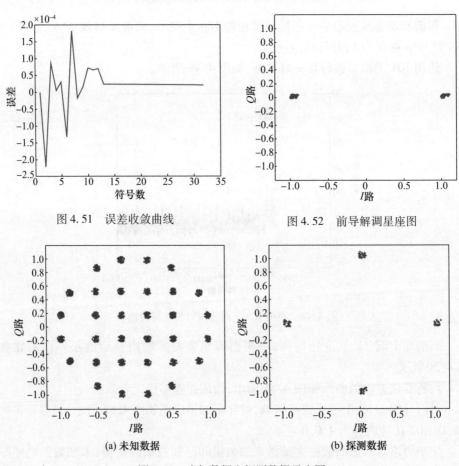

图 4.51 误差收敛曲线   图 4.52 前导解调星座图

(a) 未知数据   (b) 探测数据

图 4.53 未知数据和探测数据星座图

4.4.3　多音并行传输信号非合作解调

多音并行传输是多载波调制的一种,可以克服信道的频率选择性衰落。其主要思想是:将信道分成若干个并行子信道,将高速数据转换成并行的低速子数据流,并调制到每个子信道上传输,每个子信道上的信号带宽小于信道的相关带宽,因此,每个子信道都可以看作一个平坦衰落信道,从而降低符号间干扰。由于每个载波上的数据传输速率被大幅度降低,数据符号的持续时间相应地被大大加长,因此,多音并行传输对无线传输环境中普遍存在的多径时延扩展具有较强的抵抗力,减小了符号间干扰(ISI)对系统性能的影响,即可以有效对抗频率选择性衰落和各种窄带干扰。

对多音并行信号解调一般采用频域处理方法,下面以短波数传通信系统中的 39 音信号为例,介绍多音并行信号的非合作解调方法。

4.4.3.1　信号帧结构

39 音并行信号的帧结构如图 4.54 所示,可以看出信号是由一个前导码、同步块和数据块组成的。前导码又由三部分组成:第一部分是 14 个符号长度的等幅未调制单音;第二部分是 8 个符号长度的 3 个已调制音;第三部分持续时间为 1 个符号长度,包括所有的 39 个音和 1 个多普勒音,这部分前导码可以作为后续数据符号的起始相位参考。

图 4.54　39 音信号帧结构

39 音并行信号的频谱结构如图 4.55 所示,其中共有 39 个数据音,频率间隔 56.25Hz。数据音从 675Hz 到 2812.5Hz,用于传输数据;它还包括 1 个多普勒音,频率为 393.75Hz,多普勒音是单频未调制信号,用于校正频率偏差。每个数据音为时间差分四相移相键控(TDQPSK)调制,各个数据音初始相位不同,码元长度为 22.5ms(即速度 44.44Baud)。数据音编码方式为 RS 码,采用了交织技术。

4.4.3.2　解调算法原理

39 音并行信号解调原理如图 4.56 所示。

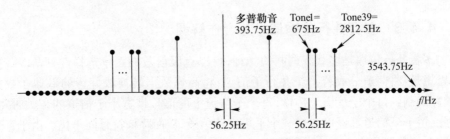

图 4.55　39 音并行信号的频谱结构

图 4.56　39 音解调原理框图

1）信号检测

39 音信号中的起始部分有持续 14 个符号长度的 4 个未调制的单音,单音的频点为 787.5Hz、1462.5Hz、2137.5Hz、2812.5Hz,并且 4 个单音的幅度相同,通过检测 4 个单音的有无以及单音的幅度就可以确定信号是否出现。

对接收数据按照符号间隔移动,每次取一个符号的长度,即 324 个数据采样点,其他点补零,做 8192 点 FFT,这时频率分辨率为 1.66Hz,一旦找到符合条件的 4 个单音就可以确定信号的起始位置。同时,通过比对接收信号的频率与 39 音并行信号中 4 个未调制音,计算频差,并对频偏进行校正。信号起始部分检测频谱如图 4.57 所示。

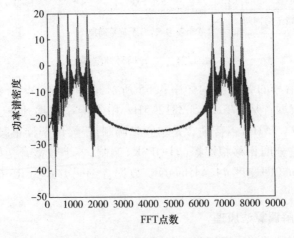

图 4.57　信号起始部分检测频谱图

2）码元粗同步

检测到信号前导码（信号起始部分）的第一部分以后，每次取 1 个符号的长度，逐符号向后滑动，对数据进行带通滤波，并对滤波后信号求取包络，包络中的陷落点就是码元的变化位置，这样可以估计码元的变化点，即找到符号的同步位置。搜索前导码第二部分数据后的频谱图如 4.58 所示。

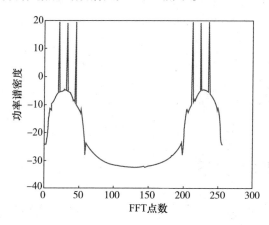

图 4.58　搜索前导码第二部分数据后的频谱图

3）数据结束检测

由于数据块中多普勒音总是存在的，所以检测信号的结束可以利用多普勒音来进行。对数据信号进行滤波，首先滤出多普勒音，再滤出多普勒音和第一个数据音中间的噪声，将数据分段，比较每段数据多普勒音和噪声的能量比值，超过门限值时认为信号结束。

4）数据解调

对定时后数据向后移位 8 个符号间隔，即得到前导码的第三部分，取 1 个符号长度的数据作 256 点 FFT，计算得到多普勒音（$f_{doppler}$）的相位，与标准相位比较，相位差除以 $2\pi f_{doppler}$ 就得到准确定时位置与取数据位置的偏差。取其整数部分，就可以得到精确的定时位置。调整的公式为

$$\varphi_{n+1} = \varphi_n + 2\pi f_{doppler}\Delta t \tag{4.43}$$

$$\Delta t = (\varphi_{n+1} - \varphi_n)/(2\pi f_{doppler}) \tag{4.44}$$

同时解调过程也利用了上面的公式，即对每个符号长度的数据作 256 点 FFT，取出每个音的相位与上一个符号的相位进行差分，并与 45°、135°、225°、315°进行比较，判决输出比特流。

解调过程中通过测量多普勒音在每个符号间的变化，即对于预测相位值和测试得到的相位值进行差分，结果应该是一个符号周期内相位的变化值，就可以得到

定时的误差,即

$$\Delta t = (\varphi_{n+1} - \varphi_n - 2\pi f_{\text{doppler}} \cdot T)/(2\pi f_{\text{doppler}}) \qquad (4.45)$$

式中:T 为 1 个符号的周期,即 22.5ms。将误差信号通过一个一阶滤波器后反馈控制定时的位置。

图 4.59 给出了对 39 音信号解调后的第 1、10、20 和 39 音的星座图。

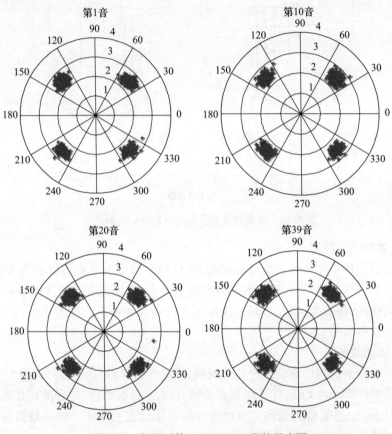

图 4.59　解调后第 1、10、20、39 音的星座图

4.5　几种典型通信信号的非合作解调

4.5.1　WCDMA 信号的非合作解扩解调

扩频通信以其保密性好、低截获概率、抗干扰能力强等优点获得了广泛应用,

包括军事领域和民用领域的无线局域网(WLAN)、卫星通信、移动通信等,如第三代移动通信就是采用直接序列扩频方式。

解扩频调技术是扩频信号的非合作接收中的关键技术。与非扩频信号解调相比,解扩解调除了包含符号同步、载波同步、判决等处理环节外,还必须解决扩频码同步问题。扩频码同步包括扩频码捕获和扩频码跟踪。

下面以第三代移动通信中的 WCDMA 体制信号为例,介绍下行信号的扩频码捕获(小区搜索)与扩频跟踪技术(迟早门跟踪)、解扰解扩、分集接收(Rake 接收),以及上行信号的捕获、解调方法,主要从非合作方式的处理角度来进行分析。

4.5.1.1 小区搜索

WCDMA 的每个小区使用唯一的下行主扰码,也称为小区 ID。下行扰码总数为 8192,分为 64 个扰码组,每个扰码组包含 1 个主扰码和 15 个辅助扰码。512 个主扰码又进一步分为 64 个主扰码组,每组包括 8 个主扰码。

小区搜索用来实现终端与目标小区的同步,并获得目标小区的主扰码。小区搜索过程分为 3 步,分别是主同步、辅同步和导频搜索。首先,主同步对 PSCH 信道作相关,从而找到时隙边界;其次,辅同步在主同步的基础上,利用 SSCH 信道作相关进一步确定帧边界和扰码组号;最后,导频搜索在前两步得到的帧边界和扰码组号基础之上,从一组中的 8 个扰码中选出主扰码。小区搜索流程如图 4.60 所示。

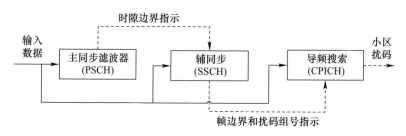

图 4.60 小区搜索流程

1)主同步

WCDMA 的 P – SCH 信道在每个时隙的前 256 个码片传输 PSC 码序列,提供了很好的时隙同步信号。主同步的原理从本质上来说是用本地的 PSC 码序列和接收到的 PSCH 信号做相关。直接做相关会消耗大量资源。根据 PSC 码字设计 PSC 滤波器,对输入信号进行滤波,输出即为相关结果。PSC 滤波器实现结构如图 4.61 所示,其中 m 为过采样因子。

2)辅同步与扰码组识别

S – SCH 信道的结构和 P – SCH 信道的结构相同,时间上完全重合,二者的区

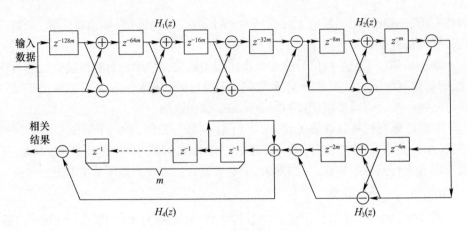

图 4.61　PSC 滤波器实现结构

别在于码字的不同。P－SCH 信道每时隙的 256 个 PSC 码都是相同的,S－SCH 信道的 SSC 码则各个时隙间有所不同,小区与小区之间 SSC 码的组合和排列顺序也是不同的。辅同步码共有 16 种,15 个时隙构成了一种 SSC 码组合,每种码组合代表了一种主扰码组号。

　　由于时隙同步完成后本地时隙定时已经确定,因此,将本地产生的 16 个辅助同步码分别与接收数据进行相关,从而确定发送的辅同步码序列。最后,根据得到的辅 SSC 序列在扰码组号与辅同步码的关系表中进行查表,确定发射所选取的码组号,进而得到辅同步码序列的相位偏移量。根据序列的相位偏移信息和已经得到的时隙定时,就可以得到帧定时。辅同步实现原理框图如图 4.62 所示。

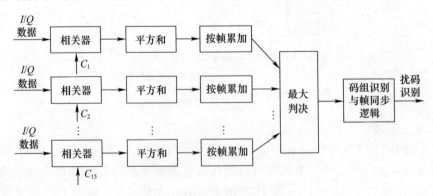

图 4.62　辅同步实现结构框图

3）导频同步与主扰码识别

　　WCDMA 每个小区有唯一的主导频信道(P－CPICH),导频信道采用信道化码为 $C_{256,0}$,扰码为小区主扰码。

根据识别出的扰码码组和帧定时,将匹配滤波后的 I、Q 两路信号与该码组中的 8 个主扰码作并行相关运算,输出结果求平方和并按符号累加,然后进行择大判决、与门限比较等操作完成主扰码搜索,同时,也可以获得帧边界信息。导频同步原理图如图 4.63 所示。

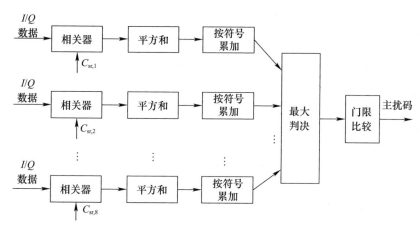

图 4.63 导频同步原理图

当扰码和帧边界确定后,就可以对其他码道进行解扩解调了。

4) 频偏估计与补偿

WCDMA 系统中,频偏主要由两方面引起:一方面是移动台移动所引起的多普勒频移,它是由发送端和接收端相对位置的变化引起频率和传输时间的变化;另一方面则是由基站与移动台的本地振荡频率之间的固定偏差引起的。通常的频偏估计方法有基于 FFT 的算法以及延时共轭相乘法(也即是差分鉴频法),这里采用基于 FFT 的算法,实际系统的应用验证了其良好的性能。

信号经过高斯白噪声信道,经接收滤波、采样后得到输出信号,即

$$x_k = c_k a_k e^{j(2\pi f_e k T_c + \theta)} + n_k \tag{4.46}$$

式中:c_k 为信道系数;a_k 为扩频序列的第 k 个码片;f_e 为实际频率偏差;T_c 为扩频序列的码片周期;θ 服从 $[-\pi, \pi]$ 上的均匀分布;n_k 服从 $(0, \sigma^2)$ 的高斯分布。

假设解扩因子为 N,可以得到解扩后的序列为

$$y_i = \sum_{l=0}^{N-1} x_{iN+l} a_{iN+l}^* \tag{4.47}$$

将式(4.46)代入式(4.47)可以得到

$$y_i = c_{iN} e^{j(2\pi f_e l T_c)} e^{j\theta} \sum_{l=0}^{N-1} \{ e^{j2\pi f_e l T_c} \} + \sum_{l=0}^{N-1} n_{iN+l} \tag{4.48}$$

解扩后的信噪比为

$$\mathrm{SNR}_y = \frac{\left(\sum_{l=0}^{N-1} \mathrm{e}^{\mathrm{j}2\pi f_e l T_c}\right)^2 E[c_{iN}^2]}{E\left[\left(\sum_{l=0}^{N-1} n_{iN+l}\right)^2\right]} = \frac{1}{\sigma_N^2} \frac{\sin^2(\pi f_e N T_c)}{N\sin^2(\pi f_e T_c)} \qquad (4.49)$$

可以定义

$$r(N) = \frac{\sin^2(\pi f_e N T_c)}{N\sin^2(\pi f_e T_c)} \qquad (4.50)$$

所需导频信道解扩信息是由 FPGA 中的小区搜索模块得到后再传输至 DSP 的,为了简化,可直接采用 512 码片解扩。

式(4.47)改写为

$$y_i = c_i'(\mathrm{e}^{\mathrm{j}\Psi(f_e)})^i \mathrm{e}^{\mathrm{j}\theta'} A(f_e) + n_i' \qquad (4.51)$$

其中

$$c_i' = |c_{iN}|, \Psi(f_e) = 2\pi f_e T_d (T_d = T_c N), A(f_e) = \sum_{l=0}^{N-1} \mathrm{e}^{\mathrm{j}2\pi f_e l T_c}, n_i' = \sum_{l=0}^{N-1} n_{iN+l}$$

定义似然函数为

$$\Lambda(f_i|\theta,c) = p\{y|f_e = f_i, \theta, c\} \qquad (4.52)$$

其中

$$c = (c_0', c_1', \cdots, c_{L-1}'), \quad y = (y_0, y_1, \cdots, y_{L-1})$$

上述似然函数对 θ 取平均,得到

$$\Lambda(f_i|c) = \frac{1}{2\pi} \int_0^{2\pi} \Lambda(f_i|\theta,c)\,\mathrm{d}\theta$$

$$= \exp\left\{-\frac{1}{\sigma^2}\sum_{l=0}^{L-1} |c_l'|^2 |A(f_i)|^2\right\} \cdot \mathrm{I}_0\left(\frac{2|A(f_i)|}{\sigma^2}\left|\sum_{l=0}^{L-1} y_l c_l^* \mathrm{e}^{-\mathrm{j}l\Psi(f_i)}\right|\right)$$

$$\qquad (4.53)$$

式中:I_0 是一阶贝塞尔函数。

令 $y_l' = y_l c_l^*$,可以得出 $y' = (y_0', y_1', \cdots, y_{L-1}')$ 在 f_i 频率点的 DFT 变换为

$$Y_i = \mathrm{DFT}(y', f_i) = \sum_{l=0}^{L-1} y_l' \mathrm{e}^{-\mathrm{j}\Psi(f_i)} = \sum_{l=0}^{L-1} y_l' \mathrm{e}^{-\mathrm{j}2\pi l f_i T_d} \qquad (4.54)$$

定义 z_i 为

$$z_i = \ln(\Lambda(f_i)|c) = \ln \mathrm{I}_0\left(\frac{2|A(f_i)|}{\sigma^2}|Y_i|\right) - \frac{1}{\sigma^2} |A(f_i)|^2 \sum_{l=1}^{L} |c_l'|^2 \qquad (4.55)$$

在实际中,不可能根据无限长的假设频率偏差计算得到它们各自相应的条件似然函数,可以设定 k 个假设频率偏差。假设 k 为 2 的幂次方,这样可以使用 FFT

快速运算。然而,对有限个(k 个)假设值,频率估计的精度受限于 FFT 的最小可分辨频率。对解扩后的信号来说,此时的码元周期为 T_d,所以最小可分辨频率 $\Delta f = 1/(T_d K)$。

实际频率偏差为

$$f_i = \begin{cases} (i-1)\Delta f, & 1 \leq i \leq \dfrac{k}{2}+1 \\[2mm] -(k-i+1)\Delta f, & \dfrac{k}{2}+1 < i \leq k \end{cases} \tag{4.56}$$

对 k 个统计量 $z = (z_0, z_1, \cdots, z_{k-1})$,式(4.55)可以表示为

$$z = I_0\left(\frac{2a^{\mathrm{T}}|Y|}{\sigma^2}\right) - \frac{\mathrm{Ldiag}(aa^{\mathrm{T}})}{\sigma^2} \tag{4.57}$$

式中:$a = [\,|A(f_0)|, |A(f_1)|, \cdots, |A(f_{k-1})|\,]^{\mathrm{T}}$;$Y$ 是 y' 的 k 点的 FFT,如果 a 有如下性质:

$$A(f_i) \approx A, \forall i \tag{4.58}$$

则可以得到简化次优的算法:

$$z' = |Y| \tag{4.59}$$

将得到的 z 进行二次插值可以得到很好的估测效果。z 的最大值对应点为 (f_J, z_J),则由 (f_{J-1}, z_{J-1})、(f_J, z_J) 和 (f_{J+1}, z_{J+1}) 确定的二次拟合曲线为

$$z = v_1 f^2 + v_2 f + v_3 \tag{4.60}$$

经计算可以得到估测值为

$$\hat{f}_e = f_J + \left[\frac{3z_{J-1} - 4z_J + z_{J+1}}{2z_{J-1} - 4z_J + 2z_{J+1}} - 1\right]\Delta f \tag{4.61}$$

由频率估计值 $\hat{f}_e$,得到频率校正因子 $\mathrm{e}^{\mathrm{j}(2\pi \hat{f}_e kT_c)}$,可以对零中频信号进行校正。

5) 信道估计与补偿

信道估计有非连续导频符号辅助的信道估计(串行方式,如 WMSA)和利用连续导频信道 P_CPICH 的信道估计(并行方式)两类方法。前者用在 DPCH 中,导频符号是系统预定义的,适用于上行链路;后者采用的是公共导频信道 P_CPICH,仅下行链路可用。在连续导频方式下,P_CPICH 符号固定为 $A = 1 + j$,扩频因子为 256,扩频码固定为全 1,称为 pilot 信号。这样就可在本地产生一个 pilot 信号 A,同时利用从空口接收的数据对 P_CPICH 信道进行解扰解扩,得到传送来的 pilot 信号 B。然后用该信号 B 除以原始发送的公共导频信道信号 A(本地产生)就得到了信道函数 $C = B/A$。

把信道估计值$\hat{C}$与各个码道的解扩解扰后符号级数据相乘即可校正信道失真以及剩余频偏、相偏等误差。

4.5.1.2 迟早门跟踪

捕获是一个扩频信号接收处理中粗同步的过程,可以使本地 PN 码与接收信号 PN 码的相位差控制在一个码片范围之内。在实际情况下,发送来的伪码序列因噪声的污染,传送信道的衰落等,相位状态会受其影响而出现波动,甚至某种偶然性改变,使得与已经相位一致的本地伪码序列又出现某种相位抖动偏差或者偏离。所以,为了准确可靠地工作,除了要实现伪码捕获外,还要实现伪码序列的同步跟踪,也就是细同步。要建立本地伪码序列相位对发送来的伪码序列相位的跟踪,需要计算两序列相位差(或对该相位差的估值),根据这个相位差产生控制信号,调整本地伪码序列相位,使其与发送来的伪码序列相位完全一致。能实现这种功能的是具有 S 形曲线的鉴相器,其鉴相曲线是利用伪码序列的自相关特性实现的。

可以采用基于迟早门的扩频码扰码跟踪方法,迟早门跟踪原理框图如图 4.64 所示。P – CPICH 信道的扩频码和扰码都是固定的,因此可以利用 P – CPICH 信号完成下行信号的跟踪。

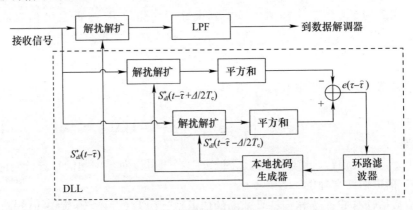

图 4.64 迟早门跟踪原理框图

超前 PN 码与滞后 PN 码分别和标准 PN 码有 $0.5T_c$(码片速率)的相位差,将滞后支路能量累加值与超前支路能量累加值的差值作为相位误差信号。鉴相器的输出 $C(k)$ 由下式确定,即

$$C(k) = \sqrt{I_L^2(k) + Q_L^2(k)} - \sqrt{I_E^2(k) + Q_E^2(k)} \tag{4.62}$$

式中:$I_L(k)$、$Q_L(k)$ 和 $I_E(k)$、$Q_E(k)$ 分别为滞后支路同相、正交分量和超前支路同相、正交分量。图 4.65 为迟早门鉴相曲线。

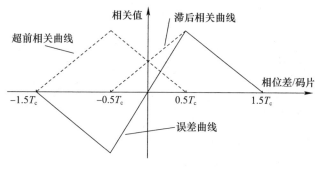

图 4.65　迟早门鉴相曲线

4.5.1.3　解扰解扩

1）下行信号解扩

从高速扩频数据流中恢复出基带信号就是解扩。解扩是扩频的逆操作,其方法是将扩频后的码片序列乘以扩频时使用的码片序列,然后进行积分,消除噪声和其他信道的干扰,最终得到原始的比特信号。解扩采用和扩频相同的扩频码,也就是需要同步。解扩前数据速率为码片速率,解扩后数据速率降低为符号速率。

基带信号为 $f(t_m)$,扩频码为 $C(t_n)$,则扩频结果为 $f(t_m) \cdot C(t_n)$,而解扩的过程为

解扩结果 $= (A \cdot 扩频结果) \cdot C(t_n) = A \cdot f(t_m) \cdot C(t_n) \cdot C(t_n) = A \cdot f(t_m)$

式中:A 是系统增益,而 $C(t_n) \cdot C(t_n) = 1$,一般用相关器来实现解扩。

2）下行信号解扰

WCDMA 系统中,下行信号扩频后要进行加扰,采用小区主扰码,码长为 38400个码片,为复扰码结构。因此,在接收机中解扩前首先要进行解扰,解扰是加扰的逆过程,其方法就是将加扰后的码片序列乘以与它们加扰时所使用的码片的共轭,最终得到原始信号。

加扰后的信号可以表示为

$$f_t(t_n) = Y_i(t_n) + jY_q(t_n)$$
$$= (X_i(t_n) + jX_q(t_n)) \cdot (SC_i(t_n) + jSC_q(t_n)) \quad (4.63)$$

式中:$X_i(t_n) + jX_q(t_n)$ 为复基带信号;$SC_i(t_n) + jSC_q(t_n)$ 为复扰码,解扰过程为

$$f_r(t_n) = f_t(t_n) \cdot [SC_i(t_n) + jSC_q(t_n)]^* = 2(X_i(t_n) + jX_q(t_n)) \quad (4.64)$$

解扰的实现框图如图 4.66 所示。

4.5.1.4　Rake 接收

Rake 接收技术是第三代移动通信中的一项关键技术。在移动通信信道中,由

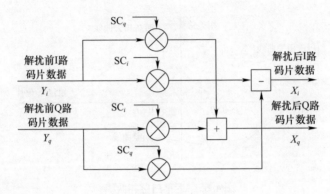

图 4.66　解扰的实现框图

于信号带宽较宽,存在多径现象,接收信号会受到多径衰落的影响。Rake 接收技术实际上是一种多径分集接收技术。

　　Rake 接收机利用多个相关器分别检测多径信号中最强的 M 个支路的信号,然后对每个相关器的输出进行加权合并,以提供优于单路相关器的信号检测结果,然后在此基础上进行解调和判决。原理框图如图 4.67 所示。

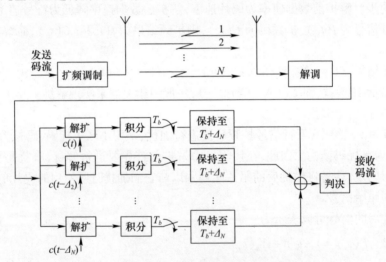

图 4.67　Rake 接收原理框图

　　针对 3G – WCDMA 移动通信系统,在侦察接收机中实现了对其下行信号的 Rake 接收,实现框图如图 4.68 所示。

　　对于下行信道来说,通过对 P – CPICH 信道作滑动相关运算完成信道估计,以检测信道多径时延的幅度和相位信息。

　　多径搜索通过设置适当的门限选择幅度最大和延迟适当的多径信号(最多 4

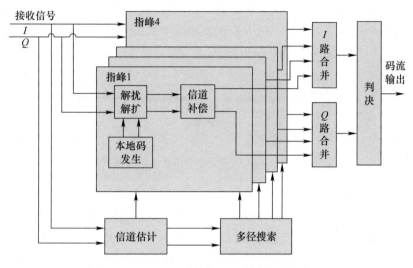

图 4.68　WCDMA 系统中 Rake 接收机原理框图

径)并分配给各个指峰。码发生器和解扰解扩根据信道估计和多径搜索提供的多径信息对 I、Q 信号进行解扩和积分处理,得到用户数据符号。解扰解扩后的用户数据符号经信道补偿后进行最大比合并(MRC),并送至后端译码电路。

在 WCDMA 下行 Rake 接收机中,采样率取 8 倍码片速率,基带 IQ 数据进行小区搜索后,得到时隙头、帧头和主扰码,再送入 Rake 接收机中进行多径合并,输出的数据送入后端译码电路进行处理。

4.5.1.5　上行信号解调

在 WCDMA 系统中,上行信道包括专用物理信道(DPDCH)和随机接入信道(PRACH),下面以随机接入信道的接收为例介绍 WCDMA 中对上行信号的非合作解调。

PRACH 信道由 1 个或多个长度为 4096 码片的接入前缀和一个长度为 10ms 或 20ms 的消息部分组成。接入信道结构及定时关系如图 4.69 所示。终端按照接入时隙发射介入前导,尝试接入,当接收到允许接入的响应信息后,发射接入消息。

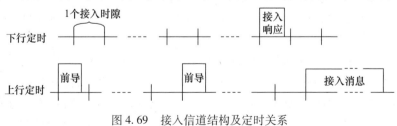

图 4.69　接入信道结构及定时关系

　　网络通过检测接入前导获取终端的上行信号延时和终端所采用的特征码,这两个参数用于接收接入消息。前导检测在小区参数的引导下工作。因此,接入信道的非合作解调整体框图如图4.70所示。

图4.70　接入信道的非合作解调整体框图

1)前导捕获

　　接入前导由4096码片的特征码(签名序列)组成。特征码由16阶的Walsh码经过256次重复后得到。特征码之间是完全正交的。1个小区最多有16个特征码可以选用。同一小区下的终端选用不同的特征码,最大限度地避免了各个终端随机接入传输之间的干扰。

　　接入前导的调制表达式为

$$C_{\mathrm{pre},n,s}(k) = S_{r-\mathrm{pre},n}(k) \times C_{\mathrm{sig},s}(k) \times \mathrm{e}^{\mathrm{j}(\frac{\pi}{4}+\frac{\pi}{2}k)} \tag{4.65}$$

式中:$k=0,1,2,\cdots,4095$;$S_{r-\mathrm{pre},n}(k)$是前导扰码序列,$S_{r-\mathrm{pre},n}(k)=C_{\mathrm{long},1,n}(i)$,$i=0,1,2,\cdots,4095$。标准3GPP TS25.211中对扰码$C_{\mathrm{long},1,n}(i)$进行了定义,$n$表示扰码的序号,$n=16 \times m + p$,其中$m$为小区主扰码,$p$为常数,这两个值都是由网络配置的。

　　对于非合作接收来说,除了确定前导调制表达式中的参数外,频偏捕获范围和码片捕获范围都是实际侦收中需要考虑的问题,具体分析如下。

　　通过对小区配置参数的解析,可以得到前导扰码相关的参数m和p,从而可以确定扰码序号。根据侦收设备的侦收距离,可以确定码片捕获的范围,假设侦收半径为5km范围,3.84Mc/s对应的传播距离为78.125m,则可以换算出,上行码片捕获范围为$N=5\mathrm{km}/78.125\mathrm{m}=64$。

　　在扩频序列的捕获过程中,侦收方需要对所有可能的相位进行测试,以确定正确的时延值。扩频码捕获有并行捕获法和串行捕获法。

　　假设检测检测窗长为64个码片周期,基带采样率为2倍码片速率,因此,需要检测的相位个数为128路。

　　从前导4096个码片的开始取3组数据,每组1024个码片。采用捕获+确认的检测方式。配置一组运算模块,支持1024个码片,128个相位并行检测。捕获原理是:对第一组码片进行16个特征码的相关检测,128×16路相关值分别与门限比较,完成特征码检测,并确定了该特征码对应的前导信号的延时值。前导捕获原理框图如图 4.71 所示。

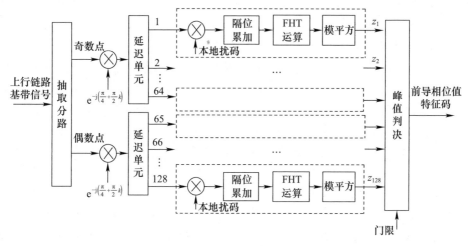

图 4.71　前导捕获原理框图

快速哈达码变换(FHT 运算)是根据 OVSF 码的特性,完成 16 组特征码的相关运算。FHT 运算是一个类似 FFT 的变换模式,通过 4 次叠形运算后,输出并行的 16 个值,代表与相应的特征码相关的结果,最大值出现的序号就是特征码,而这个最大值就可以看作相关值。采用 FHT 的方法代替并行匹配滤波器识别特征码,运算量由 N^2 次加法减少为 $N\log\log_2^N$ 次($N=16$),可以大大节省资源。

判决门限 Trh 与背景噪声 V 有关,$Trh = \alpha V$,α 是常数。在实际系统中,若能对背景噪声 V 进行估计,就可以根据当前背景噪声的大小设置门限。也可以利用检测变量序列的时间平均代替统计平均作为背景噪声,即

$$V \approx \frac{1}{N} \sum_{k=1}^{N} Z_k \qquad (4.66)$$

对第二组、第三组码片进行相关处理。此时的相关处理与只需捕获过程的检测结果运算即可。原理框图与捕获过程类似,不同的地方是:每个相关处理模块不需要进行 FHT 运算,只需采用捕获过程中输出的特征码即可,确认过程的单个相关处理模块如图 4.72 所示。

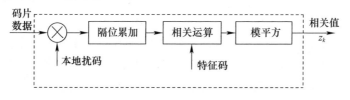

图 4.72　确认过程的单个相关处理模块

捕获＋确认的相关检测方法既提高了检测概率,又降低了误检率。在实际侦收设备中得到了应用,通过对实际的 WCDMA 上行信号接收试验表明,检测效果可以满足实际侦收需要。

2) 消息接收

在 WCDMA 系统中,下行信道的接收是基于导频信道的 Rake 接收机结构。与下行 Rake 接收结构不同的是上行信号接收采用基于离散导频的 Rake 接收机结构。这里以上行信道 PRACH 信道的消息部分的接收为例来介绍上行信号的非合作解扩解调,上行 DPCH 的解扩解调方法与此类似。

(1) PRACH 消息部分帧结构。PRACH 信道消息部分由并行的数据部分和控制部分采用码分复用方式传输。数据部分承载 PRACH 传输信道;控制部分的导频信息已知,传输格式指示信息承载物理层的控制信令。数据和控制部分都是独立的 BPSK 调制,采用不同的信道化码。帧长度为 10ms 或 20ms,具体的格式由上层决定。图 4.73 为消息部分的帧结构。10ms 的帧由 15 个时隙组成,每个时隙的长度为 2560 个码片。

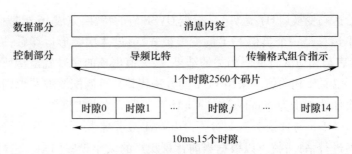

图 4.73　消息部分的帧结构

数据部分信道化码 $C_d = C_{ch,SF,m}$,其中 $m = SF \cdot s/16$,扩频因子 SF $= 32 \sim 256$。控制部分信道化码 $C_c = C_{ch,256,m}$,其中 $m = 16s + 15$,s 为前导签名码序号。消息部分的复扰码 $S_{r-msg,n}(i)$ 由协议 3GPP TS 25.211 决定,即

$$C_{long,n}(i) = C_{long,1,n}(i) + jC_{long,2,n}(i) \tag{4.67}$$

$$S_{r-msg,n}(i) = C_{long,n}(i+4096) \tag{4.68}$$

其中

$$i = 0,1,\cdots,38399, \quad n = 0,1,\cdots,8191$$

(2) 消息部分接收。对于上行 PRACH 信道消息部分的非合作接收来说,通过前导检测已经获取了上行信号的同步,即上行信号的时延值 Δt。PRACH 的消息部分是基于上行接入时隙发射的,根据前导检测的时延值 Δt,可以得到的消息部分时延值也是 Δt,由此可以确定消息部分第一个码片的起始时刻。前导检测得

到了终端使用的特征码 s,由此可以推算出消息部分的扩频码。

根据引导信息,PRACH 消息的接收过程是:以消息部分的第一个码片位置为中心,设置指峰检测窗口 N(N 个码片),左右各 $N/2$ 个码片,以时隙为单位检测导频序列,然后通过设置的门限对相关峰值序列进行相关峰搜索,选择幅度和延迟适当的多径信号并分配给各个指峰。各个径的延迟分别送入各径的延迟解扰模块,这样各个径的不同位置分布被补偿抵消了,后续各个径的合并可以提高信噪比。多路相关模块的结果除了各径的延迟,还有各径信号的信道估计值。在设计中,相关峰所对应的累积值的复数值就是所对应径的信道估计值。信道估计值求共扼后反乘到解扩后的符号级数据就完成了信道补偿操作。信道补偿操作可以抵消通信信号在无线传输信道中传输所产生的相位偏转和微小频偏所造成的相位偏移。

在得到各个径的估计参数后,就可以对延迟后的各个径的原始基带信号进行解扰和解扩操作。解扰完的数据分别对控制部分和数据部分进行解扩操作,FPGA 实现就是累加求和再平均的过程。

解扩后的数据由码片速率降低到符号速率,在符号级速率进行信道补偿操作后做最大比合并操作,并送至后端判决解映射处理。

PRACH 接入消息部分的解调处理过程如图 4.74 所示。

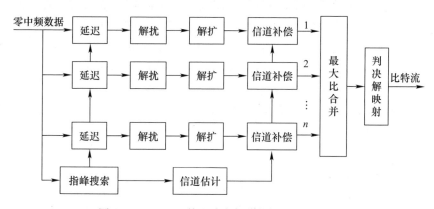

图 4.74　PRACH 接入消息部分的解调处理过程

4.5.2　可变调制方式信号的非合作解调

DVB – S2 是一种广泛应用于卫星通信的标准,其中的可变编码调制(VCM)与自适应编码调制(ACM)类型属于可变调制方式,在该标准中,采用了 8PSK、16APSK、32APSK 等高阶调制方式。适用于 BPSK、QPSK 等低阶调制方式的同步算法直接应用于高阶调制信号的解调,白噪声会增大,导致同步性能下降。高阶调制信号的同步对非合作解调提出了挑战,下面以 DVB – S2 信号为例介绍可变调制方式和高阶调制信号的非合作解调方法。

4.5.2.1　DVB–S2 信号特点

DVB–S2 信号具有以下特点。

（1）支持 4 种调制方式（QPSK、8PSK、16APSK 和 32APSK），编码效率从 2(b/s)/Hz 到 5(b/s)/Hz，可以在非线性信道下可靠传输。

（2）为了提高适应信道失真，设计调制编码参数按帧可调。

（3）基于 BCH + LDPC 级联码的前向纠错系统，在高斯白噪声信道情况下传送时的均方误差离香农极限只有 0.7 ~ 1dB。

（4）支持 3 种滚降系数（0.35、0.25、0.20），频谱利用率高。

对 DVB–S2 信号的非合作解调需要考虑高阶调制信号符号同步和载波同步技术、低信噪比帧同步、基于协议信息的均衡技术。

4.5.2.2　高阶调制信号符号同步技术

DVB–S2 信号是连续波信号，在对其进行非合作解调时，采用基于内插方式的二阶锁相环结构完成符号同步。定时误差提取采用基于 Gardner 算法的改进算法。

对于 BPSK、QPSK、8PSK 等低阶调制样式，Gardner 算法能够提供较好的定时误差估计；但是对于 16APSK、32APSK 和 64APSK 等高阶调制样式，Gardner 算法即使收敛后仍然有较大的白噪声，白噪声通过环路滤波器能够消除一部分，但是仍然有较大的残留。这里通过增加高通滤波器来改善定时误差的性能。利用高通滤波器滤除 $-(1-\alpha)\pi \leqslant \omega \leqslant (1-\alpha)\pi$ 频段内的信号。假设滚降系数 $\alpha = 0.35$，符号速率为 10Msymbol/s，此时，高通滤波器的截止频率设置为 $(1-\alpha)R_s/2 = 3.25MHz$。Gardner 改进算法实现框图如图 4.75 所示。

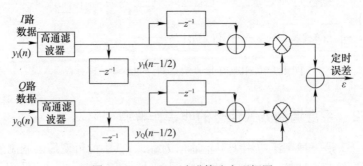

图 4.75　Gardner 改进算法实现框图

4.5.2.3　低信噪比帧同步技术

DVB–S2 物理帧结构和扰码方式如图 4.76 所示。物理层帧头部分由帧起始位置(Start of Frame, SOF)和物理层信令编码(Physical Layer Signalling Code, PLSC)组成。帧头共 90 个符号,其中 SOF 和 PLSC 分别占 26 个与 64 个符号。帧头后面是数据帧,其中又等间隔地插入了导频段,每个导频段有 36 个符号。

帧同步是对 DVB – S2/ DVB – S2X 信号解调的关键环节,尤其在 VCM 和 ACM 模式下,相邻帧的调制样式、编码速率等信息几乎独立,必须准确找到帧头后才能正确解析帧信息,从而获取后级载波同步、解映射、解交织、解码等模块所需的参数。帧头采用低阶的 π/2 BPSK 调制,便于接收系统在低信噪比下捕获帧头(DVB – S2 系统最低信噪比为 – 2. 35dB, DVB – S2X 使用了扩展的物理层帧头,将其降低到约 – 10dB)。

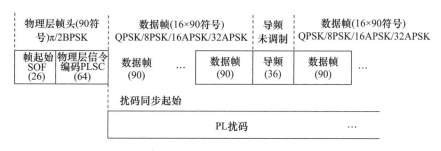

图 4.76　DVB – S2 物理帧结构和扰码方式

1) SOF 相关检测算法

由于帧同步之前不知道该帧的调制方式,所以帧同步往往在符号同步模块之后,这就要求帧同步模块必须能够有效抑制信号中的频偏和相偏。一般的帧同步算法都是对帧起始 SOF 作差分相关,即

$$\Lambda^{D-\text{GPDI}} = \sum_{n=1}^{L_{\text{SOF}}-1} \left| x_k x_{k-n}^* \right| \tag{4.69}$$

其中

$$x_k = \sum_{m=kM}^{(k+1)M-1} r_m c_m^* \tag{4.70}$$

式中:r_m 和 c_m 分别指接收和发送的 SOF 符号,一般 M 设为 2, L_{SOF} 即为 13,由于 SOF 序列是已知的(18D2E82HEX),因此,该算法只需对相邻符号进行两两相关求和。这种算法只利用了 SOF 段的特征,因为 SOF 符号是固定不变的,符号间相关也是固定的值。

2) SOF + PLSC 相关检测算法

基于 SOF + PLSC 段的帧同步算法充分利用了帧头数据特征,具有较好的检测性能。物理层帧头中的 PLSC 段的相邻的奇数个符号和偶数个符号对应的两个比特具有全部相同或相反的关系,因此,相邻的两个符号存在两两共轭关系,即

$$c_{2k-1}^* c_{2k} = \pm j, \quad k = 14,15,\cdots,45 \tag{4.71}$$

SOF 段信息是固定的,同样可以抽取出差分相关信息。因此,基于 SOF + PLSC 段相关的帧同步检测可表示为

$$\Lambda^{D\text{-}GPDI} = \left| \sum_{i=1}^{25} r_i r_{i+1}^* c_i^* c_{i+1} + \sum_{i=14}^{45} r_{2k-1} r_{2k}^* c_{2k-1}^* c_{2k} \right| \tag{4.72}$$

该方法利用了帧头数据的相关特性,能够较好地完成帧同步,仅需完成一重相关运算,复杂度低,无须数据辅助,因此,该方法在 DVB - S2 信号合作接收和非合作接收中都适用。

该算法的弱点是对 SOF 段仅进行相邻符号相关运算,而为了使帧同步检测对频偏不敏感,需满足相关后的一致相位条件,即相关后相位均为 $\Delta\omega T$,这样在相关后求模方可消除频偏的影响。该算法对不同间隔的相关运算直接求模后相加会累积噪声,导致在极低信噪比条件下的相关性能损失,难以检测到正确帧头位置所对应的相关峰,也就无法锁定帧头。因此,在信噪比要求更为严苛的 DVB - S2X 系统中其捕获帧头的能力也相对较弱,需要很长的时间才能完成帧同步。

3）基于导频的相关检测算法

基于上述算法,利用数据帧中的导频信息,可以抽取出更多的符号进行相关,以便有效抑制噪声的影响,降低帧同步相关峰对信噪比的要求。利用导频前后符号相关,需要满足相关后的一致相位条件,以抵抗大频偏带来的影响。导频符号在发送端统一被映射到星座图第一象限,但并不能直接进行前后符号相关。这是由于发射前为使能量均匀分布,数据帧的符号经过了加扰运算,扰码从第一个数据帧的第一个符号开始同步,因此,每一个导频符号都是已知的。第 k 个导频段的第 m 个符号可表示为

$$p_{m,k} = \frac{(1+j)e^{\frac{jR_n(m,k)\pi}{2}}}{\sqrt{2}}, \quad R_n = 0,1,2,3 \tag{4.73}$$

这种固定的相关信息序列可以在帧头相关检测算法的基础上完成辅助帧同步。考虑检测算法性能和运算复杂度,选取前 3 段导频符号辅助相关求和,得出基于导频符号相关辅助的帧同步算法如下:

$$\Lambda^{D\text{-}PILOT} = \left| \sum_{i=1}^{25} r_i r_{i+1}^* c_i^* c_{i+1} + \sum_{i=14}^{45} r_{2k-1} r_{2k}^* c_{2k-1}^* c_{2k} + \sum_{k=1}^{3} \sum_{m=1}^{35} r_{m,k} r_{m+1,k}^* p_{m,k} p_{m+1,k} \right| \tag{4.74}$$

该算法适用于 DVB - S2/DVB - S2X 系统配置为无导频的情况,实际上,这时新方案演变为 SOF + PLSC 方案,此时,本算法相关运算中第三项变为对伪随机序列的求和,期望值为 0,并且,由于序列较长,统计方差大大降低,故不影响帧同步相关求和作为最终的有效相关部分的前两项。

4.5.2.4　高阶调制信号载波同步技术

高阶调制信号载波同步原理如图 4.77 所示。载波同步包括频率粗同步、频率精同步、相位粗同步和相位精同步 4 个组成部分。

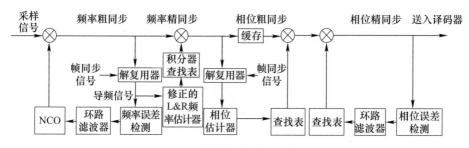

图 4.77　高阶调制信号载波同步框图

频率粗同步采用 M&M 算法通过计算接收信号采样值的自相关函数来实现，自相关函数的表达式为

$$R_l(m) = \frac{1}{L_p - m} \sum_{k=m}^{L_p - 1} z_k^l c_k^* \, (z_{k-m}^l c_{k-m}^*)^*, \quad 0 \leqslant m \leqslant M - 1 \quad (4.75)$$

式中：L_p 为导频区间的符号数；M 为设计参数，其值不超过 $L_p/2$；z_k^l 为第 l 个导频区间的第 c_k 个接收导频符号，为第 k 个参考导频符号。

DVB - S2 物理帧头具有帧起始标志（Start of Frame，SOF），它是一个固定序列 18D2E82HEX，共 26 个符号。M&M 算法利用这 26 个符号对频偏进行估计。M&M 算法频率估计表达式为

$$f_{\text{M\&M}} = \frac{1}{2\pi T_s} \sum_{m=1}^{M} l_m \arg\{R_l(m) R_l^*(m-1)\} \quad (4.76)$$

式中：l_m 为平滑因子，其表达式为

$$l_m = 3 \frac{(L_p - 1)(L_p - m + 1) - M(L_p - M)}{M(4M^2 - 6ML_p + 3L_p^2 - 1)} \quad (4.77)$$

频率精同步采用修正的 L&R 算法，L&R 算法频率估计表达式为

$$f_{\text{L\&M}} = \frac{1}{\pi T_s(M+1)} \arg\left\{\sum_{m=1}^{M} R_l(m)\right\} \quad (4.78)$$

为了提高估计性能，对 L&R 算法进行修正，将对 L 个连续导频区间进行平均，频率估计为

$$f_{\text{L\&M-mod}} = \frac{1}{\pi T_s(M+1)} \arg\left\{\sum_{l=1}^{L} \sum_{m=1}^{M} R_l(m)\right\} \quad (4.79)$$

相位粗同步采用前馈最大似然（Feed Forward Maximum Likelihood，FFML）线性内插法，利用 FFML 估计器在导频区间进行相位估计，然后，利用线性内插获得连

续两个导频区间之间数据部分的相位信息。

FFML 算法对连续导频区间进行相位估计,其表达式为

$$\theta = \arg\left\{\sum_{k=0}^{L_p-1}\left[c(k)\right]^* z(k)\right\} \qquad (4.80)$$

式中:$z(k)$ 为匹配滤波器输出端信号样值;$c(k)$ 为导频符号。

FFML 算法能提供 $[-\pi,\pi]$ 范围内的相位估计,超出时进行相位展开,表达式为

$$\theta_f(l) = \theta_f(l-1) + \alpha \mathrm{SAW}\left[\theta(l) - \theta_f(l-1)\right] \qquad (4.81)$$

式中:$\mathrm{SAW}[\varnothing] = [\varnothing]_{-\pi}^{\pi}$ 为非线性锯齿波将 $\varnothing$ 限制在 $[-\pi,\pi)$;$0 < \alpha \leqslant 1$ 为权重参数。

线性内插算法利用对连续导频区间内的相位估计,得到对数据部分的相位估计矢量,其表达式为

$$\theta(k_s) = \theta(l \cdot L_s) + \left[\theta((l+1) \cdot L_s) - \theta(l \cdot L_s)\right]\left(\frac{k_s}{L_s}\right) \qquad (4.82)$$

相位精同步对于 QPSK 和 8PSK 采用导频辅助的线性内插法进行相位精同步;对于 16APSK 和 32APSK 两种高阶调制样式,需要经过 Q 次方闭环 NDA 算法进行相位精同步。

Q 次方闭环 NDA 算法相位误差检测表达式为

$$q(k) = \left[z(k)\right]^Q e^{j\beta} \qquad (4.83)$$

$$e_{\varnothing}(k) = I_m\left\{q(k)\left\{\mathrm{sign}\left[\mathrm{Re}(q(k))\right] - j\mathrm{sign}\left[\mathrm{Re}(q(k))\right]\right\}\right\} \qquad (4.84)$$

16APSK 时,$\beta=0$,$Q=3$;32APSK 时,$\beta=\pi/4$,$Q=4$。误差信号 $e_{\varnothing}(k)$ 用来更新一阶环路的相位,根据 $\varnothing(k) = \varnothing(k-1) - \gamma_{\varnothing}e_{\varnothing}(k)$,环路增益和带宽 $B_{L\varnothing}$ 关系如下:

$$\gamma_{\varnothing} = \frac{4B_{L\varnothing}T_s}{A_{\varnothing}(1 + 2B_{L\varnothing}T_s)} \qquad (4.85)$$

4.5.2.5　基于协议信息的均衡技术

无线信道和接收端模拟设备的非线性会导致解调符号出现码间串扰(Inter-Symbol Interference,ISI),高阶调制信号对此尤为敏感,这就需要在符号同步、载波同步和自动增益控制之后使用均衡。

在低阶调制方式下,为了使均衡加速收敛,可使用改进的 LMS 算法,该算法适用于有导频和无导频模式。在 16APSK 和 32APSK 等高阶模式下,LMS 算法在有导频模式下的均值判决将消耗大量硬件资源,并且与前级 AGC 参数相关,缺乏灵活性,在无导频模式下难以应用,在这里考虑采用适用范围更广的恒模算法(CMA)。

低阶调制方式下采用 signed DD-LMS 算法,其实现结构与普通 LMS 算法相

同,signed DD – LMS 算法原理如图 4.78 所示。

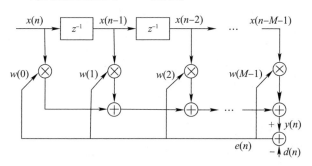

图 4.78　signed DD – LMS 算法原理

LMS 算法由延时单元、乘法器、加法器和误差控制单元组成。一般 LMS 算法误差控制的抽头系数迭代公式为

$$w_i(n+1) = w_i(n) + 2\mu e(n)x(n-i) \qquad (4.86)$$

式中:$e(n) = d(n) - y(n)$;变量除 μ 之外均为复数;$d(n)$ 是输入信号期望值,即信号判决结果。对于 QPSK 和 8PSK,由于随机梯度算法特性,在信噪比较低时梯度计算误差较大导致均衡收敛缓慢,同时考虑到算法的硬件实现复杂度,所以在此场景下可使用 signed DD – LMS 算法,即只将接收信号的符号代入 LMS 均衡。判决区域划分对于 QPSK 即用接收符号的 I、Q 两路符号判断属于哪个象限;对于 8PSK 可以通过定向旋转 $\pi/8$ 来判断其属于哪个 $\pi/4$ 区域。其复抽头系数迭代公式为

$$w_i(n+1) = w_i(n) + 2\mu e(n)\mathrm{sign}[x(n-i)] \qquad (4.87)$$

对于高阶调制信号,可采用导频辅助类均衡算法,该类算法利用已知导频符号作为先验信息,缺点是对计算资源消耗较大,并且无法在无导频模式下工作。因此,可采用恒模均衡算法,该算法无须导频符号等先验信息,使用 16APSK 和 32APSK 的星座点模值 $R_M(n)$ 作为判决期望值,如图 4.79 所示。

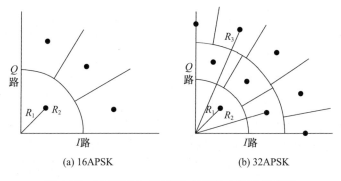

(a) 16APSK

(b) 32APSK

图 4.79　16APSK 和 32APSK 恒模均衡算法期望值

由于物理帧头信息经符号同步和载波粗同步已经能够判决,根据 DVB－S2/DVB－S2X 协议 R_2/R_1 和 R_3/R_1(仅限 32APSK)都是已知量,结合前级 DAGC 的参数即可估出 $R_M(n)$。该算法和 LMS 算法有着相同的结构,区别仅在于误差估计和抽头复系数迭代公式,后者可表示为

$$w_i(n+1) = w_i(n) + 2\mu e(n)x^*(n)$$

$$= w_i(n) + 2\mu [R_M^2(n) - |y(n)|^2]y(n)x^*(n) \qquad (4.88)$$

对于 DVB－S2 和 DVB－S2X 信号非合作解调,采用自适应盲均衡算法,在信噪比较低的低阶模式下,使用对星座点位置不敏感的 signed DD－LMS 算法,在信噪比较高的高阶调制方式下,采用以星座点模值为判决期望的 CMA 算法,是一种能够有效抵消 ISI,并且兼顾收敛速度与实现复杂度的方案。

在 DVB－S2/DVB－S2X 系统的 VCM 和 ACM 工作模式中,每个信息帧所采用的调制样式可能不同。因此,在均衡之前,需要从物理层帧头中信息中提取 PLSC 信息,确定该帧数据部分的调制方式,根据调制方式选择相应的均衡算法,并根据帧结构确定均法处理的起止位置。

4.5.3　复合调制信号的非合作解调

4.5.3.1　复合调制

复合调制技术是模拟通信向数字通信发展过程中出现的。随着通信技术的发展,数字通信在 HF、VHF、UHF 频段中得到大量的应用,但是模拟话音通信仍占有很大的比例,在军事、民用领域都有使用,如 FM 调频电台、出租车车载电台、警务系统中各种勤务电台、民用与军用飞机导航台、军用战术模拟电台、渔业电台和海事搜救电台等。

在数字化进程中,为了使已有模拟通信系统顺利过渡,人们考虑对现有模拟通信系统进行技术升级与改造,即在保留原有模拟通信功能的基础上,可以实现数字通信。这种改造后的模拟通信系统通常称为复合调制通信系统,其发射的信号称为复合调制信号。复合调制外层采用 AM、FM 等模拟调制,内层采用 FSK、PSK 等数字调制方式。

在不同的资料中,复合调制又称为二次调制、组合调制、混合调制。但是从本质来上,都是采用模拟发射通道传输数字信号的方法。

复合调制的一般过程是:在传统 AM、FM 模拟通信系统中,先对数字信息进行一级数字调制,即用数字信号去调制第一个载波(可称为副载波),再进行模拟调制,即用已调副载波或副载波与话音的复用信号再去调制一个公共载波。复合调制信号时域可表示为

$$S_{HM}(t) = A(t)\cos(2\pi f_c t + \varphi(t) + \theta_0) \tag{4.89}$$

式中:$A(t)$、$\varphi(t)$分别为已调数字信号或数字信号与模拟信号的混合信号;f_c为载波频率;θ_0为初始相位。

按复合调制信号中数字信号复合方式及利用频带资源方式的不同,复合调制大致分为加性复合调制、键控复合调制和乘性复合调制三类。模拟调制一般采用 AM、FM 等,数字调制方式种类繁多,常见的组合包括 AM – MSK、AM – MSK、AM – MPSK 和 FM – MFSK、FM – MSK、FM – MPSK 以及用于声音广播的 AM – VPSK、AM – VMSK 等。如超短波频段的 ACARS 和 MPT – 1327 协议中信号调制参数如表 4.7 所列。

表 4.7　ACARS 和 MPT – 1327 协议中信号调制参数

信号类型	调制方式	副载波频率/kHz	调制速率/kBaud
ACARS	AM – MSK	1.8	2.4
MPT – 1327	FM – MSK	1.5	1.2

对复合调制信号进行非合作解调框图如图 4.80 所示。

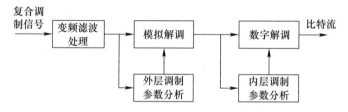

图 4.80　复合调制信号进行非合作解调框图

复合调制信号的频谱表现出来的是模拟调制的特性,因此,首先对其进行模拟解调,恢复数字调制信号,AM 调制可以采用包络检波,FM 可以采用鉴频处理的方法;然后分析内层数字调制参数,得到载频、符号速率等参数,再引导内层解调。内层调制需要根据采用的数字调制方式选择不同的处理方法,具体可以参见 4.3 节相关内容。

需要说明的是,为了达到最佳的解调性能与最低的工程代价,需要根据复合调制的具体参数与接收条件设计解调方案。下一节以航空领域中广泛使用的 ACARS 信号为例,对其非合作解调方法进行详细分析。

4.5.3.2　ACARS 信号非合作解调

ACARS 是根据 ARINC(美国航空无线电公司)的有关技术规范开发的飞机通信、寻址及报告系统的简称(即 ARINC Communication Addressing and Reporting System)。以 ACARS 系统为核心的 VHF 地空数据链,可以实现地空数据双向实时

通信,而且数据传输量大、传输速度快、抗干扰能力强、正确率高,尤其是利用
ACARS 可以开发数字化、智能化、集成化程度很高的飞机运行管理的综合应用系
统,因此,ACARS 在国内民航业得到了越来越广泛的应用。

1) ACARS 码元与 MSK 码元异同及转换关系

ARINC618 协议明确规定了现阶段民航广泛使用的 ACARS 信号,其调制解调
方式采用最小频移键控(MSK)的方式,即 ACARS 信号是包络恒定、正交的信号。
然而,在 ARINC618 协议的附件 5 中进一步明确了民航采用的地空数据链通信信
号与典型的 MSK 信号不同之处,主要体现在信号的调制和解调过程中码元的定义
不同。

具体来讲,在 ACARS 信号中有两种频率的载波,载波频率分别为 2400Hz 和
1200Hz,如图 4.81 所示。

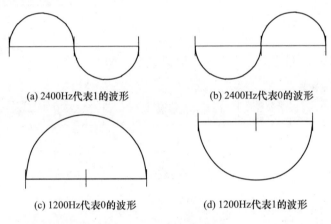

(a) 2400Hz代表1的波形　　(b) 2400Hz代表0的波形

(c) 1200Hz代表0的波形　　(d) 1200Hz代表1的波形

图 4.81　ACARS 信号码元

图 4.81 中波形用 sin 函数表示,2400Hz 的信号是一个高频信号,在一个码元
周期内是一个完整的正弦波;1200Hz 的信号是一个低频信号,在一个码元周期内
是半个周期的正弦波。在一个码元周期内信号是高频且起始相位是 0 时,那么它
所代表的码元值为 1;在一个码元周期内信号是高频且起始相位是 π 时,那么它所
代表的码元值为 0;在一个码元周期内信号是低频且起始相位是 0 时,那么它所代
表的码元值为 0;在一个码元周期内信号是低频且起始相位是 π 时,那么它所代表
的码元值为 1。典型的 MSK 信号在一个码元周期内,高频信号代表的码元值为 1,
低频信号代表的码元值为 0。由此可知,ACARS 信号与典型 MSK 信号最大的区别
在于它们编码方式不同,即 ACARS 信号是通过频率与相位的不同组合编码,而典
型 MSK 信号仅通过频率编码。

地空数据链下的 ACARS 报文信号采用最小频移键控(MSK)调制,载波频率

为1200Hz 和2400Hz,共有 4 种编码方式,与传统的 MSK 信号不同,这就决定了不能单纯用传统 MSK 信号的调制解调方式进行 ACARS 信号的处理。图 4.82 给出了同一波形下对应的 ACARS 信号和传统 MSK 信号编码序列,可以看出两者之间的区别。

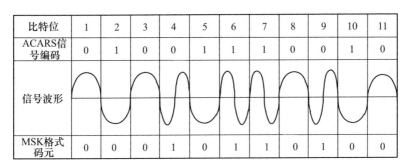

比特位	1	2	3	4	5	6	7	8	9	10	11
ACARS信号编码	0	1	0	0	1	1	1	0	0	1	0
信号波形											
MSK格式码元	0	0	0	1	0	1	1	0	1	0	0

图 4.82　ACARS 码元与 MSK 异同

传统的 MSK 信号在一个码元周期内,当前载波频率为低时码元为“0”,当前载波频率为高时码元为“1”,即信号的码元只与载波频率有关。ACARS 报文信号除与载波频率有关外,还与信号的初始相位有关,即一个码元周期内,码元为“0”有两种可能——正半周期的 1200Hz 信号和相位为 π 的 2400Hz 信号;码元为“1”也有两种可能——负半周期的 1200Hz 信号和相位为 0 的 2400Hz 信号。ACARS 独特的编码方式使其具有更高的抗干扰性能,在更远距离下的信号传输误码性能更低。

对相同的信号波形,对应的 ACARS 序列和传统 MSK 序列式不同,这就决定了在进行信号调制时不能用相同的方法进行处理,需要实现 ACARS 码元与传统 MSK 码元的转换。

对应上述信号波形,根据不同的编码方式可以得到不同的编码序列。根据 618 协议规定得到 ACARS 信号格式编码序列 P,$P = \{0,1,0,0,1,1,1,0,0,1,0\}$;根据典型 MSK 信号编码规则,得到序列 C,记序列 $C = \{0,0,0,1,0,1,1,0,1,0,0\}$。如果要将 MSK 应用于 ACARS 信号的调制解调,就必须解决上述的差异。这就需要解决两个基本问题。

(1) 建立两种信号编码的关系。

(2) 确保转换无歧义性,即在上述关系下,码元的转换是唯一的。

从 C 到 P 的关系为

$$c_k = p_k \oplus p_{k-1} \oplus 1$$

从 P 到 C 的关系为

$$p_k = c_k \oplus 1 \oplus p_{k-1}$$

式中:$\oplus$表示 mod2 的加法。

2) ACARS MSK 信号解调

(1) 前导码(Prekey)检测。Prekey 字符由一串固定长度的二进制"1"组成,信号由初始相位为 0、频率为 2400Hz 的"高频"信号组成,其持续时间为 8.3~83ms,即 20~200 个完整周期的"高频"信号,如图 4.83 所示。

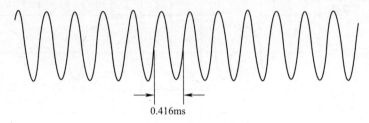

图 4.83   ACARS Prekey 信号

ARINC618 协议中规定,前导码码元为"1"。根据前文的分析,码元为"1",并且是高频信号,那么,这个完整周期的正弦波相位为 0。

在进行报文解调时,持续检测信号频率,当检测到有连续 20 个以上的 2400Hz 频率信号出现时,即认为检测到了一条有效的 ACARS 报文,解调工作开始。

(2) 同步字符检测。同步字符 < + > 和 < * >,之后为两个字同步字符 <SYN>,其中 < + > 字符中含有 1200Hz 的频率成分,连续检测 1200Hz 频率分量,即可以确定此 ACARS 报文中的起始位,即报文信号的初始相位。

(3) ACARS 消息接收。依据 ARINC618 协议可知,ACARS 信息以 <SOH> 字符作为开始标志,其 ISO-5 编码数值为 0x01,以 <DEL> 字符为结束标志,其 ISO-5 编码数值为 0x7F,当检测到有"01111111"序列时,即表明当前的 ACARS 报文已经结束。对每个字符信息校验后即完成了本条报文的解调。解调器进入到下一个报文检测周期。

4.5.4   高速宽带信号非合作解调

在现代数字通信中,高速的数据业务需求与低速的处理平台是一对矛盾。在通信侦察领域,虽然数字处理芯片的处理速率取得了很高的发展,但是高速解调器的实现与处理平台硬件处理速度之间依旧存在巨大的差距。目前,高速解调器主要基于高速 FPGA 来实现,FPGA 中的处理时钟一般可以达到 200~300MHz 的级别,采样传统的串行解调处理方法在现有可编程逻辑器件上根本不可能实现几百 Mb/s、上 Gb/s 的解调处理。

为了解决这个矛盾,可以从两方面进行考虑:一方面采用全并行的接收机架构,降低单路数据速率,满足目前可编程逻辑器件的处理速度要求;另一方面研究并行的数字下变频算法、并行同步算法、并行均衡算法。

高速解调器一般采用零中频解调方案,采用同步采样方案。下面介绍适用于非合作解调的并行处理解调架构,重点分析适用于高速信号的并行同步技术。

4.5.4.1 并行解调架构

目前,高速并行解调架构主要有两类:一类为时域并行构架;另一类为频域并行构架。时域并行解调架构采用传统的串行解调算法,通过并行放置计算资源的方式完成并行处理,这种架构随着并行路数的增多,耗费的资源急速增加。下面介绍近年来发展很快的频域并行解调架构。

1994 年,美国国家航空航天局(NASA)的喷气推进实验室(Jet Propulsion Laboratory,JPL)提出了并行接收结构 PRX(Parallel Receiver),随后,他们在此基础上又对其进行理论优化和修改,并于 1997 年提出升级版全数字并行接收机(All-Digital Parallel Receiver,APRX)。

APRX 并行接收机通过快速傅里叶变换(FFT),将过采样数据转换到频域中处理以实现对信号的全数字并行处理。数字信号在频域中表现为不同的频率分量的抽样,根据卷积定理,时域卷积等效于频域乘积,因此,在频域中,对离散的频率分量进行乘法运算,即可完成解调中的匹配滤波、低通滤波、符号同步和均衡等处理。由于充分利用了傅里叶变换以及频域处理的优势,所以,性对于时域并行处理,APRX 架构大大降低了资源消耗量,APRX 并行解调架构如图 4.84 所示。

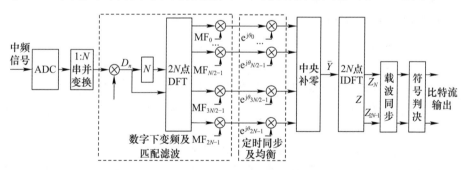

图 4.84 APRX 并行解调架构

输入为低中频模拟信号,经高速 ADC 对采样后得到串行采样序列 s_i,采样速率为 LR_s,R_s 为符号速率,L 为过采样倍数,一般情况下取 $L=4$。将串行采样序列做 $1:N$ 的串并转换,即得到一个 $N \times 1$ 的并行序列,即

$$\boldsymbol{S}_n = \begin{bmatrix} s_{nN} & s_{nN+1} & s_{nN+2} & \cdots & s_{nN+N-2} & s_{nN+N-1} \end{bmatrix}^{\mathrm{T}} \qquad (4.90)$$

式中：n 为整数，表示第 n 组经串并转后的输出序列。

S_n 通过一组并行乘法器组与本地载波实现混频，本地载波表示为

$$\cos(2\pi f_c k T_s), \quad k = nN, nN+1, \cdots, nN+N-1 \tag{4.91}$$

混频后的序列 D_n 转换到频域完成匹配滤波与低通滤波处理。为了使用循环卷积构建线性卷积，采用重叠/保留算法完成数据重新排列得到 $D_{n-1,n}$，$D_{n-1,n}$ 再进行 $2N$ 的 DFT 变换，得到 $2N \times 1$ 的频域数据 Y'。

需要说明的是，Y' 中，中间 N 个点对应高频成分，而混频后的基带数据频谱集中在 $(0, \pi/2)$ 之间，因此，可以通过设置中间 N 点为 0，完成低通滤波，这样乘法器组就可以省去中间 N 个。Y' 表示为

$$Y' = \begin{bmatrix} Y'_0 Y'_1 & \cdots & Y'_{N/2-1} & Y'_{3N/2} Y'_{3N/2+1} & \cdots & Y'_{2N-1} Y'_{2N} \end{bmatrix} \tag{4.92}$$

然后，将 Y' 通过一个长度为 $2N \times 1$ 的并行乘法器组就能达到匹配滤波的效果，该乘法器组的系数为接收端匹配滤波器的对应频域系数；通过一个定时相位调整的乘法器组，就完成了定时相位补偿；通过一组均衡乘法器组时，就能达到均衡的作用。

匹配滤波器的系数为 $(\mathrm{MF}_0, \cdots, \mathrm{MF}_{N/2-1}, \mathrm{MF}_{3N/2-1}, \cdots, \mathrm{MF}_{2N})$，来自于匹配滤波器时域系数的离散傅里叶变换（DFT）。定时相位调整的系数为 $(\mathrm{e}^{j\theta_0}, \cdots, \mathrm{e}^{j\theta_{N/2-1}}, \mathrm{e}^{j\theta_{3N/2-1}}, \cdots, \mathrm{e}^{j\theta_{2N}})$，来自于定时同步单元。

完成匹配滤波、定时补偿、均衡等处理的频域数据通过中央补零模块（中间 N 点数据补 0）凑齐 $2N$ 个点，再进行离散傅里叶逆变换（IDFT），截取后 N 点数据，再进行载波同步、串并转换、下采样、符号判决等即可完成解调处理。

4.5.4.2 定时同步

1）定时相位校正

在串行解调实现架构中，一般采用时域插值算法完成定时误差校正。但是在高速解调器中，实现复杂的高速并行插值算法难度较大。基于傅里叶变换的时延性质，可以考虑在频域实现定时相位误差校正。下面分析定时相位误差频域校正实现的理论和实现方法。

设时域带限信号 $x_a(t)$ 的傅里叶变换为 $X_a(\mathrm{j}\Omega)$，$x_a(t)$ 时延 δT_s 后信号表示为 $y_a(t) = x_a(t - \delta T_s)$。则根据傅里叶变换的时移特性可知，$y_a(t)$ 的傅里叶变换 $Y_a(\mathrm{j}\Omega)$ 满足

$$Y_a(\mathrm{j}\Omega) = X_a(\mathrm{j}\Omega)\,\mathrm{e}^{-\mathrm{j}\Omega\delta T_s} \tag{4.93}$$

以满足奈奎斯特条件的采样率 $1/T_s$ 对 $x_a(t)$、$y_a(t)$ 进行采样，$x(n) = x_a(nT_s)$ 的离散傅里叶变换为 $X(\mathrm{e}^{\mathrm{j}\omega}) = \dfrac{1}{T_s} X_a(\mathrm{j}\omega/T_s)$，则 $y(n) = y_a(nT_s)$ 的离散时间傅里叶

变换为

$$Y(\mathrm{e}^{j\omega}) = \frac{1}{T_s} Y_a\left(j\frac{\omega}{T_s}\right) = \frac{1}{T_s} X_a\left(j\frac{\omega}{T_s}\right) \mathrm{e}^{-j\omega\delta} = X(\mathrm{e}^{j\omega}) \mathrm{e}^{-j\omega\delta}, \quad |\omega| \leqslant \pi \quad (4.94)$$

$y(n)$ 的 N 点 DFT 为

$$Y(k) = Y(\mathrm{e}^{j\omega})\big|_{\omega = 2\pi k/N} = Y(\mathrm{e}^{j2\pi k/n}) = X(\mathrm{e}^{j2\pi k/N}) \mathrm{e}^{-j2\pi\delta/N}$$

$$= X(k) \mathrm{e}^{-j2\pi k\delta/N}, \quad -\frac{N}{2} \leqslant k \leqslant \frac{N}{2} - 1 \quad (4.95)$$

式中：$X(k)$ 是 $x(n)$ 的 DFT 变换。由式 (4.95) 可以看出，对原序列的 DFT 乘以旋转因子 $\mathrm{e}^{-j2\pi k\delta/N}$，相当于对原序列进行时延后再做 DFT。

对于定时误差校正来说，利用定时误差估计算法得到定时相位误差，则对于采样得到的延时后的序列，在其 DFT 后的频域信号上乘以一个旋转因子 $\mathrm{e}^{j2\pi k\delta/N}$，即可得到正确的采样时刻对应的采样序列的 DFT，最后通过 IDFT 运算，即可得到正确的时域采样序列。这就是频域并行定时相位误差校正算法的原理。

2）定时频偏校正

在定时频偏校正方面，可以采用基于相位滑动的频偏校正算法。该算法的核心思想是：如果符号定时频偏存在，则理论的定时相偏会连续增加或减少直至无穷，为了将相偏限定在一个固定的区间内，并使符号峰值点数据出现在一个固定的索引上，需要对采样相位进行滑动，即某些采样数据点需要被删除或保持，以补偿某些符号数据点的重复或者丢失。频偏校正算法可用如下表达式表示：

$$\begin{cases} \delta_n = \delta'_{n-1}, & m = 1, & \delta'_n > 1 \\ \delta_n = \delta'_n + 1, & m = -1, & \delta'_n < 1 \\ \delta_n = \delta'_n + 1, & m = 0, & \text{其他} \end{cases} \quad (4.96)$$

式中：δ_n 是输出至定时相位误差校正模块的补偿因子；m 是控制数据读取的偏移量；0 表示无偏移；1 表示读取数据索引需加 1 以便跳过一个数据点；-1 表示数据索引需要减 1；以便从上一段数据的最后一个点开始读取，即保持一个数据点。δ'_n 表示为

$$\delta'_n = \delta_{n-1} + \varepsilon_n \quad (4.97)$$

式中：ε_n 表示经过环路滤波器后的定时误差估计值。

3）定时相位估计算法

在并行定时同步中，数据按帧处理，每帧 N 个数据样点，可以选用 O&M 算法完成定时相位误差估计。该算法通过计算 N 个采样点获取一个时钟误差值，这种方式满足 APRX 架构中一个数据帧（N 个采样点）就调整一次时钟误差的条件。

O&M 算法利用了接收端采样点模平方值的傅里叶变换中，符号速率谱线分量

的相角中包含有定时误差信息,计算该谱线分量的归一化相角即得到定时相偏的无偏估计。

基带线性调制信号表示为

$$r(t) = \sum_{n=-\infty}^{\infty} a_n h(t - nT - \varepsilon(t)T) + n(t) \tag{4.98}$$

式中:a_n 为发送的符号信息;T 为符号周期;$n(t)$ 为高斯白噪声;$\varepsilon(t)$ 为未知的慢时变定时误差,在一段时间内可认为其为常数。以 N 倍符号速率对该信号采样后,计算其包络平方,则得到以下序列,即

$$x_k = |r(kT)|^2 = \left| \sum_{n=-\infty}^{\infty} a_n h\left(\frac{kT}{N} - nT - \varepsilon T\right) + n\left(\frac{kT}{N}\right) \right|^2 \tag{4.99}$$

x_k 中截取 L 个符号为一段,进行 DFT,可得到其第 m 段数据频谱中的符号速率谱线分量为

$$X_m = \sum_{k=mLN}^{(m+1)LN-1} x_k e^{-j2\pi k/N} \tag{4.100}$$

定时误差估计为

$$\hat{\varepsilon}_m = -\frac{1}{2\pi}\arg(X_m) \tag{4.101}$$

在 APRX 架构中,当过采样倍数 N 取 4 时,相位误差提取公式可以简化为

$$X_m = \sum_{n=4mL}^{4(m+1)L-1} x_n e^{-j2\pi n/4} = \sum_{k=mL}^{(m+1)L-1} (x_{4k} - x_{4k+2}) + j(x_{4k+1} - x_{4k+3}) \tag{4.102}$$

由式(4.102)可以得到并行定时误差提取的结构框图如图 4.85 所示。

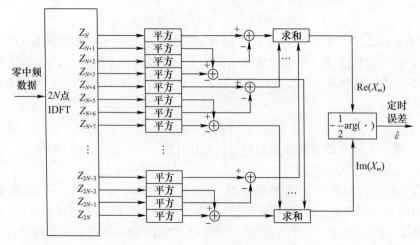

图 4.85　O&M 算法并行实现框图

4）定时环路并行结构

APRX 架构中的并行定时同步环路从本质来说还是锁相环，那么，其环路滤波器采用与传统串行解调器形同的结构，在此不再赘述。定时环路并行结构如图 4.86 所示。

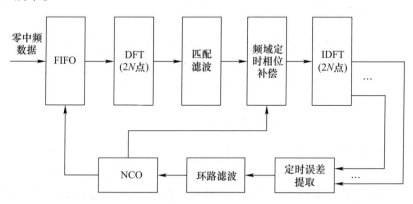

图 4.86　并行结构定时同步实现框图

定时误差提取模块从 APRX 结构的 IDFT 单元输出的采样点中提取误差估计信号，环路滤波器对误差估计信号滤波，取出高频成分，滤波后估计值被送入 NCO 模块，NCO 对估计值进行累加运算得到定时相位补偿值 δ 和定时频偏控制信号 m。

定时相位补偿值 δ 嵌入各个频率分量对应的旋转因子中，通过对各个频率分量相位旋转来达到补偿定时相偏。定时频偏控制信号 m 控制 FIFO 中的数据以保持/删除的方式输出数据样点，达到补偿采样频偏的目的。

4.5.4.3　载波同步

在高速解调器中，载波同步还可以采用串行解调架构中的幂次方环、科斯塔斯环、判决反馈环等，这些环路从本质上来说都是锁相环，但是需要对鉴相算法进行并行实现设计，以满足高符号速率的要求。

以判决反馈环，数据路数以并行 N 路为例，分析并行载波同步算法及实现。并行结构载波同步如图 4.87 所示。

对 N 路并行数据分别进行坐标变换，输出幅度和相位值，经过相位补偿后，进行鉴相处理得到相位误差，N 路相位误差值 $e_i(i=1,2,\cdots,N)$ 完成平均运算，即

$$\varepsilon = \frac{1}{N} \sum_{i=0}^{i=N-1} e_i \tag{4.103}$$

相误差均值送给环路滤波器、NCO 等模块，NCO 输出的载波频偏相偏补偿值送给 N 路相位补偿模块。

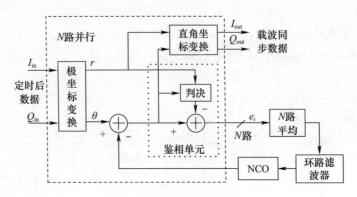

图 4.87　并行结构载波同步

在这里,采用极坐标形式是为了减少信号处理的时延。由于极坐标变换输出了信号的相位,所以相位补偿单元只需对信号相位与相位补偿值相减即可。鉴相单元根据判决后的星座点相位与判决前的信号相位相减,即得到鉴相误差。环路滤波和数控振荡器都按传统的串行方式处理,载波频偏相偏补偿用同一个 NCO 结果去补偿。

需要注意的是,在存在载波频偏的情况下,前后符号间存在固有相偏 $2\pi\Delta f/R_s$,采用同一个相位补偿值补偿 N 个符号,则 $N-1$ 个符号可能存在固有相偏,最大固有相偏值为 $2\pi\Delta f/R_s\times(N/(2))$。固有相偏表现在星座图上,使得星座点出现弧形失真。在符号速率为 400Msymbol/s、载波频偏为 200kHz、并行路数为 8 路时,可以计算最大固有相偏值为 0.72°。对于 16QAM 调制方式来说,星座点相位差最小值为 26.5°,0.72°的相偏造成的星座点失真与实际信道噪声引起的星座点失真相比,完全可以忽略。

4.5.4.4　并行均衡

信道的多径效应、收发设备的非线性因素等都会导致接收端的码间串扰,并且随着数据传输速率的增加,码间干扰对接收机的性能影响变得越来越严重。目前的研究资料表明,在高速并行结构解调器中,可以在时域或频域实现均衡器。由于高速并行均衡器对资源需求巨大,目前人们研究的主要是一些简单的均衡结构和低复杂的均衡算法,如横向均衡器、CMA 算法等。

一般根据特定的信道参数来设计均衡器结构及算法,如为了抵消群时延波动对高速解调的影响,在 APRX 结构中,在频域对基带频谱分量进行相位旋转来抵消群时延波动,这种方法采用的是分数阶均衡和 CMA 算法。

高速并行均衡技术是目前高速宽带通信领域中的技术热点,均衡器并行结构、并行均衡算法、资源占用等问题都需要根据实际工程需求去分析解决,在此不做进一步的展开。

4.5.5　APCMA 信号的非合作解调

4.5.5.1　PCMA 及 APCMA 技术简介

PCMA(Paired Carrier Multiple Access)，即成对载波多址接入是一种用于提高卫星通信容量的频率重用技术，近年来在商业通信、军事通信中得到了大量应用，PCMA 通信链路示意图如图 4.88 所示。

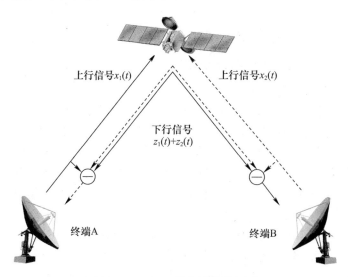

图 4.88　PCMA 通信链路示意图

地面站终端 A 和终端 B 分别发送自己的上行信号，同时接收到卫星转发的下行混合信号，下行混合信号包括终端 A 和终端 B 的上行信号，其特点是终端 A 和终端 B 使用完全相同的频率、时隙和扩频码等参数。

PCMA 技术具有两大优点：①通信双方使用相同的频带，理论上系统容量可以提高 1 倍；②PCMA 下行信号是两路时频域重叠的混合信号，第三方不具备发射信号先验信息，很难解调出有效信息，因此，大大提高了下行通信信号的抗截获性能。

PCMA 信号包括两类：对称模式（也称为 PCMA），即两路上行信号具有相同的调制参数（载频、码速率等）；非对称模式（Asymmetric Paried Carrier Multiple Access，APCMA），主要特点是多路小带宽、低功率的小站弱信号与大带宽、高功率的主站强信号在时频域叠加，各小站弱信号频谱全部处于主站强信号频带之中，并且各小站弱信号之间频谱互不重叠。

在 DVB - RCS2 标准中采用了 APCMA 技术，典型的下行信号频谱如图 4.89 所示。其中，s_0 是主站发出的前向 DVB - S2 信号，特点是采用连续波调制，带宽宽,电平高;s_1、s_2、s_3等是小站发出的反向 DVB – RCS2 信号,特点是采用 MF – TDMA 体制,突发调制,带宽窄,电平低。经过卫星转发后,小站反向信号淹没在主站的前向信号频谱中。

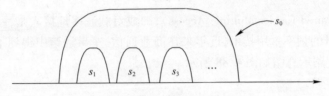

图 4.89　典型的 APCMA 信号频谱

4.5.5.2　APCMA 信号非合作解调

1）问题分析

在合作通信和非合作通信中对 PCMA 下行信号的解调是不同的。在合作通信中,每个终端都确切地知道本地发送的上行信号和该信号的转发、处理过程,因此,该终端完全可以估计出自身发送的上行信号,并从接收混合信号中抵消自身信号,从而正确恢复出对方终端信号。在非合作通信中,第三方对通信双方发送的信号参数没有先验信息,并且无法直接消除上行信号噪声。因此,不能简单地利用合作通信的方法对下行信号进行解调。

对于非合作解调来说,PCMA 下行信号是时频域重叠的两路通信信号的混合信号,第三方对通信双方的信息均感兴趣,并且不知道任何一方的先验信息,需要从接收到的一路混合信号中恢复出两路通信信号携带信息,这属于单通道盲分离问题。

单通道盲分离是指在仅有一副接收天线的情况下,通过一路观测信号恢复出每个分量信号所包含信息的过程。PCMA 信号单通道盲分离的技术难点主要体现在以下几个方面。

（1）单通道盲分离是欠定盲分离的极端情况,在数学上是一个病态问题,有可能不存在确定解。

（2）PCMA 信号采用完全相同的时隙、频率和扩频码,采用传统时域、频域、空域、时频域和码域滤波等方法均难以实现分离。

（3）非合作接收方通常处于卫星波束的旁瓣接收,不仅缺乏有效的先验信息,而且信噪比较低、信号质量差。

（4）高效调制方式（如 8PSK、8QAM、16QAM 等）被广泛应用于 PCMA 信号,下行混合信号处理起来更加复杂。

2）APCMA 信号非合作解调

适应于 PCMA 及 APCMA 信号非合作解调的算法主要有干扰重构抵消算法、基于独立分量分析算法、逐幸存路径处理（Per – survivor Processing, PSP）算法等。

下面以 Vsat 系统中的反向链路信号(DVB - RCS2 信号)为例,介绍在工程中已实现的 APCMA 多路信号非合作解调方法,这里采用了干扰重构抵消技术,实现框图如图 4.90 所示。

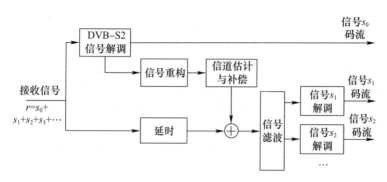

图 4.90   APCMA 多路信号解调框图

具体处理过程是:先将小站弱 s_1、s_2、s_3 等信号看作对强信号 s_0 的干扰,对前向信号 s_0 进行解调。由于前向信号 s_0 信噪比高,采用常规的连续信号解调的方法就能正确判决。提取 DVB - S2 解调单元的硬判决数据,2 倍升采样,即可完成信号重构,信号重构的调制方式来自于 DVB - S2 解调单元输出的信息,重构波形经过信道估计和补偿模块后与延迟后的混合信号进行相减,即可实现对前向信号 s_0 的抵消。抵消后信号经过滤波处理,分别对每个反向信号进行解调即可得到反向信号 s_1、s_2、s_3 等的码流。采用信道估计与补偿单元对动态跟踪信道的变化,并实时补偿信道失真,可以进一步提高反向信号解调质量。实际 APCMA 信号解调结果如图 4.91 所示。

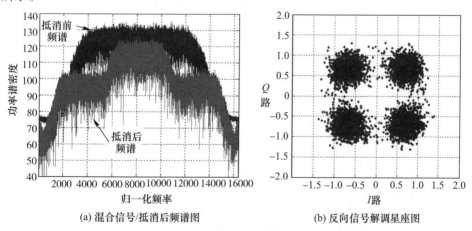

(a) 混合信号/抵消后频谱图   (b) 反向信号解调星座图

图 4.91   APCMA 信号解调结果(见彩图)

由抵消前后的频谱图可见,抵消后强信号功率下降了约 20dB,抵消后反向信号星座图恢复良好。

4.6 小 结

非合作解调在侦察系统中占有重要的地位,是协议解析的基础。本章通过与合作解调的对比,梳理了非合作解调的特点。建立了非合作解调的模型,指出了非合作解调单元的参数来自于分析单元,需要适应参数的分析误差。分析了非合作解调中载波和定时误差产生的原因及解决途径。

根据信道类型分析了适用于不同信道的解调方法,在高斯白噪声信道中,针对频移键控、相移键控、幅度相位联合调制、恒包络调制等基本调制方式的同步算法及实现进行了详细论述;针对衰落信道的特点,重点介绍了适用于频率选择性信道的均衡技术、数据辅助解调技术,以及多音并行非合作解调技术。最后,以 WCDMA、可变调制方式、复合调制高速宽带信号和 APCMA 等几种典型的通信信号为例,根据每种信号的帧结构和参数特点以及所属通信系统的特点,从非合作的角度,介绍了解调的算法及工程实现方法。

📖 参考文献

[1] MENGALI U, et al. Synchronization techniques for digital receivers[M]. New York: Plenum Press, 1997.

[2] SIMON M K, ALOUINI M S. Digital communication over fading channels[M]. Hoboken, NJ, USA: John Wiley & Sons, Inc, 2005.

[3] HARADA H, PRASAD R. Simulation and software radio for mobile conmmunications[M]. USA: Artech House, 2002.

[4] BURNS P. Software defined radio for 3G[M]. USA: Artech House, 2002.

[5] HEINRICH M, MARC M, FECHTEL S A. Digital communication receivers: Synchronization, channel estimation, and signal processing[M]. New York: Wiley, 1998.

[6] GARDNER F M. Interpolation in digital modems – Part I: Fundamentals[J]. IEEE Transactions on Communications, 1993, 41(3): 501 – 507.

[7] GARDNER F M, HARRIS R A. Interpolation in digital modems – Part II: Implementation and performance[J]. IEEE Transcations on Communications, 1993, 41(6): 998 – 1008.

[8] GARDNER F M. A BPSK/QPSK timing error detector for sampled receivers[J]. IEEE Transactions on Communications, 1998, 34(5): 423 – 429.

[9] LO F L, SHEIKH A U H. Fast cell search during PN code phase acquisition using adaptive filters

in AWGN environment [C]. Global Telecommunications Conference, 1999, GLOBECOM '99. IEEE,1999,1:452 – 456.

[10] CIONI S,DE GAUDENZI R,RINALDO R. Adaptive coding and modulation for the reverse link of broadband satellite networks[C]. IEEE Global Telecommunications Conference GLOBECOM,2004.

[11] ABDELFATLSH K M,SOLIMAN A M. Variable gain amplifiers based on a new approximation method to realize the exponential function[J]. IEEE Journal of Solid – State, 2002,49(9): 1348 – 1354.

[12] 张华冲,王晓亚. 全数字 QAM 解调器的设计与 FPGA 实现[J]. 无线电工程,2010,40(6): 27 – 30.

[13] 张华冲,王晓亚. 适用于 QAM 信号的载波同步与均衡实现[J]. 无线电工程,2010,40 (5):27 – 29,42.

[14] 陈卫东,孙栋,张华冲. 基于内插滤波器符号同步的实现[J]. 无线电通信技术,2009,35 (6):53 – 55.

[15] 杨迎新,张华冲,李天保. 通信侦察接收机中的解调实现[J]. 计算机与网络,2008(13): 43 – 48.

[16] 杨豪,颜青,王星月. 测控链路中高速 OQPSK 解调技术分析[J]. 无线电通信技术,2014, 40(4):42 – 45.

[17] 韩星,张华冲,熊志广,等. 全数字高速 OQPSK 信号解调技术分析[J]. 无线电工程,2011, 41(12):18 – 20.

[18] 王晓亚,王晓天. OQPSK 信号符号与载波相位联合同步技术[J]. 无线电通信技术,2011, 37(4):50 – 52.

[19] 肖毅,王晓亚. 短波信道盲均衡技术研究[J]. 无线电通信技术,2014,40(4):50 – 52.

[20] 孙海祥. MPSK 高速解调技术研究[D]. 西安:西安电子科技大学,2013.

[21] 谢春磊,张建立,张海瑛. M – CPFSK 信号的定时与频偏联合估算分析[J]. 无线电工程, 2011,41(5):25 – 27.

[22] 陈晖,易克初,李文铎. 高速数字解调中的并行处理算法[J]. 电子科技大学学报,2010,39 (3):340 – 345.

[23] SKLAR B. 数字通信 – 基础与应用[M].2 版. 徐平平,宋铁成,叶芝慧,等译. 北京:电子工业出版社,2002.

[24] PROAKIS J G. 数字通信[M].4 版. 张力军,张棕橙,郑宝玉,等译. 北京:电子工业出版社,2003.

[25] 张贤达. 现代信号处理[M].2 版. 北京:清华大学出版社,2002.

[26] 王红星,曹建平. 通信侦察与干扰技术[M]. 北京:国防工业出版社,2005.

[27] 周恩,张兴. 下一代宽带无线通信 OFDM 与 MIMO 技术[M]. 北京:人民邮电出版社,2008.

[28] 樊昌信,曹丽娜. 通信原理[M].6 版. 北京:国防工业出版社,2012.

[29] 汪春霆,张俊祥,潘申富,等. 卫星通信系统[M]. 北京:国防工业出版社,2012.

［30］MOLISCH A F. 宽带无线数字通信［M］. 许希斌,赵明,栗欣,等译. 北京:电子工业出版社,2002.

［31］周炯槃,庞沁华,续大我,等. 通信原理［M］.3 版. 北京:北京邮电大学出版社,2008.

［32］李强,雷霞,罗显平. 无线通信中迭代均衡技术［M］. 北京:国防工业出版社,2011.

［33］曹志刚,钱亚声. 现代通信原理［M］. 北京:清华大学出版社,1992.

［34］王金龙. 短波数字通信研究与实践［M］. 北京:科学出版社,2013.

［35］TSUI J. 宽带数字接收机［M］. 杨小牛,陆安南,金飚,等译. 北京:电子工业出版社,2002.

［36］杨磊,陈金树. 高速全数字解调器的并行码元同步设计［J］. 微计算机信息(测控自动化),2008,24(5-1):288-289.

［37］韩星,张华冲,王硕. 基于 FPGA 的直扩信号同步设计与实现［J］. 无线电工程,2013,43(11):53-56.

［38］田日才,迟永钢. 扩频通信［M］.2 版. 北京:清华大学出版社,2014.

［39］ETSI EN 302 307 V1.2.1. Digital Video Broadcasting(DVB):Second generation framing structure,channel coding and modulation systems for broadcasting,interactive services,news gathering and other broadband satellite applications,DVB-S2［S］. France,2009.

［40］HOLMA H,TOSKALA A. WCDMA for UMTS:Radio access for third generation mobile communications［C］. New York:Wiley,2002.

［41］WANG Y-P E,OTTOSSON T. Cell search in W-CDMA［J］. IEEE Journal on Selected Areas in Communications,2002,18(8):1470-1482.

［42］曾兴雯,刘乃安,孙献璞. 扩展频谱通信及其多址技术［M］. 西安:西安电子科技大学出版社,2004.

［43］谢超. DVB_S2 系统载波恢复算法的研究与实现［D］. 武汉:武汉理工大学,2012.

［44］张厥盛. 锁相技术［M］. 西安:西安电子科技大学出版社,1994.

［45］张欣. 扩频通信数字基带信号处理及其 VLSI 实现［M］. 北京:科学出版社,2004.

［46］杨小牛,楼才义,徐建良. 软件无线电技术与应用［M］. 北京:北京理工大学出版社,2010.

［47］孔明东,邱昆. 用于减小定时抖动的数字预滤波器的设计［J］. 电子科技大学学报,2002,31(6):557-561.

［48］林银芳,邓洋,赵民建,等. 一种用于 DVB-C 的全数字 QAM 接收机结构［J］. 电子与信息学报,2003,25(6):855-860.

［49］ETSI EN 300 744 V1.5.1. Digital Video Broadeasting(DVB):Framing structure,channel coding and modulation for digital terrestrial television,DVB-T［S］. France,2004.

［50］ALBERTAZZI G,CIONI S,CORAZZA G E. On the adaptive DVB-S2 physical layer:Design and performance［J］. IEEE Wireless Communications,2005,12:62-68.

［51］ZAE Y C. Frame Synchronization in the presence of frequency offset［J］. IEEE Transations on Communications,2002,50:1062-1065.

［52］KIM P,CORAZZA G E. Enhanced frame synchronization for DVB-S2 System under a Large of frequency offset［J］. IEEE WCNC 2007:1183-1187.

[53] 赵林．WCDMA 上行 RAKE 接收机设计实现及性能仿真[D]．北京：北京邮电大学,2011.

[54] 顾明超,李倩．基于 FPGA 实现的 WCDMA 上行 Rake 接收机[J]．无线电通信技术,2013,39(5):72−74,96.

[55] 吴乐南．数字调幅广播信道传输进研究[J]．自然科学进展,2009,19(2):158−165.

[56] 刘洛琨,和昆英,许家栋．一种带有二次调制信号的调制识别算法与仿真[J]．计算机仿真,2008,25(1):74−76.

[57] 张丽,常力,郭虹,等．PM/BPSK 复合调制信号的数字解调技术研究[J]．通信技术,2006,(S1):28−30.

[58] 熊伟．VHF/UHF 复合调制信号检测与参数估计[D]．郑州：解放军信息工程大学,2009.

[59] 刘明．HF/VHF 通信信号分析关键技术研究与实现[D]．郑州：解放军信息工程大学,2010.

[60] 霍元杰．HF/VHF/UHF 航空数据传输链路规约综述[J]．电讯技术,1998,38(3):4−12.

[61] 张一．基于二次调制的超短波航空数据通信[D]．成都：电子科技大学,2005.

[62] 郭兴林,高勇．二次调制信号与 PSK 类信号的自动盲识别算法[J]．无线电通信技术,2014,14(25):87−90,114.

[63] 杨松．一种针对民航通信信号的解调算法[J]．无线电通信技术,2015,41(6):35−36,64.

[64] 贾璐．一种超短波复合调制信号识别方法[J]．通信对抗,2015,41(6):35−36,64.

[65] 戚晨皓,吴乐南,张仕元．基于复合调制方式的 AM 广播[J]．应用科学学报,2007,25(5):451−455.

第 5 章

数字通信信道编码识别

5.1 引　言

通信侦察中的信道编码识别是在非合作的条件下,仅依靠接收到的通信信号逆向求解得到目标通信系统所使用的信道编码类型和参数,目的是能够进行信道译码提升侦察处理性能,还原编码前的消息序列,为后续的协议分析、情报获取提供输入。信道编码方法的理论基础主要是利用信道编码代数结构中的线性约束关系求解生成矩阵或校验矩阵,实际侦察中信道编码识别通常是在有误码的条件下进行的,所以要考虑容错的信道编码识别方法。

不同的信道编码类型具有各自的特征,需要采用不同的识别方法,本章首先在统一的信道编码识别模型框架下讨论一般性的识别方法,然后按照线性分组码、卷积码、Turbo 码三类信道编码分别讨论了编码代数结构和识别方法。

针对短码长的线性分组码,识别方法主要是利用其编码约束关系识别其生成矩阵或生成多项式,主要方法包括矩阵化简、欧几里得算法、伽罗华域傅里叶变换以及码重分析等;针对 LDPC 码则主要利用校验约束关系识别校验矩阵,研究方法主要聚焦在如何在一定误码条件下获取其稀疏化的校验矩阵。针对卷积码,主要利用其校验约束关系识别其校验多项式,主要方法包括矩阵化简,基于快速双合冲算法,哈达玛(Hadamard)变换法和欧几里得算法等,讨论在得到校验多项式后计算生成多项式的方法,同时讨论基于等价校验序列匹配的删除卷积码方法。针对Turbo 码,主要介绍了编码结构识别和编码参数识别两部分,其中编码结构识别主要判断是否为归零结构,识别编码速率和码长;编码参数识别主要是对分量编码器参数和交织参数的识别。

近年来,大量学者和研究人员在信道编码识别方向开展了大量深入的研究,积累了丰富的成果,本章节并没有囊括所有信道编码识别方法,而是从信道编码识别的本质出发,力求全面地围绕常见信道编码的各个特征介绍基础性的识别方法。

实际中,信道编码识别过程既可以是自动化的分类识别过程,如闭集识别过程;在闭集识别无效的情况下需要采用开集识别方法,由于需考虑具体可能的编码过程、实际侦收信号质量、目标信号的通信体制等因素,目前尚未有较好的自动化开集识别方法,更多情况是需要分析人员利用经验和基础理论知识,通过人工的方式反复尝试进行。

5.2　信道编码分类

20 世纪 40 年代,香农提出可以通过差错控制编码(又称为信道编码)在信息传输速率不大于信道容量的前提下实现可靠通信。在随后的半个世纪,信道编码技术无论在理论还是实际中都得到飞速发展,现在的绝大多数数字通信系统都使用该技术以增加通信的可靠性。信道编码种类多种多样,主要分为线性分组码和卷积码两大类[1],另外还有信道编码与调制、信道编码与交织、信道编码级联等方式的应用,目的在于提高通信系统性能。

信道编码会对信源数据进行变换,在通信侦察过程中,所截获的经过编码的比特流会使提取和还原信息数据更加困难。一方面,通过研究信道编码的数学模型,从侦收到的编码比特流中提取特征参量,以非合作的方式识别编码类型和参数,进而实现信号数据的译码处理,为更高层的协议分析和信源恢复提供净信息数据。另一方面,在侦察过程中进行纠错译码,可以充分利用通信系统的编码增益来提高侦察处理性能。

信道编码是一类为了提供传输鲁棒性的编码,随着数字通信的发展产生了各种信道编码,按照不同特征,信道编码可以如下分类[2]。

1)纠错码和非纠错码

按照码的规律可以分为纠错编码和非纠错编码两大类。纠错编码通过给信息增加校验以获得一定的纠错能力,能够将通信传输中的一定数量的误码纠正过来;非纠错编码如交织码是将传输中的码字进行重新排列,这类编码本身不具有纠错能力,它们与纠错码相结合来提高整体的纠错性能。一些纠错编码在编码过程中就已经包含了交织编码。

2)线性码和非线性码

在纠错编码中,根据信息与校验之间是否具有线性关系分为线性码与非线性码。若信息与校验之间的关系是线性关系(满足线性叠加原理),则称为线性码,否则称为非线性码。

3)系统码和非系统码

在纠错编码中,根据编码后码字中的信息码元是否发生变化,可分为系统码与非系统码。若编码后信息码元不变化,则称为系统码,否则称为非系统码。

4) 分组码和卷积码

在纠错编码中,根据信息与校验之间是否具有分组约束关系,可分为分组码与卷积码。若校验仅与本分组 k 位信息有关与其他分组无关,则称为分组码。卷积码不仅与本分组的 k_0 位信息有关,而且还与前若干个分组中的 k_0 位信息有关。

5) 二进制码和多进制码

根据每个码字对应的 m 个二进制比特,可分为二进制码与 q 进制码($q = 2^m$,m 为正整数)。

本章节重点介绍数字通信系统物理层协议中经常使用的信道编码的识别技术,所涉及的信道编码类型如图 5.1 所示。

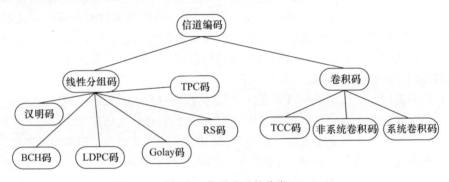

图 5.1 信道编码的分类

5.3 信道编码的识别模型

5.3.1 信道编码识别过程

在数学表达上,信道编码满足编码约束关系、校验约束关系和正交约束关系,其中 C 表示编码序列,U 表示消息序列,G 表示生成矩阵,H 表示生成矩阵。

编码约束关系:

$$C = UG \tag{5.1}$$

校验约束关系:

$$CH^{\mathrm{T}} = 0 \tag{5.2}$$

正交约束关系:

$$HG^{\mathrm{T}} = 0 \tag{5.3}$$

目前,信道编码识别研究成果所采用的方法都是基于上述3种关系。常见的信道编码主要包括线性分组码和卷积码两大类。对于线性分组码和卷积码的编码识别问题可以描述为从接收编码分组 R 中识别或检验了编码空间 C 或校验空间 H(编码空间 C 的对偶空间)的一组基,这个识别或检验的过程正是信道编码识别过程。识别恢复出的 G 和 H 能够用来对通信信号进行译码。

信道编码识别流程如图 5.2 所示。解调器对侦察到的信号 s' 进行解调得到码流 r,通过预处理得到编码序列 r';识别方法主要包括开集识别和闭集识别两种,开集识别对 r' 进行信道编码特征 $\{z\}$ 提取,利用分类器依据判据准则进行判决编码类型及参数 $\{x\}$;闭集识别利用先验的信道编码特征库 $\{Z\}$ 对 r' 进行检验,获取识别结果。

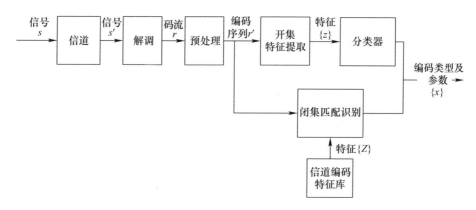

图 5.2 信道编码识别流程图

1)预处理

预处理的目的是根据可能通信信号处理过程,去除在信道编码识别前的序列变换,从而获得编码序列,预处理主要包括以下几个方面。

(1)映射处理:去除数字调制的符号映射的影响(如确定 PSK 调制星座映射,解相位模糊)。

(2)差分解码:为解决相位模糊问题数字通信系统设计可以采用差分编码,差分编码使前后符号相关,使原有的信道编码特征丢失,针对这种情况需完成差分解码得到编码序列。

(3)解帧处理:一般的帧结构包括帧同步序列和数据载荷,在发送端成帧处理可以出现在编码前或编码后,帧同步序列既可以参加编码,也可以不参加编码。在编码识别前需要进行解帧处理,并完成编码序列同步。

(4)去扰处理:编码数据可能会被进行伪随机化处理,从而影响信道编码的特征,此时应完成去扰处理再进行信道编码识别。

（5）多用户信号分离：针对一些通信系统，所接收到的信号数据可能是通信网络中的多用户信号，每个用户终端各自运行完整的信道编译码处理过程，为此，应先进行用户信号的分离再进行信道编码识别。

2）信道编码特征

信道编码特征是接收编码序列中隐含的数学特征，需要利用相应处理提取编码特征。此外，在闭集识别时也作为特征库中的特征。常用的信道编码特征如表5.1所列。

表 5.1　信道编码特征

信道编码特征	方法	识别结果
分组特征	帧结构分析法	确定线性分组码
码字矩阵秩特征	矩阵化简（解方程法）	确定生成矩阵
公因式特征	欧几里得算法（辗转相除）	确定生成多项式
变换域特征	伽罗华域傅里叶变换（GFFT）	确定生成多项式、本原多项式
正交性特征	校验矩阵/多项式闭集识别	确定校验矩阵/多项式

由表5.1可见，可从信道编码序列中获取的编码特征包括如下几种。

（1）分组特征。线性分组码的编译码处理以分组为单位，故其在传输过程中具有明显的分组特征，而卷积码、Turbo码则一般采用流处理的方式不具有分组特征。分组特征可以作为识别是否为线性分组码的特征之一。

（2）码字矩阵秩特征。如(n,k)线性分组码是n维线性空间的一个k维子空间，生成矩阵$\boldsymbol{G}$是码字空间的基底，对若干个的编码分组构造成码字矩阵，该矩阵的秩为$n-k$，经矩阵化简可得到生成矩阵$\boldsymbol{G}$。码字矩阵秩特征中隐含着码长n、消息长度k的特征。

（3）公因式特征。对于循环码可以用多项式来表达，每个消息分组多项式$u_m(x)$都能由多项式$g(x)$生成一个编码多项式$c_m(x)=u_m(x)g(x)$，那么，多个编码多项式应该具有$n-k$次幂的公因式，即生成多项式$g(x)$。

（4）变换域特征。对于如RS码，其在频域上具有相同的连零根的特性，通过在伽罗华域（GF域）对RS码做傅里叶变换（GFFT），寻找RS码的频域的连零根来进行识别。

（5）正交性特征。根据译码原理，线性分组码和卷积码的编码序列与校验矩阵是正交的，即$\boldsymbol{H}\boldsymbol{C}_m=0$。使用常见信道编码的校验矩阵构建特征库，通过模板匹配的方式确定信道编码类型及参数。

5.3.2　线性分组码识别问题描述

线性分组码的矩阵表达：将待编码信息序列进行分组，信息分组长度为k，得

到信息分组 $U=[u_1,u_2,\cdots,u_k]$，$u_i(i=1,2,\cdots,k)$ 为信息字符，经过编码运算得到编码分组 $C=[c_1,c_2,\cdots,c_n]$，n 为编码分组长度，$c_i(i=1,2,\cdots,n)$ 为编码字符，其中，编码运算表达了编码约束关系，即

$$C=UG \tag{5.4}$$

式中：G 为线性分组码的生成矩阵，即

$$G=\begin{bmatrix} g_1 \\ g_2 \\ \vdots \\ g_k \end{bmatrix}=\begin{bmatrix} g_{11} & g_{12} & \cdots & g_{1n} \\ g_{21} & g_{22} & \cdots & g_{2n} \\ \vdots & \vdots & & \vdots \\ g_{k1} & g_{k2} & \cdots & g_{kn} \end{bmatrix} \tag{5.5}$$

任何 (n,k) 的线性分组码 C 都有 $(n,n-k)$ 的线性分组码与其构成对偶码，所谓的对偶码，即 (n,k) 的线性分组码中的任意一个编码分组与 $(n,n-k)$ 线性分组码中的任意一个编码分组都正交。这个 $(n,n-k)$ 对偶码的生成矩阵称为 (n,k) 码的校验矩阵 H，它的行列分别为 $n-k$ 和 n，即

$$H=\begin{bmatrix} h_1 \\ h_2 \\ \vdots \\ h_{n-k} \end{bmatrix}=\begin{bmatrix} h_{11} & h_{12} & \cdots & h_{1n} \\ h_{21} & h_{22} & \cdots & h_{2n} \\ \vdots & \vdots & & \vdots \\ h_{(n-k)1} & h_{(n-k)2} & \cdots & h_{(n-k)n} \end{bmatrix} \tag{5.6}$$

那么，对任意的 (n,k) 线性分组码 C 都与 H 的行向量正交，即满足校验约束关系：

$$CH^{\mathrm{T}}=0 \tag{5.7}$$

因为对于所有的 (n,k) 线性分组码都满足该等式，那么，满足正交约束关系：

$$HG^{\mathrm{T}}=0 \tag{5.8}$$

从矩阵论的角度，(n,k) 线性分组码是 n 维线性空间的一个 k 维的编码空间 $\mathbb{C}$，编码空间由 2^k 个信息分组 U 通过生成矩阵 G 生成，构成 G 的 k 个 n 维的极大线性无关组 $(g_1,g_2,\cdots,g_k)$ 是编码空间的一组基。由于校验矩阵 H 与编码空间中的所有的编码分组都正交，由构成 H 的 $n-k$ 个 k 维极大线性无关组 $(h_1,h_2,\cdots,h_{n-k})$ 所生成的空间称为编码空间的校验空间 $\mathbb{H}$，极大线性无关组 $(h_1,h_2,\cdots,h_{n-k})$ 是校验空间的一组基。线性分组码识别问题正是从接收编码分组 R 中识别出编码空间 $\mathbb{C}$ 或校验空间 $\mathbb{H}$ 的一组基，基于这组基能够实现对线性分组码的译码处理。

数字通信系统中常用的多为系统的线性分组码，通过行变换可以将生成矩阵 G 变成系统形式，如下式所示，本书只讨论系统的线性分组码，即

$$G = [I_k P] = \begin{bmatrix} 1 & 0 & \cdots & 0 & p_{11} & p_{21} & \cdots & p_{1n-k} \\ 0 & 1 & \cdots & 0 & p_{21} & p_{22} & \cdots & p_{2n-k} \\ \vdots & \vdots & & \vdots & \vdots & \vdots & & \vdots \\ 0 & 0 & 0 & 1 & p_{k1} & p_{k2} & \cdots & p_{kn-k} \end{bmatrix} \tag{5.9}$$

可以看出,对于系统形式的生成矩阵 G,编码器输入的消息分组将出现在编码分组中,此外,编码分组还将包括 $(n-k)$ 个校验分组。当编码器输入的消息分组依次为 $[1\ 0\ \cdots\ 0]$,$[0\ 1\ \cdots\ 0]$,$\cdots$,$[0\ 0\ \cdots\ 1]$ 时,输出的编码分组则依次为生成矩阵 G 的行矢量。对于系统的线性分组码,可以方便地获得校验矩阵 H 的标准形式,即

$$H = [-P^T I_{n-k}] = \begin{bmatrix} p_{11} & p_{21} & \cdots & p_{k1} & 1 & 0 & \cdots & 0 \\ p_{12} & p_{22} & \cdots & p_{k2} & 0 & 1 & \cdots & 0 \\ \vdots & \vdots & & \vdots & \vdots & \vdots & & \vdots \\ p_{1n-k} & p_{2n-k} & \cdots & p_{k1} & 0 & 0 & 0 & 1 \end{bmatrix} \tag{5.10}$$

由此可见,对于一般的系统线性分组码求解 G 和 H 是等价的。

校验矩阵 H 体现了对编码分组的监督作用,也称监督矩阵。如果接收的编码分组的没有误码,则满足式(5.7),若接收到的编码分组存在误码,则上式不一定成立。信道译码正是要将误码纠正,为此引出伴随式的概念。在有扰信道上传输会带来误码,将误码表示为错误图样 E_m,接收端接收到的编码数据 $R_m = C_m + E_m$。伴随式 S_m 定义为

$$S_m = R_m H^T = (C_m + E_m) H^T = E_m H^T \tag{5.11}$$

5.3.3　卷积码识别问题描述

卷积码的编码器可以看作一个由 k 个输入端和 n 个输出端组成的时序网络。卷积码表示为 (n,k,m),m 表示编码器的编码存储级数,即输入的信息组在编码器中需存储的单位时间,$m+1$ 成为卷积码的约束长度。卷积码编码器某时刻的输出不仅与该时刻输入编码器的信息有关,而且与以前若干时刻输入编码器的信息有关。

常用的卷积码分为系统卷积码和非系统卷积码,与线性分组码类似,卷积码同样存在编码约束关系、校验约束关系和正交约束关系。卷积码编码约束关系为 $c = uG_\infty$,其中 u 为输入的半无限长消息序列,c 为编码器输出的半无限长编码序列,生成矩阵 G_∞ 是一个半无限长矩阵,如下式所示,其中 g_i 的物理意义是卷积码编码器各个抽头位置与输出的关系,即

$$\boldsymbol{G}_{\infty} = \begin{bmatrix} g_0 & g_1 & \cdots & g_m & & & \\ & g_0 & g_1 & \cdots & g_m & & \\ & & g_0 & g_1 & \cdots & g_m & \\ & & & \cdots & \cdots & \cdots & \end{bmatrix}$$ (5.12)

卷积码的校验 $\boldsymbol{H}_{\infty}$ 同样是一个半无限长矩阵,即

$$\boldsymbol{H}_{\infty} = \begin{bmatrix} h_0 & & & \\ h_1 & h_0 & & \\ \cdots & \cdots & \cdots & \cdots \\ h_m & h_{m-1} & \cdots & h_0 \\ & h_m & h_{m-1} & \cdots \end{bmatrix}$$ (5.13)

卷积码的生成矩阵和校验矩阵满足正交约束关系 $\boldsymbol{G}_{\infty}\boldsymbol{H}_{\infty}^{\mathrm{T}} = 0$,编码序列和校验矩阵满足校验约束关系 $c\boldsymbol{H}_{\infty}^{\mathrm{T}} = 0$。

由卷积码生成矩阵的特殊结构,卷积码也可以通过多项式来进行表达,使编码运算得以简化。卷积编码器输入信息序列 $u = (u_0, u_1, u_2, \cdots)$,其表达为信息多项式,即

$$u(D) = u_0 + u_1 D + u_2 D^2 + \cdots$$ (5.14)

卷积编码器输出的编码序列 $c = (c_0, c_1, c_2, \cdots)$,其表达为编码多项式,即

$$c(D) = c_0 + c_1 D + c_2 D^2 + \cdots$$ (5.15)

卷积码的基本生成矩阵表示为生成多项式,其形式类似循环码,其表达为

$$g(D) = g_0 + g_1 D + \cdots + g_m D^m$$ (5.16)

编码过程用生成多项式表达为

$$c(D) = u(D)g(D)$$ (5.17)

5.3.4 信道编码识别方法分类

常用的信道编码识别方法可以按照编码类别进行区分,按照是否具有先验信息条件可以分为闭集识别方法和开集识别方法;按照编码序列中是否含错条件可以分为无错识别方法和容错识别方法。

1）按照编码类型的识别方法

按照编码类型分类的信道编码识别方法主要分为线性分组码识别和卷积码识别，线性分组码和卷积码的主要区别是线性分组码具有分组结构，各编码序列是独立的，卷积码由于移位寄存器的编码结构，前后编码序列关联。但二者都满足信道编码的三大约束关系，只不过生成矩阵 G 和校验矩阵 H 的形式不同，如线性分组码生成的矩阵 G 和校验矩阵 H 为有限矩阵，而卷积码生成的矩阵 G 和校验矩阵 H 为半无限矩阵。由于不同的信道编码数学模型具有各自特点，利用不同特征可采用多种方法完成信道编码识别。针对线性分组码可以采用矩阵化简、欧几里得算法、码重分布统计、GFFT 变换等方法；针对卷积码可以采用矩阵化简、基于快速双合冲算法，哈达玛（Hadamard）变换法和欧几里得算法等方法。此外，Turbo 卷积码采用交织码识别与卷积码识别相结合方法；Turbo 乘积码可以看作多维的线性分组码识别；级联码通过分层识别完成整个级联码识别。

2）闭集识别和开集识别

目前，信道编码识别方法包括闭集识别和开集识别。其中，闭集识别是将编码识别问题看作假设检验问题，利用信道编码数学约束关系，使用已知编码集合对接收序列进行验证匹配。开集识别是在全盲的状态下从接收序列中提取编码特征，直接求解生成矩阵 G 或校验矩阵 H，完成对编码类型识别和参数分析。上述两种识别方法比较，闭集识别方法原理简单，算法复杂度低，处理速度快，在有误码条件下具有较好的识别效果，便于自动化处理，多用于自动化侦察处理流程中，但是缺点是闭集识别需要有先验的编码集合，而识别能力仅限于集合中的编码类型。闭集识别不能得到结果时，需要采用开集识别方法，它是闭集识别的补充。开集识别方法是通用的识别方法，其优点是不需要有先验信息，但识别算法复杂度高，尤其是当接收序列中有一定量误码的条件下，容错识别过程更加复杂，此时，需要参与较多的人工方法来完成。开集识别可以得到一个等价的生成矩阵 G 或校验矩阵 H，而不一定必须获得原始编码器，但信道编码识别获得的这组基必须满足能够进行译码处理。如 LDPC 码，由于要考虑译码的处理性能，校验矩阵必须满足稀疏化的条件。通常，开集识别得到的编码参数会增加至闭集识别编码集合中。

3）无错识别和容错识别

根据侦察信号质量好坏，信道编码识别方法又可以分为无错编码识别和容错编码识别。当侦察到通信信号质量很好时，在足够长（满足编码识别的序列长度）的接收序列中没有误码，可以假定在无错的条件进行编码识别，此时，采用的编码识别称为无错编码识别。无错编码识别时可以假定接收序列 $R = C$，直接利用信道编码的三大约束关系完成识别。然而，在实际中侦察到的通信信号有可能是低信噪比甚至受干扰的，解调后获得的接收序列 R 中存在误码 E，利用三大约束关系识别编码必须使用容错的方法,即求解得到的 G 或 H 应最大限度满足约束关系。

5.4　线性分组码识别

线性分组码识别主要包括确定线性分组码的类型,确定包括消息长度 k、编码长度 n、生成矩阵 G、校验矩阵 H,生成多项式 $g(x)$(循环码)、本原多项式 $f(x)$(扩展域码)等编码参数。线性分组码通过将消息序列进行分组 U,并通过了 $UG = C$ 生成编码序列,最直接的方法是通过对足够的线性无关的编码分组进行矩阵化简直接得到生成矩阵 G 完成识别。在实际应用中,针对解调误码率较低条件下的短码长线性分组码可以采取此种方法。当码长较大时,基于矩阵化简的识别方法对解调误码率的要求更高,并且计算时间更长。循环码是一类应用广泛的线性分组码,根据其可以用生成多项式或生成多项式的根即可以确定编码参数的特征,采用基于欧几里得算法可以识别循环码识生成多项式,相比矩阵化简方法,该方法大大减少计算量,对编码序列数据量和误码率的要求更低,是一种非常实用的方法。此外,利用生成多项式的根也可以实现对循环码的识别,如基于伽罗华域傅里叶变换的循环码识别方法。针对在扩展域生成线性分组码还应识别确定构造符号域的多项式。一些线性分组码的码重分布具有较明显的区分特征,如 Golay 码,通过统计接收编码序列的码重分布,可以识别出特定的编码类型,这种方法具有一定的容错能力。近年来,随着通信设备处理能力提升,LDPC 码应用越来越广泛,针对 LDPC 码识别主要面临的问题是在超长的码长、高误码条件下完成校验矩阵的识别,LDPC 码的校验矩阵为稀疏矩阵,通过矩阵化简得到的校验矩阵往往不是稀疏矩阵,还需要进一步进行稀疏化处理,本节介绍 LDPC 码校验矩阵识别方法的最新研究进展。

5.4.1　基于矩阵化简的线性分组码生成矩阵识别

基于矩阵化简的线性分组码生成矩阵识别主要利用了 $UG = C$ 约束关系,它是一种无错识别方法。识别线性分组码生成矩阵就是已知 C 求解 G。对于系统的线性分组码,编码约束关系可以表示为

$$UG = C = [U, P] \tag{5.18}$$

式中:P 为编码序列的校验位,生成矩阵识别就是已知 P 求解 G 的问题,由此可见,对于系统线性分组码的生成多项式是可解的。从另一个角度看,系统的线性分组码生成矩阵的行向量 $g_1, g_2, \cdots, g_k$ 可以看作 k 个 k 维消息分组 $u_1 = [1\ 0\ 0 \cdots 0]$,$u_2 = [0\ 1\ 0 \cdots 0], \cdots, u_k = [0\ 1\ 0 \cdots 0]$ 与生成矩阵 G 相乘得到编码分组,即

$$c_1 = [\,1\ 0\ 0 \cdots 0\ p_{11} p_{12} \cdots p_{1n-k}\,]$$

$$c_2 = [\,0\ 1\ 0 \cdots 0\ p_{21} p_{22} \cdots p_{2n-k}\,]$$

$$\vdots$$

$$c_k = [\,0\ 0\ 0 \cdots 1\ p_{k1} p_{k2} \cdots p_{kn-k}\,]$$

(5.19)

由此可见,此时 k 个编码分组 C 即是二进制系统线性分组码的生成矩阵 G。若能够从编码分组样本中挑出上述 k 个编码分组,那么就可以得到生成矩阵。根据线性分组码的性质:任意两个线性分组码字之和仍是一个线性分组码字。在工程中可以选取足够多的无误码编码分组样本组成矩阵,进行初等行变换将编码分组矩阵化简为上述形式,即可获得生成矩阵,同时也可以获得编码分组长度 n 和消息分组长度 k。

1) 基于矩阵化简的汉明码识别

汉明码是一种常用的线性分组码,符合线性分组码的数学结构,所以汉明码的识别可用一般线性分组码的识别方法。

定理 5.1[3]　对于码长为 n 的线性分组码所构成的 $p \times q$ 矩阵($p > 2n, q = a \cdot n, a$ 为正整数),若矩阵每行的起始点恰好是分组码的起始点,则此时矩阵的秩最小。

以定理 5.1 为基础建立分析矩阵,研究不同矩阵起始点条件下矩阵秩的特征,找出秩取最小值时矩阵的起始点即为码起始点。

例 5.1　若接收到一组无误码的二进制编码序列。假定该编码序列已经完成了编码的同步处理,即第 1 个比特位就是编码分组的起始。

首先,识别编码码长 n,通过遍历编码长度 n',构造列数等于测试编码长度的矩阵,当测试编码长度选取为正确编码长度或其倍数时,矩阵的秩为消息长度或其倍数。对于上述编码序列,遍历 n' 所求编码矩阵的秩如图 5.3 所示。可以看到,当 n' 取 7 或 7 的倍数时,矩阵秩小于 n',故估计编码长度 n 为 7。

其次,将编码分组序列按照编码长度 7 排列矩阵,进行矩阵化简,处理过程如图 5.4 所示。当样本数据足够多的条件下,可以选取更加和合适的编码分组以加快化简速度。

至此,我们通过在一组侦收到的编码序列中识别出包括编码长度、消息长度、和生成矩阵的编码参数,借助这些参数可以实现汉明码的译码,提取消息数据部分。

2) 基于矩阵化简的 RS 码识别

矩阵识别法同样可以适用于在有限域 $GF(q)$ 中对 $q(q \neq 2)$ 进制线性分组码的识别,如 RS 码。RS 码是一种 $q(q \neq 2)$ 进制的 BCH 码。

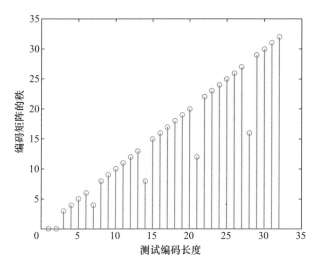

图 5.3　编码长度识别结果

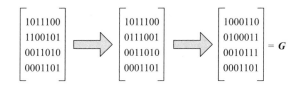

图 5.4　生成矩阵识别结果

定义 5.1(BCH 码)　给定任一有限域 GF(q)及其扩展域 GF(q^m),其中 q 为质数,m 为正整数,若编码码元取自 GF(q)上的一个循环码,它生成多项式 $g(x)$ 含有以下($d-1$)个根,即

$$\alpha^{m_0}, \alpha^{m_0+1}, \alpha^{m_0+2}, \cdots, \alpha^{m_0+d-2} \tag{5.20}$$

则由 $g(x)$ 生成的循环码成为 q 进制 BCH 码,或称 q 元 BCH 码。其中 $\alpha^{m_0+i} \in$ GF(q^m),m_0 为任一整数。当 $m_0=1$ 时,称该 BCH 码为狭义 BCH 码。当 $q=2$ 时,$n=2^m-1$,称该 BCH 码为二进制本原 BCH 码。

定义 5.2(RS 码)　设 q 为一素数的幂,并且 $q \neq 2$,码元符号和码的生成多项式 $g(x)$ 的根同取自 GF(q)的 BCH 码称为 Reed-Solomon 码,简称 RS 码。

定理 5.2　设 V 是由 GF(q^m)上的 $k \times n$ 生成矩阵 G 生成的(n,k)RS 码,则 V 的向量表示(mn,mk)码是 GF(q)上由 G^* 生成的线性分组码,反之亦然。

　　RS 码识别是要确定编码长度 n、信息长度 k、符号长度 m,确定构造符号域的本原多项式 $f(x)$,确定生成多项式 $g(x)$ 及其根的情况等。因为 RS 码的编译码过程的运算都是在扩展域中进行的,与二元域线性分组码识别不同的是 RS 需要确定构造符号域的多项式,此过程为其他识别过程的基础。由于 RS 码常用的本原多项式集合是已知的,一般的识别方法可以在确定 m 后遍历构造符号域的多项式,这样计算量比较大。此外,也可以在二元域上得到生成多项式 G^* 后,直接确定构造符号域的本原多项式,可减少 RS 码识别的运算量,以下简要描述此方法。

以二进制的 m 重向量代替 $GF(2^m)$ 中的元素,$GF(2^m)$ 上的 (n,k) RS 码变成 (mn,mk) 二进制码,这使得在 $GF(2)$ 上对 RS 码的识别成为可能。这样避免了直接在 $GF(2^m)$ 上识别 RS 码的复杂计算过程。对于编码识别来说,所用的数据一般为二进制序列,在不知道数据是否为 RS 码的情况,比较合理的处理流程是首先在二元域上识别,最后识别结果再回到 $GF(2^m)$ 上来。该方法采用前述对二元域上的线性分组码的识别方法,确定码长、信息位长及分组起点,此时,识别 RS 码所需要的线性无关的码字个数至少为 mk。

下面论述基于假设:对编码序列,已知它是 $GF(2)$ 上的线性分组码,并且二元域编码长度 N、消息长度 K 及分组起点也已知。下述方法将码元符号域限定为 $GF(2^m)$ 这一常见的情况,并只讨论本原系统 RS 码,对其他情况不难推广。

设已知 $GF(2)$ 上的 (N,K) 线性分组码,欲判定它是否为 RS 码及其参数,可选取一定数量的码字组成矩阵进行矩阵化简,其数量应保证矩阵的秩等于 K,将矩阵化为三角形,由此逐步获得 RS 码的有关参数。

(1) 编码长度 n、信息长度 k、符号长度 m 的确定。如果该线性分组码是 RS 码,那么,它是将 RS 码的每个符号对应为 m 比特而获得,因而 $m \mid (N,K)$,并且 $n = \dfrac{N}{m}, k = \dfrac{K}{m}$。

(2) 构造符号域的多项式的确定。RS 码可看作二元域上的 (N,K) 线性分组码,通过矩阵的初等行变换,将其化为上三角形矩阵,所得到的矩阵的每一行仍是该 RS 码的一个码字。将矩阵按 m 行分块后,在每块内上一行所表示的码是下一行码乘以 α,因而,对该码多项式的某一系数 α^j,乘以 α 后等于 α^{j+1},在将其表示为二元域上 m 重向量时,如果 $j+1$ 大于等于本原多项式 $f(x)$ 的次数,要用 $f(\alpha)=0$ 将其次数化低,如

$$\alpha^3 = \alpha + 1$$
$$\alpha^4 = \alpha \alpha^3 = \alpha^2 + \alpha \tag{5.21}$$
$$\alpha^5 = \alpha \alpha^4 = \alpha^3 + \alpha^2 = \alpha^2 + \alpha + 1$$

当 RS 码为系统码时,G' 为该 RS 码在 $GF(2)$ 上的生成矩阵。当 RS 码不是系统码时,G' 反映该 RS 码在 $GF(2)$ 上的校验关系。将 G' 转化为 $GF(2^m)$ 上的矩阵后,将 G' 按 m 行分块,在块内设某一行为码多项式 $v(x)$,则其上一行为 $\alpha v(x)$。

例 5.2　设 α 是 $GF(2^3)$ 上的本原根, $f(x) = x^3 + x + 1$ 为 α 根的极小多项式, 以 α、α^2、α^3、α^4 为连续根构造 RS 码, 其生成矩阵为

$$G = \begin{bmatrix} 1 & 0 & 0 & \alpha^4 & 1 & \alpha^4 & \alpha^5 \\ 0 & 1 & 0 & \alpha^2 & 1 & \alpha^6 & \alpha^6 \\ 0 & 0 & 1 & \alpha^3 & 1 & \alpha & \alpha^3 \end{bmatrix} \qquad (5.22)$$

对应的向量表示为

$$G = \begin{bmatrix} 001 & 000 & 000 & 110 & 001 & 110 & 111 \\ 000 & 001 & 000 & 100 & 001 & 101 & 101 \\ 000 & 000 & 001 & 011 & 001 & 010 & 011 \end{bmatrix} \qquad (5.23)$$

由 G 可以得到 512 个码字。由 G 可以得到 G^*, 即

$$G^* = \begin{bmatrix} 100 & 000 & 000 & 101 & 100 & 101 & 001 \\ 010 & 000 & 000 & 111 & 010 & 111 & 101 \\ 001 & 000 & 000 & 110 & 001 & 110 & 111 \\ 000 & 100 & 000 & 110 & 100 & 010 & 010 \\ 000 & 010 & 000 & 011 & 010 & 001 & 001 \\ 000 & 001 & 000 & 100 & 001 & 101 & 101 \\ 000 & 000 & 100 & 111 & 100 & 011 & 111 \\ 000 & 000 & 010 & 110 & 010 & 100 & 110 \\ 000 & 000 & 001 & 011 & 001 & 010 & 011 \end{bmatrix} \qquad (5.24)$$

可以验证在 $GF(2)$ 上由 G^* 得到的 512 个码字在 $GF(2)$ 上一定满足生成矩阵 G, 反之亦然成立。

若对例 5.2 进行 RS 识别, 以 $N = 21$ 为向量组成编码矩阵, 其码字数量应保证矩阵的秩等于 9, 对该矩阵进行初等行变换, 将其化为上三角形并根据 m 对矩阵进行分块, 即可得到式(5.24)。

观察上列矩阵, 在同一块内存在这样的现象, 即下一行左移 1 比特后与上一行相加, 其结果或全为 0 或为一固定的序列。如矩阵的最后一块为

$$\begin{matrix} 111\ 100\ 011\ 111 \\ 110\ 010\ 100\ 110 \\ 011\ 001\ 010\ 011 \end{matrix} \qquad (5.25)$$

从最低行开始左移 1 比特与上一行相加有

$$1011\ 0000\ 1011\ 1011$$
$$0000\ 0000\ 0000\ 0000 \tag{5.26}$$

将固定序列看作多项式系数,可得到构造域的本原多项式为 $f(x)=x^3+x+1$,至此可以判定该 RS 码的符号域是由 $f(x)=x^3+x+1$ 构造的。设 α 为 $f(x)$ 的根,现将这一域构造出来,即

$$0 \quad 000 \quad 1 \quad 001 \quad \alpha \quad 010$$
$$\alpha^2 \quad 100 \quad \alpha^3 \quad 011 \quad \alpha^4 \quad 110 \tag{5.27}$$
$$\alpha^5 \quad 111 \quad \alpha^6 \quad 101$$

(3)生成多项式的确定。对 RS 系统码而言,由于上三角矩阵的最后一行即为码集合中次数最低的多项式,所以将其化为 $\mathrm{GF}(2^m)$ 上的多项式即为生成多项式。

例 5.2 中上三角矩阵最后一行为

$$000000001\ 011\ 001\ 010\ 011 \tag{5.28}$$

将其化为 $\mathrm{GF}(2^m)$ 上的多项式得到生成多项式 $g(x)$,即

$$g(x)=x^4+\alpha^3 x^3+x^2+\alpha x+\alpha^3 \tag{5.29}$$

对于非系统码而言情况复杂一些,这是由于非系统码包括一般非系统码和变换编码两种方式,它们的生成多项式使用的根不同,根据定义,一般非系统码以 α,$\alpha^2,\cdots,\alpha^r$ 为根,变换编码以 $1,\alpha,\alpha^2,\cdots,\alpha^{r-1}$ 为根,所以它们的生成多项式也不同,可通过对码向量做 GFFT 变换来确定码多项式的根[4],码多项式根的交集合就是生成多项式的根。

5.4.2　基于欧几里得算法的循环码生成多项式识别

基于欧几里得的线性分组码生成多项式识别是针对循环码的常用识别方法,它同样是利用 $u(D)g(D)=c(D)$ 约束关系的一种无错识别方法。循环码是线性分组码一个最主要子类,绝大多数工程应用的线性分组码都是循环码,如 BCH 码和 RS 码。循环码具有很多良好理论结构与实际性能。由于循环码的数学特性,可以用多种方式来表达,这些表达方式和其所数学特征都可以被利用实现对循环码这一类编码的参数盲识别。首先,循环码属于线性分组码,自然可以用矩阵形式表达,已知生成矩阵可以确定循环码;其次,循环码可以用码多项式的形式来表示,使其运算更加清晰简单,已知生成多项式可以确定循环码;再次,利用生成多项式和其根的特征,循环码可以用生成多项式的根来表达,已知生成多项式的根即可以确定生成多项式,进而确定循环码;最后,循环码还可以用类似线性移位寄存器的

编码电路来表达,使得线性移位寄存器综合的方法可以用来确定循环码的结构。比较简单直观的循环码识别方法是确定循环码生成多项式,本节主要介绍利用欧几里得算法从编码序列中直接得到生成多项式的方法。

循环码的重要特征是一个循环码分组编码分组 $C = [c_{n-1}, c_{n-2}, \cdots, c_0]$,它的编码分组中的序列经过循环移位后得到的编码分组,如 $C = [c_{n-2}, \cdots, c_0, c_{n-1}]$ 也同样是循环码分组。由于循环码具有循环移位的特性,它的数学表达可以通过多项式的形式来实现,对于一个 $\mathrm{GF}(p)$(p 为素数或素数的幂)上的 (n, k) 的循环码,每一个消息分组 U_m 所对应的是一个 k 次消息多项式 $u(x)$,多项式系数取自 $\mathrm{GF}(p)$ 中,其形式为

$$u(x) = u_{k-1}x^{k-1} + u_{k-2}x^{k-2} + \cdots + u_1 x + u_0 \qquad (5.30)$$

其生成多项式 $g(x)$ 的最高阶为 $n-k$,多项式系数取自 $\mathrm{GF}(p)$ 中,其形式为

$$g(x) = g_{n-k}x^{n-k} + g_{2n-k-1}x^{n-k-1} + \cdots + g_1 x + g_0 \qquad (5.31)$$

对于每个消息分组都能由生成多项式生成一个编码多项式,多项式系数取自 $\mathrm{GF}(p)$ 中,可得

$$c(x) = u(x)g(x)$$

$$c(x) = (u_{k-1}x^{k-1} + \cdots + u_1 x + u_0)(g_{n-k}x^{n-k} + \cdots + g_1 x + g_0) \qquad (5.32)$$

$$c(x) = u_{k-1}g_{n-k}x^{n-1} + (u_{k-1}g_{n-k-1} + u_{k-2}g_{n-k})x^{n-2} + \cdots + u_0 g_0$$

由式(5.32)可以看出,所有循环码的编码多项式都是生成多项式的倍式。可以证明,对于某一循环码这个生成多项式唯一存在。

循环码生成多项式特征对于循环码的参数识别具有重要意义,总结循环码生成多项式的特性如下。

（1）生成多项式 $g(x)$ 是码多项式中唯一的、次数最低的(最高次为 $n-k$)、首一(最高次系数 $g_1 = 1$)的多项式。

（2）每个循环码 $c(x)$ 都是生成多项式 $g(x)$ 的倍式,即 $g(x) \mid c(x)$。

（3）生成多项式 $g(x)$ 一定是 $x^n + 1$ 的因子,即 $g(x) \mid x^n + 1$,且满足 $x^n + 1 = h(x)g(x)$。

（4）一个循环码的生成多项式 $g(x)$ 所生成的 (n, k) 循环码是唯一的。

（5）为了保证循环码的性能,考虑生成多项式 $g(x)$ 一般是无重根的,由于 $g(x)$ 能够整除 $c(x)$,所以生成多项式的根也是编码多项式的根。

由循环码的生成多项式表达可以得出循环码的生成矩阵为

$$C = UG \qquad (5.33)$$

进一步展开如下:

$$[c_{n-1}, c_{n-2}, \cdots, c_0] =$$

$$[u_{k-1}, u_{k-2}, \cdots, u_0] \begin{bmatrix} g_{n-k} & g_{n-k-1} & \cdots & & g_1 & g_0 & & \\ & g_{n-k} & g_{n-k-1} & \cdots & & g_1 & g_0 & \\ & & \cdots & \cdots & \cdots & & & \\ & & & g_{n-k} & g_{n-k-1} & \cdots & g_1 & g_0 \end{bmatrix} \quad (5.34)$$

通过行变换可以将生成矩阵 G 变成系统形式 G',即

$$G' = [I_k P] = \begin{bmatrix} 1 & 0 & \cdots & 0 & p_{11} & p_{12} & \cdots & p_{1n-k} \\ 0 & 1 & \cdots & 0 & p_{21} & p_{22} & \cdots & p_{2n-k} \\ \vdots & \vdots & & \vdots & \vdots & \vdots & & \vdots \\ 0 & 0 & \cdots & 1 & p_{k1} & p_{k2} & \cdots & p_{kn-k} \end{bmatrix} \quad (5.35)$$

对于循环码的生成矩阵 G',当输入的消息码字依次为 $[1\,0\,\cdots\,0]$,$[0\,1\,\cdots\,0]$,$\cdots$,$[0\,0\,\cdots\,1]$ 时,输出的码字则依次为生成矩阵 G' 的行向量,由于 G' 矩阵的行向量均为编码码字,因此,这些编码多项式都是生成多项式的倍式。当输入消息码字为 $[0\,0\,\cdots\,1]$ 时,输出的编码码字的后 $k+1$ 位为循环码的生成多项式的系数。此时,$u(x)=1$,生成多项式为

$$[g_{n-k}, g_{n-k-1}, \cdots, g_0] = [1, p_{k1}, p_{k2}, \cdots, p_{kn-k}] \quad (5.36)$$

欧几里得算法解决求两个数(或两个多项式)的最大公因数(或最大公因式)的问题。

定理 5.3　设 $a>b>0$,且 $a=bq+r$,$0<r<b$,那么,a 和 b 最大公因式等于 b 和 r 的最大公因式,即 $(a,b)=(b,r)$。

由上述定理可知,求两个较大数的最大公因数可以转化为求两个较小数的最大公因数,并由此得到欧几里得定理。

定理 5.4(欧几里得)　设 $a>b>0$,那么

$$\begin{aligned} a &= b q_1 + r_1 & 0 < r_1 < b \\ b &= r_1 q_2 + r_2 & 0 < r_2 < r_1 \\ r_1 &= r_2 q_3 + r_3 & 0 < r_3 < r_2 \\ &\vdots & \vdots \\ r_{n-3} &= r_{n-2} q_{n-1} + r_{n-1} & 0 < r_{n-1} < r_{n-2} \\ r_{n-2} &= r_{n-1} q_n \end{aligned} \quad (5.37)$$

可得

$$(a,b)=(b,r_1)=(r_1,r_2)=\cdots=(r_{n-2},r_{n-1})=(r_{n-1},0)=r_{n-1} \qquad (5.38)$$

由欧几里得定理可知,将 a 和 b 相除,得到商和余数,除数 b 与余数继续相除,依次辗转进行,该过程也称辗转相除,所得到的最后一个余数 r_{n-1} 即是 a 和 b 的最大公因数。该方法也可以用于求两个多项式的最大公因式,将数的除法运算变成多项式除法即可。求多个数的最大公因数,可以通过连续求两个数的最大公因数来实现。

在循环码中,每个码多项式都是生成多项式的倍式,即 $g(x)$ 是每个码多项式的因式。因此,任意两个码多项式的最大公因式必含因式 $g(x)$。设 $v_1(x)$ 和 $v_2(x)$ 为任意两个码多项式,它们的最大公因式 $p(x)=(v_1(x)v_2(x))$。当 $\partial p(x)=n-k$ 时, $p(x)=g(x)$。当 $\partial p(x)>n-k$ 时, $g(x)$ 为 $p(x)$ 的一个因式。这时,必须再找一个码多项式 $v_3(x)$,求 $p(x)$ 和 $v_3(x)$ 的最大公因式,如此运算下去,直到求出一个 $n-k$ 次最大公因式,这就是所求的 $g(x)$ 或 $g(x)$ 的倍式。

欧几里得算法可以在有限域上进行的计算,具体步骤如下。

(1)取两个接收循环码分组,以有效长度较长码分组作为被除式。

(2)将被除式与除式相除,得到余式序列。

(3)将上一步中的除式作为被除式排在第一行,将上一步余式序列作为除式排在第二行,将被除式与除式相除,得到余式序列。

(4)反复运行步骤(2)和步骤(3),直到余数序列等于全"0",此时的除式序列(上一次运算的余式序列)即为所求的最大公因式。

例 5.3　已初步判定某二元域循环码的码长 $n=20$,现利用以下 3 个无误码的接收编码分组求生成多项式 $g(x)$:

接收编码分组 1　01110100100101010101

接收编码分组 2　11000100110110001000

接收编码分组 3　10100001011000111110

第 1、2 个编码分组求公因式的过程如下:

```
        11000100110110001000
        11101001001010101101
         1011011111100100010··················余数序列 r_1
        11101001001010101101
         1011011111100100010
            10100000110011··················余数序列 r_2
          1011011111100100010
            10100000110011
              110001110100··················余数序列 r_3
```

$$10100000110011$$
$$110001110100$$
$$100001011 \cdots\cdots\cdots\cdots 余数序列\ r_4$$
$$110001110100$$
$$100001011$$
$$0 \cdots\cdots\cdots\cdots 余数序列\ r_5$$

最后得到 100001011 即为生成多项式 $g(x) = x^8 + x^3 + x + 1$。用接收编码分组 3 可以整除 $g(x)$，验证了生成多项式正确。

用欧几里得算法求 $g(x)$，有以下 4 点说明。

（1）任意两个编码分组相除都可以，甚至有时可以用一个编码分组与将它循环移位产生的一个新的编码分组辗转相除也能得到 $g(x)$。

（2）如果循环码的信息或校验位有极性变化（即 01 取反），则需要将极性还原后，再做辗转相除，或者将偶数个接收字相加，以消除极性变化的影响，再用新产生的字进行辗转相除。

（3）为了减少运算次数，运算所选用的多项式次数应尽可能小。当 n 较大时，可利用循环和线性相加特性，通过将码字循环移位和多个码字线性相加的方法，降低码多项式的次数，使运算大大简化。

（4）先给出如下定义。

定义 5.3　设多项式 $f(x) = c_0 + c_1 x + c_2 x^2 + \cdots + c_{n-1} x^{n-1} + c_n x^n$。若其项数 c_i 是奇数，则记作 $w(f) = 1$，否则记作 $w(f) = 0$。

如果循环码的码字 $v(x)$ 中存在 $w(v) = 1$ 和 $w(v) = 0$ 时，欧几里得所选用的两个码字最好是一个为 $w(v) = 1$，一个为 $w(v) = 0$，这样求出的最大公因式 $p(x)$ 就可能是 $g(x)$。当选用的两个码字都是 $w(v) = 1$（或 $w(v) = 0$）时，则求出的最大公因式 $p(x)$ 很可能是 $g(x)$ 的倍式，需对 $p(x)$ 再做因式分解。

（5）求接收序列中有误码时的 $g(x)$，辗转相除通过循环移位充分利用样本使误码影响更小[5]，以及利用 $g(x) | x^n + 1$ 来选取最终的 $g(x)$。

5.4.3　基于码重分布的线性分组码识别

编码的码重分布是指在编码集合中不同码重的码字个数的分布值。一些线性分组码的码重分布具有较明显的区分特征，如 Golay 码，通过统计接收编码序列的码重分布，可以识别出特定的编码类型，这种方法具有一定的容错能力。

（23,12）Golay 码是一个二进制非本原 BCH 码，也是一个完备码。由于循环码的生成多项式是 $x^n - 1$ 的因子，在 GF(2) 中，（23,12）Golay 码的生成多项式同样

是 $x^{23}-1$ 的因子,即

$$x^{23}-1=(x+1)g_1(x)g_2(x) \tag{5.39}$$

其中

$$\begin{cases} g_1(x)=x^{11}+x^9+x^7+x^6+x^5+x+1 \\ g_2(x)=x^{11}+x^{10}+x^6+x^5+x^4+x^2+1 \end{cases} \tag{5.40}$$

故 $g_1(x)$ 和 $g_2(x)$ 都为 $(23,12)$ Golay 码的生成多项式,它们生成的编码互为对偶码。

$(23,12)$ Golay 码的最小码间距离为 7,可以纠 3bit 错误。实际中,通常在码字后添加 1bit 奇偶校验位得到 $(24,12)$ 扩展 Golay 码,这样可以产生了 1/2 码率的码字,并且码字为整字节数,在编码实现和信息传输时更方便,同时增加的校验比特也是最小码间距离从 7 增加到 8。

编码的码重分布是指在编码集合中不同码重的码字个数的分布值。Golay 码的码重分布如表 5.2 所列。

表 5.2 Golay 码的码重分布

码重	Golay 码类别	
	$(23,12)$ Golay 码	$(24,12)$ 扩展 Golay 码
0	1	1
7	253	0
8	506	759
11	1288	0
12	1288	2576
15	506	0
16	253	759
23	1	0
24	—	1

由表 5.2 可以看出,Golay 码的码重分布具有如下特征。

(1) $(23,12)$ Golay 码只存在 7 种码重值,如果 A_i 表示重量为 i 的 Golay 码字的数目,那么,有 $A_i=A_{23-i}, 0 \leqslant i \leqslant 23$。

(2) $(24,12)$ 扩展 Golay 码只存在 5 种码重值,如果 A_i 表示重量为 i 的扩展 Golay 码字的数目,那么,有 $A_i=A_{24-i}, 0 \leqslant i \leqslant 24$。

Golay 码是一种循环码,当然也可以用循环码的识别方法。Golay 码由于其比较固定参数,故较容易辨识,如通过码重分布统计进行 Golay 的识别,识别出 Golay 编码类型,其编码参数也就确定了。

对接收到的 40960 个 (23,12) Golay 码的不同编码重量的编码个数分布统计结果如图 5.5 所示。

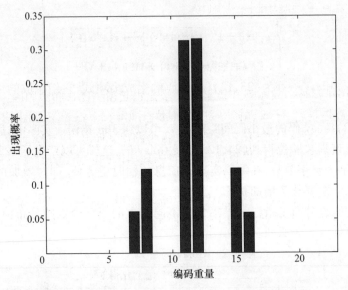

图 5.5　40960 个 (23,12) Golay 编码中不同编码重量的编码个数分布

对接收到的 40960 个 (24,12) 扩展 Golay 码的不同编码重量的编码个数分布统计结果如图 5.6 所示。

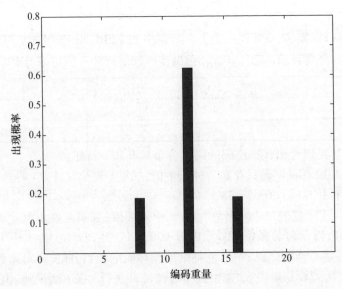

图 5.6　40960 个 (24,12) 扩展 Golay 编码中不同编码重量的编码个数分布

5.4.4　基于伽罗华域傅里叶变换的循环码识别

基于伽罗华域傅里叶变换（GFFT）的循环码识别主要是利用循环码的码根在变换域上特征进行识别。基于谱向量统计特征分析能够实现对循环码的容错识别。实际中对于如 RS 码进行基于 GFFT 识别，由于低阶的本原多项式个数有限，可以采用闭集识别[6]的方法。

为了保证循环码的性能，生成多项式 $g(x)$ 一般是无重根的，当 $g(x)$ 无重根时，可以用其根来定义 $GF(p)$ 上的循环码。$g(x)$ 可以分解为

$$g(x) = (x - \alpha_1)(x - \alpha_1)\cdots(x - \alpha_{n-k}) \tag{5.41}$$

$g(x)$ 的系数 $g_i \in GF(p)$，$i = 1, 2, \cdots n-k$，其根为扩域 $GF(p^m)$ 中元素，即 $\alpha_i \in GF(p^m)$，$i = 1, 2, \cdots, n-k$。

由前文可知，在 $GF(p)$ 域 $g(x)$ 能够整除 $c(x)$，即生成多项式的根 α_i 也是编码多项式的根，即有

$$c(\alpha) = c_{n-1}\alpha_i^{n-1} + c_{n-2}\alpha_i^{n-2} + \cdots + c_1\alpha + c_0 = 0, \quad i = 1, 2, \cdots, n-k \tag{5.42}$$

对于生成多项式 $g(x)$ 根 α_i 的极小多项式 $m_i(x)$，$i = 1, 2, \cdots, n-k$，必定都能够除尽 $g(x)$ 和 $c(x)$，由于 $g(x)$ 是码多项式中唯一的次数最低的首一多项式，那么，有

$$g(x) = LCM(m_1(x), m_2(x), \cdots, m_{n-k}(x)) \tag{5.43}$$

RS 码是一种 $q(q \neq 2)$ 进制的 BCH 码，由于码的根所在的域与码元符号取值的域相同，因此，$\alpha^i \in GF(q)$，在该域中的极小多项式 $m_i(x)$ 必是一次多项式，即

$$m_i(x) = x - \alpha^i, \quad i = 0, 1, 2, \cdots, q-2 \tag{5.44}$$

根据 BCH 码的定义，设计距离为 δ 的 RS 码，它以 $\alpha^{m_0}, \alpha^{m_0+1}, \cdots, \alpha^{m_0+\delta-2}$ 为根，则生成多项式可表示为

$$g(x) = (x - \alpha^{m_0})(x - \alpha^{m_0+1})\cdots(x - \alpha^{m_0+\delta-2}) \tag{5.45}$$

通常情况下，取 $m_0 = 1$，则生成多项式可写成

$$g(x) = (x - \alpha)(x - \alpha^2)\cdots(x - \alpha^{\delta-1}) \tag{5.46}$$

当 α 是本原元时，以 $\alpha, \alpha^2, \cdots, \alpha^{\delta-1}$ 为根的 RS 码的码长 $n = q-1$，由此得到 $(q-1, q-\delta)$ 本原 RS 码，其实际距离与设计距离是一致的。

类似实数域、复数域的傅里叶变换，有限域的傅里叶变换成为伽罗华域傅里叶变换（GFFT）[1]。

定义 5.4　令 $GF(q)$ 上的多项式

$$a(x) = a_{n-1}x^{n-1} + a_{n-2}x^{n-2} + \cdots + a_1 x + a_0, \quad a_i \in GF(q) \tag{5.47}$$

在 $GF(q^m)$ 上的傅里叶变换多项式为

$$A(Z) = A_{n-1}Z^{n-1} + A_{n-2}Z^{n-2} + \cdots + A_1 x + A_0 = \sum_{j=0}^{n-1} A_J Z^j, \quad V_j \in GF(q^m)$$

(5.48)

式中:$A_j = a(\alpha^j) = \sum_{i=1}^{n-1} a_i (\alpha^j)^i, 0 \leq j \leq n-1$,称为 $A(Z)$ 的第 j 个谱分量。

傅里叶变换的矩阵形式为

$$\begin{bmatrix} A_0 \\ A_1 \\ \vdots \\ A_{n-1} \end{bmatrix} = \begin{bmatrix} 1 & 1 & \cdots & 1 & 1 \\ (\alpha^1)^{n-1} & (\alpha^1)^{n-2} & \cdots & (\alpha^1)^1 & 1 \\ \vdots & \vdots & & \vdots & \vdots \\ (\alpha^{n-1})^{n-1} & (\alpha^{n-1})^{n-2} & \cdots & (\alpha^{n-1})^1 & 1 \end{bmatrix} \begin{bmatrix} a_0 \\ a_1 \\ \vdots \\ a_{n-1} \end{bmatrix}$$

(5.49)

定理 5.5 多项式 $a(x)$ 以 α^j 为根的充要条件是其傅里叶变换多项式 $A(Z)$ 的系数 $A_j = a(\alpha^j) = 0$。

定理 5.6 对任意距离为 δ 的 RS 码字做 GFFT 变换,$A(Z)$ 中至少有 $(\delta-1)$ 个连零。

RS 码识别需要获得本原多项式 $f(x)$ 和生成多项式 $g(x)$,由于低阶的本原多项式个数有限,采用闭集识别的方法,首先构建本原多项式集合 $F = \{f_1(x), f_2(x), \cdots, f_m(x)\}$,使用集合中本原多项式,对 N 组接收序列 $r(x)$ 分别进行 GFFT 变换,统计谱分量值,考察匹配结果判定本原多项式,文献[6]给出在含误码条件下的 RS 码闭集识别过程,采用基于平方欧几里得距离测度的本原多项式判定方法。

5.4.5 LDPC 码校验矩阵识别

LDPC(Low Density Parity Check)码具有逼近香农限的性能,近年来越来越广泛地应用在数字通信系统中。LDPC 码属于线性分组码,它由一个包含很少非零元素校验矩阵的零空间来定义,也称其校验矩阵 $\boldsymbol{H}$ 是稀疏的。一个 (n,k) LDPC 码的编码长度为 n,消息长度为 k,其校验矩阵 $\boldsymbol{H}$ 为一个 $r \times k$ 的矩阵,其中 r 等于或略大于 $n-k$。所谓校验矩阵 $\boldsymbol{H}$ 是稀疏的,是指校验矢量 $\boldsymbol{h}_i$ 的非零元素远小于 n。

$$t_i = wt(\boldsymbol{h}_i) \ll n, \forall i = 1,2,\cdots,r$$

(5.50)

式中:$wt(\cdot)$ 表示向量的汉明重量。由于 LDPC 码满足线性分组码的约束关系准则,然而与其他线性分组码不同,为了能够实现 LDPC 码的译码,需要获得其稀疏的校验矩阵。利用前文所述的基于矩阵化简的线性分组码识别方法,可以获取编码空间的一组基作为生成矩阵 $\boldsymbol{G}$,利用生成矩阵和校验矩阵的转换关系可以获得对应的一个非稀疏的校验矩阵,然而,非稀疏的校验矩阵并不能引导译码器进行译码,与其他线性分组码不同的是,LDPC 码识别需要额外进行校验矩阵的稀疏化,得到具有一定稀疏特性的那组基。相比较其他分组码,为了达到较大码间距离,LDPC 码通常设计的码长更长。此外,得益于 LDPC 码的良好性能,实际中的通信系统即便调低发射功率亦能满足较好的通信性能,侦察设备面临的高误码的接收条件,因此,实际中必须考虑 LDPC 容错识别。

在无误码条件下,LDPC 码校验矩阵稀疏化是在保证分组码约束关系的前提下,寻找满足稀疏特性的校验矩阵,文献[7]针对具有对角结构校验矩阵的 LDPC 码,通过设置稀疏化度量(如行重)门限,对非稀疏校验矩阵进行迭代行变换获得稀疏的校验向量。文献[8]应用 Canteaut – Chabaud 算法[9]实现 LDPC 码稀疏校验矩阵的重建。

假定已知侦察截获到 LDPC 编码码长为 n,通过 M 个编码序列构造一个分析矩阵 $C_{M \times n} = (c_1^{\mathrm{T}}, c_1^{\mathrm{T}}, \cdots, c_M^{\mathrm{T}})^{\mathrm{T}}$,分析矩阵列序号集合 $S = \{1, 2, \cdots, n\}$,对于 S 的任意一个子集 I,可以分解得到 $C_{M \times n} = (U, V)_I$,其中 U 为按列序号集合 I 对 $C_{M \times n}$ 的取值,V 为按列序号集合 $S \backslash I$ 对 $C_{M \times n}$ 的取值。通过对 $C_{M \times n}$ 初等行变化,可得生成矩阵

$$G_{\mathrm{sys}} = (I_k, P)_I \tag{5.51}$$

根据系统形式生成矩阵和校验矩阵关系,可得

$$H_{\mathrm{sys}} = (P^{\mathrm{T}}, I_{n-k})_I = (I_{n-k}, P^{\mathrm{T}})_{S \backslash I} \tag{5.52}$$

对于给定的矩阵 H_{sys} 和正整数 t(其中 $t = \max(t_i)$,$i = 1, 2, \cdots, r$),Canteaut – Chabaud 算法通过迭代能够快速空间中重量不大于 t 的向量,然而,由于 t 本身未知,文献[9]对算法进行了修改,在搜索过程中逐步确定 t 值。

实际中常用的 QC – LDPC(准循环 LDPC)具有编译码高效的优点,其特点是编码向量、校验向量可以按长度 m 进行分段,即 $n = ml$,$r = mz$,同时向量进行分段内循环移位后仍然是空间内的向量,若 $h = [h_1, h_2, \cdots, h_l]$($h_i$ 长度为 m,表示 h 的第 i 段,$i = 1, 2, \cdots, l$)是编码的一个校验向量,那么,经分段内循环移位后形成的向量 $h^1 = [h_1^1, h_2^1, \cdots, h_l^1]$ 仍是编码的一个校验向量,h_i^1 表示 h_i 循环右移 1 位的序列。根据这个特点利用 Canteaut – Chabaud 算法搜索出的稀疏校验向量,可以通过分段内循环移位获得其他的稀疏校验向量,借此可以缩短搜索的时间。

5.5 卷积码识别

由卷积码的基本原理,生成矩阵 G_∞ 是描述卷积码的最重要的参数,它实际隐含了包括编码长度 n、消息长度 k、编码存储级数 m 等卷积码参数,从生成矩阵形

式可判断卷积码为系统卷积码或非系统卷积码,已知生成矩阵才可以完成对卷积码的译码。卷积码识别问题是在未知信息序列 u 和生成矩阵 G_∞ 都未知的情况下通过接收序列 r($r=c+e$,c 为编码序列,e 为错误序列)实现对卷积码生成矩阵的识别,主要的卷积编码参数如下。

(1)编码起点。表示接收数据中划分卷积编码子码边界的比特位置。

(2)编码码长。表示每个卷积编码子码的比特个数。

(3)编码速率。表示消息长度与编码长度的比值 k/n。

(4)校验矩阵 H。

(5)生成矩阵 G。生成矩阵的识别标志着卷积码识别的完成。

卷积码具有与线性分组码相似的数学结构,编码序列都是有信息序列与生成矩阵相乘得到,并且都存在校验矩阵。区别是卷积码的生成矩阵为半无限矩阵,而线性分组码的生成矩阵为有限矩阵。在实际应用的一般情况中,卷积码的码长比线性分组码要小,通常 n 不大于 8。卷积码的一些特性使得卷积码的识别过程要更为复杂,主要体现在以下几方面。

(1)卷积码编码器具有记忆性,导致卷积码的编码序列之间存在约束关系,而线性分组码之间没有此种关系,这种约束关系使得卷积码的结构变得更加复杂。

(2)常见的线性分组码多为系统码,而非系统卷积码应用也很广泛,系统卷积码的生成矩阵和校验矩阵一一对应,而且通过简单处理可以相互得到。然而,非系统卷积码生成矩阵和校验矩阵之间的推导过程比较复杂,生成矩阵和校验矩阵不能一一对应,使得非系统卷积码生成矩阵的求解比较困难。

(3)随着 n、k、m 值的增加,导致卷积编码器输入输出之间的关系变得更加复杂,也会使识别变得困难。

(4)此外,常见的卷积码采用了截断、删除等处理过程,同样加大了卷积码的识别难度。

不过,实际的数字通信系统通常选用几种比较固定的优选卷积码完成信息纠错,在掌握这些常用卷积码的信息后,在工程中识别常见的卷积码并不困难,并且可以利用先验信息大大减少卷积码识别的运算量,实现最大似然的卷积码识别,同时识别方法也可以具备对一定误码的容错能力。

卷积码的编码序列中隐含着卷积码的校验关系,用校验矩阵或校验多项式矩阵来表达。由校验矩阵(校验多项式矩阵)的数学表达中可以看出,校验矩阵(校验多项式矩阵)中包含着卷积码码长、码率、约束长度等参数信息。由此,可以得到卷积码的识别步骤。

(1)根据 $cH_\infty^{\mathrm{T}}=0$,从接收序列中获取卷积码的校验矩阵(校验多项式矩阵)。

(2)从校验矩阵的识别结果中得到卷积码码长 n、码率 R 以及约束长度 m 等参数信息,从校验关系在接收序列中的分布情况获取卷积码的编码起点。

（3）根据$\boldsymbol{G}_{\infty}\boldsymbol{H}_{\infty}^{\mathrm{T}}=0$,估计出可能生成矩阵(或生成多项式矩阵),完成卷积码的识别。

第(3)步中,由 $\boldsymbol{H}$ 可能不能得到唯一 $\boldsymbol{G}$,使得可识别的卷积码类型受到限制。目前的卷积码识别方法可以对系统卷积码进行识别,并且由于$(n-1)/n$非系统删除卷积码和$1/n$非系统卷积码的一些特性,也可以完成对 $\boldsymbol{G}$ 的识别,而这三类卷积码覆盖了实际中所应用到的大多数常见卷积码。

第(1)步中,由于接收序列中会带来传输误码,而误码会影响其所在约束长度序列的校验关系,使得无法获得校验矩阵,现有方法通常是对大量接收样本进行识别后进行统计获取结果。

5.5.1　直接法求解校验多项式

由等式 $\boldsymbol{c}\boldsymbol{H}_{\infty}^{\mathrm{T}}=0$,已知 $\boldsymbol{c}$ 求 $\boldsymbol{H}_{\infty}^{\mathrm{T}}$,故可以将卷积码校验矩阵识别看作解方程问题。基于方程系数矩阵化简的校验矩阵识别方法是最直接的识别方法。当具有足够的数据样本后可以在矩阵化简结果中获得其他卷积码参数。

首先讨论方程 $\boldsymbol{c}\boldsymbol{H}_{\infty}^{\mathrm{T}}=0$ 的数学结构,卷积码校验矩阵的转置形式:

$$\boldsymbol{H}_{\infty}^{\mathrm{T}}=\begin{bmatrix} \boldsymbol{h}_0^{\mathrm{T}} & \boldsymbol{h}_1^{\mathrm{T}} & \cdots & \boldsymbol{h}_m^{\mathrm{T}} & & & \\ & \boldsymbol{h}_0^{\mathrm{T}} & \boldsymbol{h}_1^{\mathrm{T}} & \cdots & \boldsymbol{h}_m^{\mathrm{T}} & & \\ & & \boldsymbol{h}_0^{\mathrm{T}} & \boldsymbol{h}_1^{\mathrm{T}} & \cdots & \boldsymbol{h}_m^{\mathrm{T}} & \\ & & & \boldsymbol{h}_0^{\mathrm{T}} & \boldsymbol{h}_1^{\mathrm{T}} & \cdots & \boldsymbol{h}_m^{\mathrm{T}} \\ & & & \cdots & \cdots & \cdots & \cdots \end{bmatrix} \tag{5.53}$$

式中:$\boldsymbol{h}_l^{\mathrm{T}}(l=0,1,\cdots,m)$是一个 $n\times r$ 的矩阵,$r=n-k$,即

$$\boldsymbol{h}_l^{\mathrm{T}}=\begin{bmatrix} h_l(1,1) & h_l(2,1) & \cdots & h_l(r,1) \\ h_l(1,2) & h_l(2,2) & \cdots & h_l(r,2) \\ \vdots & \vdots & & \vdots \\ h_l(1,n) & h_l(2,n) & \cdots & h_l(r,n) \end{bmatrix} \tag{5.54}$$

编码序列 $\boldsymbol{c}=(\boldsymbol{c}_0,\boldsymbol{c}_1,\boldsymbol{c}_2,\cdots)$,其中$\boldsymbol{c}_i=(c_i^1,c_i^2,\cdots,c_i^n)(i=0,1,\cdots)$表示 n 维的卷积码子码向量。

将式 $\boldsymbol{c}\boldsymbol{H}_{\infty}^{\mathrm{T}}=0$ 进行展开:

$$\begin{bmatrix} \boldsymbol{c}_0, \boldsymbol{c}_1, \boldsymbol{c}_2, \cdots \end{bmatrix} \begin{bmatrix} \boldsymbol{h}_0^{\mathrm{T}} & \boldsymbol{h}_1^{\mathrm{T}} & \cdots & \boldsymbol{h}_m^{\mathrm{T}} & & & \\ & \boldsymbol{h}_0^{\mathrm{T}} & \boldsymbol{h}_1^{\mathrm{T}} & \cdots & \boldsymbol{h}_m^{\mathrm{T}} & & \\ & & \boldsymbol{h}_0^{\mathrm{T}} & \boldsymbol{h}_1^{\mathrm{T}} & \cdots & \boldsymbol{h}_m^{\mathrm{T}} & \\ & & & \boldsymbol{h}_0^{\mathrm{T}} & \boldsymbol{h}_1^{\mathrm{T}} & \cdots & \boldsymbol{h}_m^{\mathrm{T}} \\ & & & \cdots & \cdots & \cdots & \cdots \end{bmatrix} = 0$$

$$\boldsymbol{c}_0 \boldsymbol{h}_0^{\mathrm{T}} = 0 \tag{5.55}$$

$$\boldsymbol{c}_0 \boldsymbol{h}_1^{\mathrm{T}} + \boldsymbol{c}_1 \boldsymbol{h}_0^{\mathrm{T}} = 0$$

$$\cdots$$

$$\boldsymbol{c}_0 \boldsymbol{h}_m^{\mathrm{T}} + \boldsymbol{c}_1 \boldsymbol{h}_{m-1}^{\mathrm{T}} + \cdots + \boldsymbol{c}_{m-1} \boldsymbol{h}_1^{\mathrm{T}} + \boldsymbol{c}_m \boldsymbol{h}_0^{\mathrm{T}} = 0$$

$$\boldsymbol{c}_1 \boldsymbol{h}_m^{\mathrm{T}} + \boldsymbol{c}_2 \boldsymbol{h}_{m-1}^{\mathrm{T}} + \cdots + \boldsymbol{c}_m \boldsymbol{h}_1^{\mathrm{T}} + \boldsymbol{c}_{m+1} \boldsymbol{h}_0^{\mathrm{T}} = 0$$

$$\cdots$$

由式(5.55)可以看出,任意 $m+1$ 个连续的卷积码子码(具备 $N = (m+1) \times n$ 个编码序列比特)与 $(\boldsymbol{h}_m^{\mathrm{T}}, \boldsymbol{h}_{m-1}^{\mathrm{T}}, \cdots, \boldsymbol{h}_1^{\mathrm{T}}, \boldsymbol{h}_0^{\mathrm{T}})^{\mathrm{T}}$ 相乘等于 0,即

$$(\boldsymbol{h}_m^{\mathrm{T}}, \boldsymbol{h}_{m-1}^{\mathrm{T}}, \cdots, \boldsymbol{h}_1^{\mathrm{T}}, \boldsymbol{h}_0^{\mathrm{T}})^{\mathrm{T}} = \begin{bmatrix} h_m(1,1) & h_m(2,1) & \cdots & h_m(r,1) \\ h_m(1,2) & h_m(2,2) & \cdots & h_m(r,2) \\ \vdots & \vdots & & \vdots \\ h_m(1,n) & h_m(2,n) & \cdots & h_m(r,n) \\ \vdots & \vdots & & \vdots \\ h_0(1,1) & h_0(2,1) & \cdots & h_0(r,1) \\ h_0(1,2) & h_0(2,2) & \cdots & h_0(r,2) \\ \vdots & \vdots & & \vdots \\ h_0(1,n) & h_0(2,1) & \cdots & h_0(r,n) \end{bmatrix} \tag{5.56}$$

定义 5.5 $h(i) = (h_m(i,1), h_m(i,2), \cdots, h_m(i,n), \cdots, h_0(i,1), h_0(i,2), \cdots, h_0(i,n))(i = 1, 2, \cdots, r)$ 为卷积码的**校验序列**,校验序列向量是线性无关的。

由式(5.55)和式(5.56)可进一步展开成比特的表达形式,对于编码序列中第 t 个 ~ 第 $t+m$ 个卷积码子码 $(t \geqslant 0)$,有

$$
(c_t^1, c_t^2, \cdots, c_t^n, \cdots, c_{t+m}^1, \cdots, c_{t+m}^n)
\begin{bmatrix}
h_m(1,1) & h_m(2,1) & \cdots & h_m(r,1) \\
h_m(1,2) & h_m(2,2) & \cdots & h_m(r,2) \\
\vdots & \vdots & & \vdots \\
h_m(1,n) & h_m(2,n) & \cdots & h_m(r,n) \\
\vdots & \vdots & & \vdots \\
h_0(1,1) & h_0(2,1) & \cdots & h_0(r,1) \\
h_0(1,2) & h_0(2,2) & \cdots & h_0(r,2) \\
\vdots & \vdots & & \vdots \\
h_0(1,n) & h_0(2,1) & \cdots & h_0(r,n)
\end{bmatrix} = 0
$$

$$(5.57)$$

当选取 $N = (m+1) \times n$ 个不同的 t，可以列出 N 个方程组成的方程组，校验序列 $h(i)$ 为该齐次线性方程组的线性无关解，即

$$
\begin{bmatrix}
c_{t_1}^1, & c_{t_1}^2, & \cdots, & c_{t_1}^n, & \cdots, & c_{t_1+m}^1, & \cdots, & c_{t_1+m}^n \\
c_{t_2}^1, & c_{t_2}^2, & \cdots, & c_{t_2}^n, & \cdots, & c_{t_2+m}^1, & \cdots, & c_{t_2+m}^n \\
\vdots & \vdots & & \vdots & & \vdots & & \vdots \\
c_{t_N}^1, & c_{t_N}^2, & \cdots, & c_{t_N}^n, & \cdots, & c_{t_N+m}^1, & \cdots, & c_{t_N+m}^n
\end{bmatrix}
\begin{bmatrix}
h_m(1,1) & h_m(2,1) & \cdots & h_m(r,1) \\
h_m(1,2) & h_m(2,2) & \cdots & h_m(r,2) \\
\vdots & \vdots & & \vdots \\
h_m(1,n) & h_m(2,n) & \cdots & h_m(r,n) \\
\vdots & \vdots & & \vdots \\
h_0(1,1) & h_0(2,1) & \cdots & h_0(r,1) \\
h_0(1,2) & h_0(2,2) & \cdots & h_0(r,2) \\
\vdots & \vdots & & \vdots \\
h_0(1,n) & h_0(2,1) & \cdots & h_m(r,n)
\end{bmatrix} = 0
$$

$$(5.58)$$

通过利用接收码字构造方程组的系数矩阵进行求解该齐次线性方程组的基础解系，将该基础解系作为所识别的校验序列。根据校验序列可以得到子校验元多项式 $\boldsymbol{h}^{(i,j)}(D) = [h_0(i,j), h_1(i,j), \cdots, h_m(i,j)]$，进而得到校验多项式矩阵 $\boldsymbol{H}(D)$。

$$
\boldsymbol{H}(D) =
\begin{bmatrix}
\boldsymbol{h}^{(1,1)}(D) & \boldsymbol{h}^{(1,2)}(D) & \cdots & \boldsymbol{h}^{(1,n)}(D) \\
\boldsymbol{h}^{(2,1)}(D) & \boldsymbol{h}^{(2,2)}(D) & \cdots & \boldsymbol{h}^{(2,n)}(D) \\
\vdots & \vdots & & \vdots \\
\boldsymbol{h}^{(r,1)}(D) & \boldsymbol{h}^{(r,2)}(D) & \cdots & \boldsymbol{h}^{(r,n)}(D)
\end{bmatrix}
$$

$$(5.59)$$

当接收到一维的编码序列后，需要构建一个方程组系数矩阵模型。根据

式(5.59)可知,由式(5.58)来构建方程组,需要已知参数 n、m,当选取 t 的最小偏移为 1 时,需要最少 $(N+m)$ 个子码序列 $((N+m)\times n\text{bit})$ 来构造方程。通常情况下,接收到的编码序列要远大于 $(N+m)$,那么,可以构造一个更大的编码序列矩阵,以比特为单位,矩阵的行数 x 列数 y,满足 $y>N,x>y$。实际应用中,卷积码的复杂度决定了 m、n 不会太大,一般 $m\leqslant 8,n\leqslant 8$,根据误码程度和数据量可以适当调整 x、y 值。另外,由方程组形式可知,每个方程系数在接受序列中的位置偏移必须为 $n\text{bit}$ 的整数倍,那么,此时需要确定 n 的值,当数据量足够时,可以使用 n 可能值的最小公倍数来进行偏移,如 2、3、4、5、6、7、8 的最小公倍数为 840,故可设 $n=840$。那么,构造的齐次线性方程组的系数矩阵形式为

$$A = \begin{bmatrix} c^{p_1} & c^{p_1+1} & \cdots & c^{p_1+y} \\ c^{p_2} & c^{p_2+1} & \cdots & c^{p_2+y} \\ \vdots & \vdots & & \vdots \\ c^{p_x} & c^{p_x+1} & \cdots & c^{p_x+y} \end{bmatrix} \tag{5.60}$$

c^t 表示接收序列中第 t 位比特,比特位置 $p_1,p_2,\cdots,p_x$ 满足任意两值之间的差能够整除 n。对系数矩阵模型进行初等行变换为阶梯矩阵,通常可以得到如下形式[10],即

$$A' = \begin{bmatrix} I_a & 0 & 0 & 0 & \cdots & 0 & 0 \\ 0 & I_v & & & & & \\ 0 & 0 & I_k B_r^1 & & & & \\ 0 & 0 & 0 & I_k B_r^2 & & & \\ \vdots & \vdots & \vdots & & \ddots & & \\ 0 & 0 & 0 & 0 & 0 & I_k B_r^l & \\ 0 & 0 & 0 & 0 & 0 & 0 & I_w \\ 0 & 0 & 0 & 0 & 0 & 0 & 0 \end{bmatrix} \tag{5.61}$$

式中: I_a 为一个 a 维的单位阵,它是由于所使用的接收序列起点 c^{p_1} 不是一个子码的起始,根据 a 可以判定编码的起点,编码起点位置应为 $c^{p_1}+n-a$; I_v 为一个 v 维的单位阵; I_k 是一个 k 为的单位阵; B_r^1 是一个 $(v+n)\times r$ 的矩阵,处在矩阵 A' 的 b_1 列,其可以构成第一个完整基础解系,即校验序列 $h(i)(i=1,2,\cdots,r)$,由 $I_k B_r^1$ 的结构可以获得编码长度 n,信息长度 k。约束长度 m 可以按如下方法求得。

（1）当 $k=1$ 时，约束长度 $m=\left\lfloor 2\times\left(\dfrac{b_1-a}{n}-1\right)\right\rfloor$。

（2）当 $k\neq1$ 时，约束长度 $m=\left\lfloor\dfrac{b_1}{2n}-\dfrac{1}{2}\right\rfloor+1$。

对 $h(i)(i=1,2,\cdots,r)$ 元素按间隔 m 进行提取得到子校验元多项式 $\boldsymbol{h}^{(i,j)}(D)$，进而得到校验多项式矩阵 $\boldsymbol{H}(D)$。

由于构造系数矩阵 $\boldsymbol{A}$ 中的编码序列之间的约束关系，每次以 n 位行列的偏移值都可以提取出一个有效的系数子阵，故在 $\boldsymbol{A'}$ 中从 $\boldsymbol{I}_k\boldsymbol{B}_r^1$ 之后的行列多次移位 n 位，会得到以 n 为间隔的 $\boldsymbol{I}_k\boldsymbol{B}_r^2,\boldsymbol{I}_k\boldsymbol{B}_r^3,\cdots,\boldsymbol{I}_k\boldsymbol{B}_r^l$，其中 $\boldsymbol{B}_r^i(i=2,3,\cdots,l)$ 并不是 $\boldsymbol{B}_r^1$ 的偏移，这是由于初等行变换 $\boldsymbol{B}_r^i$ 叠加了 $\boldsymbol{B}_r^j(j=1,2,\cdots,i)$ 的值。

5.5.2　生成多项式矩阵识别

根据卷积码校验多项式矩阵和生成多项式矩阵的关系，本节将结合实际分别介绍系统卷积码、$1/2$ 非系统卷积码以及 $1/n$ 非系统卷积码的生成多项式识别方法。

1）系统卷积码

系统卷积码的生成多项式矩阵为

$$\boldsymbol{G}(D)=\begin{bmatrix}1 & 0 & \cdots & 0 & g^{(1,k+1)}(D) & \cdots & g^{(1,n)}(D)\\0 & 1 & \cdots & 0 & g^{(2,k+1)}(D) & \cdots & g^{(2,n)}(D)\\\vdots & \vdots & & \vdots & \vdots & & \vdots\\0 & 0 & \cdots & 1 & g^{(k,k+1)}(D) & \cdots & g^{(k,n)}(D)\end{bmatrix}\qquad(5.62)$$

由该式可以看出其形式类似于系统线性分组码的生成矩阵。通过矩阵化简可以获得线性分组码的生成矩阵，那么，该方法同样适用于系统卷积码。化简结果矩阵 $\boldsymbol{A'}$ 符合系统码生成多项式结构，此时，不必从 $\boldsymbol{A'}$ 的列特征上去求 $\boldsymbol{H}(D)$，而是直接从行特征就可以得到系统码的生成元 $[\boldsymbol{I}_k p_0,0\,p_1,\cdots,0\,p_m]$，由生成元和子生成多项式关系进而得到生成多项式矩阵 $\boldsymbol{G}(D)$。

例 5.4　$(4,2,4)$ 系统卷积码，其生成多项式矩阵用系数表示为

$$\boldsymbol{G}=\begin{bmatrix}10000 & 00000 & 10011 & 11101\\00000 & 10000 & 11101 & 10011\end{bmatrix}$$

对该系统卷积码排列矩阵进行矩阵化简的结果如图 5.7 所示。

由图中可见，方框内为重复出现的生成元，由生成元的行数和 0 间隔可以判断 $n=4,k=2$，根据生成元的形式可得

```
1...............1..11.........................
.1...........1...11..........................
..1.........................................
...1........................................
....1.......1...1...11.......................
....1.......1...1...11.......................
.....1......................................
.....1......................................
......1.....1...1...1...11...................
......1.....1...1...1...11...................
.......1...11...............................
.......1...11...............................
........1.11...1...1...1...11................
........111..1...1...1...11.................
............................................
............................................
............1.11...1...1...1...11............
.............111..1...1....1...11...........
............................................
............................................
................1.11...1...1...1...11.......
.................111..1...1....1...11.......
............................................
............................................
....................1.11...1...1...1...11...
....................111..1...1....1...11....
```

图 5.7　系统卷积码序列矩阵化简

$$\boldsymbol{p}_0 = \begin{bmatrix} g_0^{(1,3)} & g_0^{(1,4)} \\ g_0^{(2,3)} & g_0^{(2,4)} \end{bmatrix} = \begin{bmatrix} 1 & 1 \\ 1 & 1 \end{bmatrix}$$

$$\boldsymbol{p}_1 = \begin{bmatrix} g_1^{(1,3)} & g_1^{(1,4)} \\ g_1^{(2,3)} & g_1^{(2,4)} \end{bmatrix} = \begin{bmatrix} 0 & 1 \\ 1 & 0 \end{bmatrix}$$

$$\boldsymbol{p}_2 = \begin{bmatrix} g_2^{(1,3)} & g_2^{(1,4)} \\ g_2^{(2,3)} & g_2^{(2,4)} \end{bmatrix} = \begin{bmatrix} 0 & 1 \\ 1 & 0 \end{bmatrix}$$

$$\boldsymbol{p}_3 = \begin{bmatrix} g_3^{(1,3)} & g_3^{(1,4)} \\ g_3^{(2,3)} & g_3^{(2,4)} \end{bmatrix} = \begin{bmatrix} 1 & 0 \\ 0 & 1 \end{bmatrix}$$

$$\boldsymbol{p}_4 = \begin{bmatrix} g_4^{(1,3)} & g_4^{(1,4)} \\ g_4^{(2,3)} & g_4^{(2,4)} \end{bmatrix} = \begin{bmatrix} 1 & 1 \\ 1 & 1 \end{bmatrix}$$

进一步可得

$$g^{(1,3)}(D) = g_0^{(1,3)} + g_1^{(1,3)}D + g_2^{(1,3)}D^2 + g_3^{(1,3)}D^3 + g_4^{(1,3)}D^4 = 1 + D^3 + D^4$$

$$g^{(1,4)}(D) = g_0^{(1,4)} + g_1^{(1,4)}D + g_2^{(1,4)}D^2 + g_3^{(1,4)}D^3 + g_4^{(1,4)}D^4 = 1 + D + D^2 + D^4$$

$$g^{(2,3)}(D) = g_0^{(2,3)} + g_1^{(2,3)}D + g_2^{(2,3)}D^2 + g_3^{(2,3)}D^3 + g_4^{(2,4)}D^4 = 1 + D + D^2 + D^4$$

$$g^{(2,4)}(D) = g_0^{(2,4)} + g_1^{(2,4)}D + g_2^{(2,4)}D^2 + g_3^{(2,4)}D^3 + g_4^{(2,4)}D^4 = 1 + D^3 + D^4$$

可得生成多项式为

$$\boldsymbol{G} = \begin{bmatrix} 1 & 0 & 1+D^3+D^4 & 1+D+D^2+D^4 \\ 0 & 1 & 1+D+D^2+D^4 & 1+D^3+D^4 \end{bmatrix}$$

2）1/2 非系统卷积码

1/2 卷积码的生成多项式矩阵和校验多项式矩阵有如下关系。

1/2 卷积码的生成多项式矩阵为

$$\boldsymbol{G}(D) = \begin{bmatrix} g^{(1,1)}(D) & g^{(1,2)}(D) \end{bmatrix} \tag{5.63}$$

1/2 卷积码的校验多项式矩阵为

$$\boldsymbol{H}(D) = \begin{bmatrix} h^{(1,1)}(D) & h^{(1,2)}(D) \end{bmatrix} \tag{5.64}$$

由 $\boldsymbol{G}(D)\boldsymbol{H}(D)^{\mathrm{T}} = 0$，可得

$$g^{(1,1)}(D)h^{(1,2)}(D) + g^{(1,2)}(D)h^{(1,1)}(D) = 0 \tag{5.65}$$

$(2,1,m)$ 卷积码不产生第一类无限误差传播的条件为其生成多项式矩阵 $\boldsymbol{G}(D)$ 有一个无反馈逆或有一个前反馈[2]。无反馈逆的充要条件是：生成多项式矩阵 $\boldsymbol{G}(D)$ 中的子生成多项式互素。有一个前反馈的充要条件为

$$\mathrm{GCD}(g^{(1,1)}(D), g^{(1,2)}(D)) = D^L \tag{5.66}$$

式中：L 为一个自然数，并且存在有一个最小延迟为 L 的逆，其他任何延迟的逆都小于它。

若卷积码无反馈，则

$$\begin{cases} g^{(1,1)}(D) = h^{(1,1)}(D) \\ h^{(1,2)}(D) = g^{(1,2)}(D) \end{cases} \tag{5.67}$$

若卷积码有一个前反馈，则有

$$\mathrm{GCD}(g^{(1,2)}(D)h^{(1,2)}(D)/h^{(1,1)}(D), \quad g^{(1,2)}(D)) = D^L \tag{5.68}$$

式中：$L \geqslant 0$，并且存在一个最小延迟为 L 的逆，其他任何延迟的逆都小于它。因为 $\deg(g^{(1,1)}(D)) \leqslant m$，$\deg(g^{(1,2)}(D)) \leqslant m$，并且满足 $\max(\deg(h^{(1,1)}(D)), \deg(h^{(1,2)}(D))) \leqslant m$，则最小延迟为 $L = 0$。综上所述，若满足上述第一类无限误差传播的条件，则会得到

$$\begin{cases} g^{(1,1)}(D) = h^{(1,1)}(D) \\ h^{(1,2)}(D) = g^{(1,2)}(D) \end{cases} \tag{5.69}$$

例 5.5　$(2,1,6)$ 卷积码编码器如图 5.8 所示，$g^{(1,1)}(D)=1+D^2+D^3+D^5+D^6$，$g^{(1,2)}(D)=1+D+D^2+D^3+D^6$，该卷积码编码矩阵化简结果如图 5.8 所示。

```
1.........|1|...1.1.1.1.1.1...1...1...1..
.1........|1|...1.1.1.1.1.1...1...1...1..
..1.......|.|.1...1.1.1.1.1...1...1....1
...1......|1|.1...1.1.1.1.1.1.1.1.1.1.1.1
....1.....|.|.1...1.1.1.1.1...1....1....
.....1....|.|.1...1.1.1.1.1...1...1.....
......1...|1|...1.1.1.1.1.1...1...1.....
.......1..|.|.1...1.1.1.1.1...1.........
........1.|1|.1...1.1.1.1.1...1....1....
.........1|.|.1.1.1.1.1.1.1...1...1.....
..........|11|.1...1.1.1.1.1...1....1...
..........|11|...1.1.1.1.1.1...1...1...1.
..........|.|.11.1...1.1...1.....1.1...
.............11.1...1.1...1.....1.1...1
...............11.1...1.1...1.....1.1...1
.................11.1...1.1...1.....1.1..
...................11.1...1.1...1.....1.1.
.....................11.1...1.1...1.....1.1
```

图 5.8　$(2,1,6)$ 卷积码序列矩阵化简结果

由图中方框内校验序列 11011111001011 可得其校验多项式为

$$h^{(1,1)}(D)=[\,1111001\,]=1+D+D^2+D^3+D^6$$

$$h^{(1,2)}(D)=[\,1011011\,]=1+D^2+D^3+D^5+D^6$$

由式（5.69）可得

$$g^{(1,1)}(D)=1+D^2+D^3+D^5+D^6$$

$$g^{(1,2)}(D)=1+D+D^2+D^3+D^6$$

3）$1/n$ 非系统卷积码

针对 $1/n$ 卷积码，首先，根据上节所述的校验矩阵识别方法，获取编码长度 n 和编码起点；然后，将编码序列各子码中 n 个分量提取每一路编码输出 $c^{(j)}(D)$，$j=1,2,\cdots,n$，其中任意两路可以构成一个 $1/2$ 卷积码，按照 $1/2$ 卷积码的识别方法识别生成多项式[11]。

例 5.6　$(4,1,6)$ 卷积码编码器如图 5.9 所示，$g^{(1,1)}(D)=1+D^2+D^3+D^4+D^6$，$g^{(1,2)}(D)=1+D^2+D^3+D^5+D^6$，$g^{(1,3)}(D)=1+D+D^4+D^5+D^6$，$g^{(1,4)}(D)=1+$

$D + D^2 + D^3 + D^6$。该卷积码编码矩阵化简结果如图 5.9 所示。

```
1........1.....1.1..1.1.11......11..1...
.1.....1.1...1.1.11......11..1...1.1...1
..1....1.1..11..111.....111......1....1.1
...1....1.1..1.1.1..1.1...1...111........
....1....111..1.1.1....1.1...1.1.1...
.....1....1.1..1.1.11.......11..1...1.1
......11...1.....1.1..1.1.1.1...1.1.1
........11...1..1.1.1.11....11..1...1.1
..........11...1....1.1..1.1.1.1...
............1111..11..1....1.1...11..111..
....................1111..11..1....1.1...11..1
......................................
........................1111..11..1....1.1...1
......................................
......................................
......................................
```

图 5.9　(4,1,6)卷积码序列矩阵化简结果

由图 5.9 的化简结果可以看出,卷积码的编码长度 $n = 4$,消息长度 $k = 1$,将编码序列排列成 4 路,分别取出第 1、2 路和第 3、4 路,转化为 2 个 1/2 的卷积码,分别进行矩阵化简,如图 5.10 和图 5.11 所示。

```
1...........1...1.1.....1.1
.1..........1...1.1.....1.1
..1.........1.1.1...1...1..
...1........1...1.1......1
....1.......1.1.1...1...1
.....1......1...1.1.1.1
......1.....1...1.1......
.......1....1.1.1.1.1....
........1...1.1.1...1...1
.........1...1.1....1.1
..........1...1.1.1...1.1
...........1.1.1...1.1.
............11...1.1.1..
.............11......1.1.
..............11........1.1
...............11.......1
................................
```

图 5.10　(4,1,6)卷积码第 1、2 路序列矩阵化简结果

233

1	.	.	.	.	.	.	.	.	.	.	1	.	1	.	1	.	1	.	1	.	.	.	.	.	1	.	.
.	1	.	.	.	.	.	.	.	.	.	.	1	.	1	.	1	.	1	.	1	.	.	.	.	.	1	.	.
.	.	1	.	.	.	.	.	.	.	.	.	.	1	.	1	.	1	.	1	.	.	.	.	.	1
.	.	.	1	.	.	.	.	.	.	.	.	.	.	1	.	1	.	1	.	1	.	.	.	1	1
.	.	.	.	1	.	.	.	.	.	.	.	.	.	.	1	.	1	.	1	.	1	.	.	.	.
.	.	.	.	.	1	.	.	.	.	.	.	.	.	.	.	1	.	1	.	1	.	1	.	1	1
.	.	.	.	.	.	1	.	.	.	.	.	.	.	.	.	.	1	.	1	.	1	.	.	.	1
.	.	.	.	.	.	.	1	.	.	.	.	.	.	.	.	.	.	1	.	1	.	1	.	.	1
.	.	.	.	.	.	.	.	1	.	.	.	.	.	.	.	.	.	.	1	.	1	.	1
.	.	.	.	.	.	.	.	.	1	.	.	.	.	.	.	.	.	.	.	1	.	1	.	1	1
.	.	.	.	.	.	.	.	.	.	1	.	.	.	.	.	.	.	.	.	.	1	.	1	.	1
.	.	.	.	.	.	.	.	.	.	.	1	.	1	.	1	.	1	.	.	.	.	.	1
.	.	.	.	.	.	.	.	.	.	.	.	1	1	.	.	.	1	.	.	.	.	.	1
.	.	.	.	.	.	.	.	.	.	.	.	.	1	1	.	.	.	1	.	.	.	1
.	.	.	.	.	.	.	.	.	.	.	.	.	.	1	1	.	.	.	1	.	.	1
.	.	.	.	.	.	.	.	.	.	.	.	.	.	.	1	1	.	.	.	1	.	.	1
.	.	.	.	.	.	.	.	.	.	.	.	.	.	.	.	.	.	.	.	.	.	.	.

图 5.11 (4,1,6)卷积码第 3、4 路序列矩阵化简结果

第 1、2 路序列化简的校验序列为 11001111100111，和第 3、4 路序列化简的校验序列为 11110101101011，可得

$$g^{(1,1)}(D) = h^{(1,2)}(D) = 1 + D^2 + D^3 + D^4 + D^6$$

$$g^{(1,2)}(D) = h^{(1,1)}(D) = 1 + D^2 + D^3 + D^5 + D^6$$

$$g^{(1,3)}(D) = h^{(1,4)}(D) = 1 + D + D^4 + D^5 + D^6$$

$$g^{(1,4)}(D) = h^{(1,3)}(D) = 1 + D + D^2 + D^3 + D^6$$

4）k/n 非系统卷积码($k \neq 1, n > k$)

对于 k/n 非系统卷积码($k \neq 1, n > k$)，根据 $\boldsymbol{G}(D)\boldsymbol{H}(D)^{\mathrm{T}} = 0$，求得的生成多项式矩阵不唯一，此时只能通过不同生成多项式矩阵对编码序列进行译码，根据译码后的其他信息来判定生成多项式是否正确。可以通过矩阵变换来求解生成矩阵，根据 $\boldsymbol{G}(D)\boldsymbol{H}(D)^{\mathrm{T}} = 0$，将矩阵 $\begin{bmatrix} \boldsymbol{H} \\ \boldsymbol{I}_n \end{bmatrix}$ 通过初等变换变为 $\begin{bmatrix} \boldsymbol{I} & \boldsymbol{0} \\ \boldsymbol{H}^{-1} & \boldsymbol{G}^{\mathrm{T}} \end{bmatrix}$。

例 5.7 已知对某一数据求得校验矩阵为

$$h_{1,1}(D) = 110111 \Rightarrow D^5 + D^4 + D^2 + D + 1$$

$$h_{1,2}(D) = 100101 \Rightarrow D^5 + D^2 + 1$$

$$h_{1,3}(D) = 001000 \Rightarrow D^3$$

可以根据 $\boldsymbol{G}(D)\boldsymbol{H}(D)^{\mathrm{T}} = 0$ 将矩阵 $\begin{bmatrix} \boldsymbol{H} \\ \boldsymbol{I}_n \end{bmatrix}$ 通过初等变换变为 $\begin{bmatrix} \boldsymbol{I} & \boldsymbol{0} \\ \boldsymbol{H}^{-1} & \boldsymbol{G}^{\mathrm{T}} \end{bmatrix}$ 的形

式,即

$$\begin{pmatrix} \boldsymbol{H} \\ \boldsymbol{I}_n \end{pmatrix} = \begin{bmatrix} 110111 & 100101 & 1000 \\ 1 & 0 & 0 \\ 0 & 1 & 0 \\ 0 & 0 & 1 \end{bmatrix} \xrightarrow{1 + (3 \times 110)} \begin{bmatrix} 111 & 100101 & 1000 \\ 1 & 0 & 0 \\ 0 & 1 & 0 \\ 110 & 0 & 1 \end{bmatrix}$$

$$\xrightarrow{2 + (3 \times 100)} \begin{bmatrix} 111 & 101 & 1000 \\ 1 & 0 & 0 \\ 0 & 1 & 0 \\ 110 & 100 & 1 \end{bmatrix} \xrightarrow{2 + 1} \begin{bmatrix} 111 & 10 & 1000 \\ 1 & 1 & 0 \\ 0 & 1 & 0 \\ 110 & 10 & 1 \end{bmatrix} \xrightarrow{3 + (2 \times 100)}$$

$$\begin{bmatrix} 111 & 10 & 0 \\ 1 & 1 & 100 \\ 0 & 1 & 100 \\ 110 & 10 & 1001 \end{bmatrix} \xrightarrow{1 + (2 \times 11)} \begin{bmatrix} 1 & 10 & 0 \\ 10 & 1 & 100 \\ 11 & 1 & 100 \\ 0 & 10 & 1001 \end{bmatrix} \xrightarrow{2 + (1 \times 10)} \begin{bmatrix} 1 & 10 & 0 \\ 10 & 101 & 100 \\ 11 & 111 & 100 \\ 0 & 10 & 1001 \end{bmatrix}$$

$$\boldsymbol{G}_1(D) = \begin{pmatrix} 101 & 111 & 10 \\ 100 & 100 & 1001 \end{pmatrix} = \begin{pmatrix} 1+D^2 & 1+D+D^2 & D \\ D^2 & D^2 & 1+D^3 \end{pmatrix}$$

还有其他的 5 个生成多项式矩阵分别为

$$\boldsymbol{G}_2(D) = \begin{pmatrix} D^2 & D^2 & 1+D^3 \\ 1+D^2 & 1+D+D^2 & D \end{pmatrix}$$

$$\boldsymbol{G}_3(D) = \begin{pmatrix} 1 & 1+D & 1+D+D^3 \\ D^2 & D^2 & 1+D^3 \end{pmatrix}$$

$$\boldsymbol{G}_4(D) = \begin{pmatrix} D^2 & D^2 & 1+D^3 \\ 1 & 1+D & 1+D+D^3 \end{pmatrix}$$

$$\boldsymbol{G}_5(D) = \begin{pmatrix} 1 & 1+D & 1+D+D^3 \\ 1+D^2 & 1+D+D^2 & D \end{pmatrix}$$

$$\boldsymbol{G}_6(D) = \begin{pmatrix} 1+D^2 & 1+D+D^2 & D \\ 1 & 1+D & 1+D+D^2 \end{pmatrix}$$

上述生成多项式它们均能保证 $\boldsymbol{G}(D)\boldsymbol{H}(D)^{\mathrm{T}} = 0$。

5.5.3　删除卷积码识别

在一些数字通信系统中会使用更高码率的卷积码,最常见的是码率为 $n-1/n$

的非系统卷积码,那么,随着 n 的增大会增加译码的复杂度。在 1979 年 Cain 和 Clark 提出了通过对较小 n 的非系统卷积码,在对编码序列进行删除后形成 $n-1/n$ 码率的序列进行发送,接收端通过补充删除的序列再进行译码,大大降低了译码的复杂度,而且通过删除可以很容易地实现多种编码速率。

定理 5.7[12] 设 C 是编码率 $1/n$ 的源卷积码,其生成矩阵是 $\boldsymbol{G}(D) = [g^1(D), g^2(D), \cdots, g^n(D)]$,其中 $g^k(D) = \sum_{j=0}^{\infty} g_{k,j} D^j, k = 1, 2, \cdots, n$,设 $\hat{g}^{(k,i)}(D) = \sum_{j=0}^{\infty} g_{k, lj+i} D^j, i = 0, 1, \cdots, l-1; k = 1, 2, \cdots, n$,则与 C 等价的码率 $R = l/nl$ 的卷积码 V' 生成多项式矩阵为 $\boldsymbol{G}'(D)$,且有

$$\boldsymbol{G}'(D) =$$

$$
\begin{bmatrix}
\hat{g}^{(1,0)}(D) & \cdots & \hat{g}^{(n,0)}(D) & \hat{g}^{(1,1)}(D) & \cdots & \hat{g}^{(n,1)}(D) & \hat{g}^{(1,l-1)}(D) & \cdots & \hat{g}^{(n,l-1)}(D) \\
D\hat{g}^{(1,l-1)}(D) & \cdots & D\hat{g}^{(n,l-1)}(D) & \hat{g}^{(1,0)}(D) & \cdots & \hat{g}^{(n,0)}(D) & \hat{g}^{(1,l-2)}(D) & \cdots & \hat{g}^{(n,l-2)}(D) \\
D\hat{g}^{(1,l-2)}(D) & \cdots & D\hat{g}^{(n,l-2)}(D) & D\hat{g}^{(1,l-1)}(D) & \cdots & D\hat{g}^{(n,l-1)}(D) & \hat{g}^{(1,l-3)}(D) & \cdots & \hat{g}^{(n,l-3)}(D) \\
\vdots & & \vdots & \vdots & & \vdots & \vdots & & \vdots \\
D\hat{g}^{(1,1)}(D) & \cdots & D\hat{g}^{(n,1)}(D) & D\hat{g}^{(1,2)}(D) & \cdots & D\hat{g}^{(n,2)}(D) & \hat{g}^{(1,0)}(D) & \cdots & \hat{g}^{(n,0)}(D)
\end{bmatrix}
$$

$$(5.70)$$

通过定理可知,任何一个 $1/n$ 码率的卷积码 $\boldsymbol{C}$ 都可以等价为一个由上述 $\boldsymbol{G}'(D)$ 生成的 l/nl 码率的卷积码 $\boldsymbol{C}'(D)$,该编码输入为 l 为信息序列,输出 nl 位编码序列构成卷积码子码 $\boldsymbol{C}_p(D)$。删除卷积码就是在输出的每个 nl 位子码中,按照某种图案删除固定位置的序列,这种图案称为删除图案。删除图案表示为

$$\boldsymbol{P} = [p_1, p_2, \cdots, p_{2l}], \quad 1 \leqslant i \leqslant 2l$$

式中:$p_i = 1$ 表示第 i 比特位置被保留;$p_i = 0$ 表示第 i 比特位置被删除。删除卷积码的生成多项式矩阵 $\boldsymbol{G}_p(D)$ 就是根据 P 中零元素的位置将 $\boldsymbol{G}'(D)$ 中对应列删除得到。

在设计删除码时,所选用的删除图案 $\boldsymbol{P}$ 应满足如下条件[13]。

(1)为了保证删除码能够唯一译码,生成多项式矩阵 $\boldsymbol{G}_p(D)$ 应该是一个基本编码矩阵($\boldsymbol{G}_p(D)$ 存在右逆矩阵),因此,存在一个 $n \times l$ 的多项式矩阵 $\boldsymbol{Q}(D)$,使得 $\boldsymbol{G}_p(D)\boldsymbol{Q}(D) = \boldsymbol{I}_l$。

(2)删除图案 $\boldsymbol{P}$ 不应该将基本卷积码 $\boldsymbol{C}$ 的任意时刻输出的整个子码全部删除,即满足 $(p_{2i}, p_{2i+1}) \neq (0, 0), i = 0, 1, \cdots, l-1$。

常见的删除卷积码的使用 $1/2$ 码率作为基本卷积码,k/n 的编码速率删除卷积码可以由 $k/2k$ 的卷积码删除 $2k-n$ 位编码序列后得到,其变换流程如图 5.12

所示。

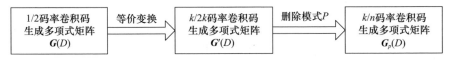

图 5.12 卷积码编码器

因为删除图案不同卷积码的自由距离也不同,存在一些优良的删除图案具有更好的汉明距离。Begin、Haccoun 通过研究删除卷积码的结构特性,构造了一些性能很好的高码率删除卷积码[14],如表 5.3 所列。

表 5.3 各类约束长度卷积码的常用删除图案

约束长度 m	各码率删除图案					
	2/3 码率	3/4 码率	4/5 码率	5/6 码率	6/7 码率	7/8 码率
2	10 11	101 110	1011 1100	10111 11000	101111 110000	1011111 1100000
3	11 10	110 101	1011 1100	10100 11011	100011 111100	1000010 1111101
4	11 10	101 110	1010 1101	10111 11000	101010 110101	1010011 1101100
5	10 11	100 111	1000 1111	10000 11111	110110 101001	1011101 1100010
6	11 10	110 101	1111 1000	11010 10101	111010 100101	1111010 1000101
7	10 11	110 101	1010 1101	11100 10011	101001 110110	1010100 1101011
8	11 10	111 100	1101 1010	10110 11001	110110 101001	1101011 1010100

常见的删除卷积码由约束长度为 6 的 1/2 码率基本卷积码得到,其生成多项式矩阵为

$$G(D) = (1 + D^2 + D^3 + D^5 + D^6, 1 + D + D^2 + D^3 + D^6)$$

由该基本卷积码可以得到等价的 2/4、3/6、4/8、5/10、6/12、7/14 码率的等价卷积码,进而通过删除得到 2/3、3/4、4/5、5/6、6/7、7/8 的删除卷积码。

根据定理 5.7,首先得到各等价的生成多项式矩阵 $G'(D)$,如表 5.4 所列。

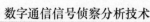

表5.4 各编码速率的等价生成多项式矩阵 $\boldsymbol{G'}(D)$

编码速率	等价卷积码生成多项式矩阵 $\boldsymbol{G'}(D)$
2/4	$\begin{bmatrix} 1101 & 1101 & 0110 & 1100 \\ 0011 & 0110 & 1101 & 1101 \end{bmatrix}$
3/6	$\begin{bmatrix} 111 & 111 & 000 & 100 & 110 & 100 \\ 011 & 010 & 111 & 111 & 000 & 100 \\ 000 & 010 & 011 & 010 & 111 & 111 \end{bmatrix}$
4/8	$\begin{bmatrix} 100 & 100 & 010 & 100 & 110 & 110 & 100 & 100 \\ 010 & 010 & 100 & 100 & 010 & 100 & 110 & 110 \\ 011 & 011 & 010 & 010 & 100 & 100 & 010 & 100 \\ 001 & 010 & 011 & 011 & 010 & 010 & 100 & 100 \end{bmatrix}$
5/10	$\begin{bmatrix} 110 & 100 & 010 & 110 & 100 & 100 & 100 & 100 & 000 & 000 \\ 000 & 000 & 110 & 100 & 010 & 110 & 100 & 100 & 100 & 100 \\ 010 & 010 & 000 & 000 & 110 & 100 & 010 & 110 & 100 & 100 \\ 100 & 100 & 100 & 000 & 000 & 000 & 110 & 100 & 010 & 110 \\ 001 & 011 & 010 & 010 & 100 & 010 & 000 & 000 & 110 & 100 \end{bmatrix}$
6/12	$\begin{bmatrix} 11 & 11 & 00 & 10 & 10 & 10 & 10 & 10 & 00 & 00 & 10 & 00 \\ 01 & 00 & 11 & 11 & 00 & 10 & 10 & 10 & 10 & 10 & 00 & 00 \\ 00 & 00 & 01 & 00 & 11 & 11 & 00 & 10 & 10 & 10 & 10 & 10 \\ 10 & 10 & 00 & 00 & 01 & 00 & 11 & 11 & 00 & 10 & 10 & 10 \\ 10 & 10 & 10 & 10 & 00 & 00 & 01 & 00 & 11 & 11 & 00 & 10 \\ 00 & 10 & 10 & 10 & 10 & 10 & 00 & 00 & 01 & 00 & 11 & 11 \end{bmatrix}$
7/14	$\begin{bmatrix} 10 & 10 & 00 & 10 & 10 & 10 & 10 & 10 & 00 & 00 & 10 & 00 & 10 & 10 \\ 01 & 01 & 10 & 10 & 00 & 10 & 10 & 10 & 10 & 10 & 00 & 00 & 10 & 00 \\ 01 & 01 & 01 & 01 & 10 & 10 & 00 & 10 & 10 & 10 & 10 & 10 & 00 & 00 \\ 00 & 00 & 01 & 00 & 01 & 01 & 10 & 10 & 00 & 10 & 10 & 10 & 10 & 10 \\ 01 & 01 & 00 & 00 & 01 & 00 & 01 & 01 & 10 & 10 & 00 & 10 & 10 & 10 \\ 01 & 01 & 01 & 01 & 00 & 00 & 01 & 00 & 01 & 01 & 10 & 10 & 00 & 10 \\ 00 & 10 & 01 & 01 & 01 & 01 & 00 & 00 & 01 & 00 & 01 & 01 & 10 & 10 \end{bmatrix}$

根据删除图案得到生成矩阵 $\boldsymbol{G}_p(D)$ ，如表5.5所列。

表 5.5 各编码速率的删除卷积码生成多项式矩阵$\boldsymbol{G}_p(D)$

编码速率	删除图案	删除卷积码生成多项式矩阵$\boldsymbol{G}_p(D)$
2/3	11 10	$$\begin{bmatrix} 1101 & 1101 & 0110 \\ 0011 & 0110 & 1101 \end{bmatrix}$$
3/4	110 101	$$\begin{bmatrix} 111 & 111 & 000 & 100 \\ 011 & 010 & 111 & 100 \\ 000 & 010 & 011 & 111 \end{bmatrix}$$
4/5	1111 1000	$$\begin{bmatrix} 100 & 100 & 010 & 110 & 100 \\ 010 & 010 & 100 & 010 & 110 \\ 011 & 011 & 010 & 100 & 010 \\ 001 & 010 & 011 & 010 & 100 \end{bmatrix}$$
5/6	11010 10101	$$\begin{bmatrix} 110 & 100 & 010 & 100 & 100 & 000 \\ 000 & 000 & 110 & 110 & 100 & 010 \\ 010 & 010 & 000 & 100 & 010 & 010 \\ 100 & 100 & 100 & 000 & 110 & 110 \\ 001 & 011 & 010 & 010 & 000 & 100 \end{bmatrix}$$
6/7	111010 100101	$$\begin{bmatrix} 11 & 11 & 00 & 10 & 10 & 00 & 00 \\ 01 & 00 & 11 & 00 & 10 & 10 & 00 \\ 00 & 00 & 01 & 11 & 10 & 10 & 10 \\ 10 & 10 & 00 & 01 & 11 & 10 & 10 \\ 10 & 10 & 10 & 00 & 00 & 11 & 10 \\ 00 & 10 & 10 & 10 & 00 & 01 & 11 \end{bmatrix}$$
7/8	1111010 1000101	$$\begin{bmatrix} 10 & 10 & 00 & 10 & 10 & 00 & 10 & 10 \\ 01 & 01 & 10 & 00 & 10 & 10 & 00 & 00 \\ 01 & 00 & 01 & 10 & 10 & 10 & 10 & 10 \\ 00 & 00 & 01 & 01 & 10 & 10 & 10 & 10 \\ 01 & 01 & 00 & 01 & 10 & 10 & 00 & 10 \\ 01 & 01 & 01 & 00 & 01 & 01 & 10 & 10 \\ 00 & 01 & 01 & 01 & 00 & 00 & 01 & 10 \end{bmatrix}$$

当已知生成多项式矩阵,可以利用不变因子分解定理求得校验多项式矩阵。不变因子分解定理[2]:设 $\boldsymbol{G}(D)$ 是多项式环 $F_2(D)$ 上 $k\times n$ 阶矩阵 $1\leqslant k\leqslant n$,则 $\boldsymbol{G}(D)$ 有不变因子分解:$\boldsymbol{G}(D)=\boldsymbol{A}(D)\boldsymbol{\Gamma}(D)\boldsymbol{B}(D)$。

其中,$\boldsymbol{A}(D)$ 和 $\boldsymbol{B}(D)$ 分别是 $k\times k$ 阶矩阵和 $n\times n$ 阶可逆矩阵,并且其逆也是

多项式矩阵,$\boldsymbol{\Gamma}(D)$是$k \times n$阶对角矩阵,即

$$\boldsymbol{\Gamma}(D) = \begin{bmatrix} \gamma_1(D) & 0 & \cdots & 0 & 0 & \cdots & 0 \\ 0 & \gamma_2(D) & \cdots & 0 & 0 & \cdots & 0 \\ \vdots & \vdots & & \vdots & \vdots & & \vdots \\ 0 & 0 & \cdots & \gamma_k(D) & 0 & \cdots & 0 \end{bmatrix} \tag{5.71}$$

多项式$\gamma_i(D)$称为$G(D)$的不变因子,它满足$\gamma_i(D) \mid \gamma_{i+1}(D)$,并且

$$\gamma_i(D) = \frac{\Delta_i}{\Delta_{i+1}} \tag{5.72}$$

式中:Δ_i为$\boldsymbol{G}(D)$的所有$i \times i$阶子式的最大公因式,$\Delta_0 = 1$。

根据不变因子分解定理求解校验多项式矩阵的步骤如下。

(1) 利用矩阵初等变换将$\boldsymbol{G}(D)$化成对角矩阵$\boldsymbol{\Gamma}(D) = \boldsymbol{A}^{-1}(D)\boldsymbol{G}(D)\boldsymbol{B}^{-1}(D)$。

(2) 令

$$\boldsymbol{B}^{-1}(D) = [\boldsymbol{B}_1(D)\boldsymbol{B}_2(D)] \tag{5.73}$$

式中:$\boldsymbol{B}_1(D)$是$\boldsymbol{B}^{-1}(D)$的前k列组成的矩阵块;$\boldsymbol{B}_2(D)$是$\boldsymbol{B}^{-1}(D)$后$n-k$列组成的矩阵块。于是,校验多项式矩阵为

$$\boldsymbol{H}(D) = \boldsymbol{B}^{\mathrm{T}}_2(D) \tag{5.74}$$

根据此方法可以由各码率的删除卷积码$\boldsymbol{G}_p(D)$求得校验序列,如表5.6所列。

表5.6 各编码速率的删除卷积码校验序列

编码速率	删除图案	校验序列 $h(1)$
2/3	11 10	111010100011011001110
3/4	110 101	11111101101011000110101111100
4/5	1111 1000	1111111000101101111011010101011000
5/6	11010 10101	1111011001110010011111110000001011111110000
6/7	111010 100101	11111100010101101101011110100011111111111100000
7/8	1111010 1000101	11111011111010100011100101111011010101000000011111110000000

当编码起点对齐时,编码序列与校验序列的内积为零,并且移位 n bit 仍然满足此关系。码率为 $(n-1)/n$ 卷积码的校验序列唯一存在[15],当具有常见删除卷积码校验序列的先验信息,可以实现基于校验序列匹配的卷积码方法。具体做法是将接收序列移位 n 次并逐一先验的校验序列做内积,判定结果为零的个数是否超过判决门限,若大于门限,则识别成功。

5.5.4　其他卷积码识别方法简述

除上文所述的卷积码识别方法,还有其他识别方法,如基于快速双合冲算法[16]、哈达玛(Hadamard)变换法[17]和欧几里得算法[18]。

1)基于快速双合冲算法

近世代数中 Grobner 基理论是现代数学领用中广泛应用的计算工具。基于 Grobner 基理论,通过构造其次关键模方程,引入合冲的概念,对关键方程进一步研究和推广构造出 1/2 码率卷积码的识别结构模型。由卷积码基本原理可以看出伪随机序列生成器和卷积码的编码器非常相似,所以可以将线性递归序列与 $CH^{\mathrm{T}}=0$ 模型联系起来。

设域 F 上的有限序列 $v=(v_0,v_1,\cdots,v_N)$, $F(x)$ 中的多项式 $f(x)=f_0+f_1x+\cdots+f_Lx^L$,且 $\deg(f(x))\leqslant L,f_0=1$,若 $f(x)$ 满足如下关系:

$$v_{i+L}+f_1v_{i+L-1}+\cdots+f_Lv_i=0,\quad i\geqslant0 \tag{5.75}$$

则定义 $(f(x),L)$ 为序列 v 的线性递归关系。若此时 L 值最小,则 $(f(x),L)$ 称为 v 的最小线性递归关系,序列 v 的线性复杂度为 L。

线性递归序列的综合问题就是如何求出生成序列 v 的最小线性递归关系,其数学模型为

$$\begin{bmatrix} v_L & v_{L-1} & \cdots & v_1 & v_0 \\ v_{L+1} & v_L & \cdots & v_2 & v_1 \\ \vdots & \vdots & & \vdots & \vdots \\ v_{2L} & v_{2L-1} & \cdots & v_{L+1} & v_L \end{bmatrix}\begin{bmatrix} f_0 \\ f_1 \\ \vdots \\ f_L \end{bmatrix}=0 \tag{5.76}$$

由式(5.76)可以看出线性递归序列综合问题和 1/2 卷积码求解校验序列的问题一致。同时,线性递归序列综合问题可以等价为关键方程求解问题。著名的求解关键方程(KE)的方法是 BM 迭代算法。文献[16]以关键方程为基础,将之推广到卷积码生成多项式矩阵的识别问题上,提出关键模方程(KME)。利用Grobner 基理论求解关键模方程。该方法只适用于 1/2 卷积码识别。

2) 哈达玛变换法

哈达玛变换法是利用哈达玛变换来求解含错方程组,解决由于接收序列中含有误码时的编码识别问题(不只是卷积码,凡是利用解方程法识别编码参数的过程都可以应用此方法)。其基本思想是利用哈达玛变换遍历含错方程组的解,选取满足最多方程等式的解。

哈达玛矩阵定义[19]:哈达玛矩阵H_n是一个n阶的由"1"和"-1"组成的正交方阵,该方阵中任意两行(或两列)都是互相正交的。由此可得

$$H_n H_n^T = nI \tag{5.77}$$

式中:n为哈达玛矩阵阶数;I为$n \times n$的单位阵。通常使用的哈达玛矩阵阶数$n = 2^m$(m为正整数)。构造此类哈达玛矩阵的方法为

$$H_2 = \begin{bmatrix} 1 & 1 \\ 1 & -1 \end{bmatrix} \tag{5.78}$$

——$m > 1$时,有

$$H_{2^m} = \begin{bmatrix} H_{2^{m-1}} & H_{2^{m-1}} \\ H_{2^{m-1}} & -H_{2^{m-1}} \end{bmatrix} \tag{5.79}$$

式中:$-H_{2^{m-1}}$表示$H_{2^{m-1}}$矩阵中元素取反。

例如:

$$H_8 = \begin{bmatrix} H_4 & H_4 \\ H_4 & -H_4 \end{bmatrix} = \begin{bmatrix} H_2 & H_2 & H_2 & H_2 \\ H_2 & -H_2 & H_2 & -H_2 \\ H_2 & H_2 & -H_2 & -H_2 \\ H_2 & -H_2 & -H_2 & H_2 \end{bmatrix}$$

$$= \begin{bmatrix} 1 & 1 & 1 & 1 & 1 & 1 & 1 & 1 \\ 1 & -1 & 1 & -1 & 1 & -1 & 1 & -1 \\ 1 & 1 & -1 & -1 & 1 & 1 & -1 & -1 \\ 1 & -1 & -1 & 1 & 1 & -1 & -1 & 1 \\ 1 & 1 & 1 & 1 & -1 & -1 & -1 & -1 \\ 1 & -1 & 1 & -1 & -1 & 1 & -1 & 1 \\ 1 & 1 & -1 & -1 & -1 & -1 & 1 & 1 \\ 1 & -1 & -1 & 1 & -1 & 1 & 1 & -1 \end{bmatrix} \tag{5.80}$$

对于二元域的哈达玛矩阵,将H_n矩阵中元素1变为0,-1变为1,如下:

$$\boldsymbol{H}_{8(2)} = \begin{bmatrix} 0 & 0 & 0 & 0 & 0 & 0 & 0 & 0 \\ 0 & 1 & 0 & 1 & 0 & 1 & 0 & 1 \\ 0 & 0 & 1 & 1 & 0 & 0 & 1 & 1 \\ 0 & 1 & 1 & 0 & 0 & 1 & 1 & 0 \\ 0 & 0 & 0 & 0 & 1 & 1 & 1 & 1 \\ 0 & 1 & 0 & 1 & 1 & 0 & 1 & 0 \\ 0 & 0 & 1 & 1 & 1 & 1 & 0 & 0 \\ 0 & 1 & 1 & 0 & 1 & 0 & 0 & 1 \end{bmatrix} \tag{5.81}$$

在二元域上, $2^m \times 2^m$ 的哈达玛矩阵表示所有的任意两个二元域 m 维向量相乘的乘积值,即

$$\boldsymbol{H}_{8(2)} = \boldsymbol{A}_3 \boldsymbol{A}_3^{\mathrm{T}} = \begin{bmatrix} 0 & 0 & 0 \\ 0 & 0 & 1 \\ 0 & 1 & 0 \\ 0 & 1 & 1 \\ 1 & 0 & 0 \\ 1 & 0 & 1 \\ 1 & 1 & 0 \\ 1 & 1 & 1 \end{bmatrix} \begin{bmatrix} 00001111 \\ 00110011 \\ 01010101 \end{bmatrix} = \begin{bmatrix} 0 & 0 & 0 & 0 & 0 & 0 & 0 & 0 \\ 0 & 1 & 0 & 1 & 0 & 1 & 0 & 1 \\ 0 & 0 & 1 & 1 & 0 & 0 & 1 & 1 \\ 0 & 1 & 1 & 0 & 0 & 1 & 1 & 0 \\ 0 & 0 & 0 & 0 & 1 & 1 & 1 & 1 \\ 0 & 1 & 0 & 1 & 1 & 0 & 1 & 0 \\ 0 & 0 & 1 & 1 & 1 & 1 & 0 & 0 \\ 0 & 1 & 1 & 0 & 1 & 0 & 0 & 1 \end{bmatrix}$$

$$\tag{5.82}$$

对于线性方程组 $\boldsymbol{AB} = 0$,其中 $\boldsymbol{A}$ 为 $2^m \times m$ 的二元域矩阵, $\boldsymbol{B}$ 为一个 $m \times 1$ 的二元域向量,哈达玛矩阵与线性方程组 $\boldsymbol{AB} = 0$ 形式一致。式(5.82)中 $\boldsymbol{A}_3$ 表示由 2^m 个不同的 m 维向量组成矩阵,称为系数矩阵, $\boldsymbol{A}_3^{\mathrm{T}}$ 为 $\boldsymbol{A}_3$ 的转置,称为解矩阵。 $\boldsymbol{H}_8$ 表示不同系数方程取不同解时的结果。对于 $\boldsymbol{H}_8$ 的第 2 行向量 [0 1 0 1 0 1 0 1] 表示与系数矩阵 $\boldsymbol{A}_3$ 中十进制 1 所对应的二进制向量 [0 0 1] 相乘的所有 2 维二进制向量的乘积。从方程角度,即满足以二进制向量 [0 0 1] 为系数的二元方程解的情况, $\boldsymbol{H}_{8(2)}$ 的第二行向量 [0 1 0 1 0 1 0 1] 对应 0 的位置表示满足方程解向量的位置。对于由 $\boldsymbol{A}_3$ 中 3 个行向量作为系数组成的方程组,那么在 $\boldsymbol{H}_8$ 中也能找到对应的 3 个行向量,这些行向量中的元素表示了所有可能解满足方程组的情况。

利用离散哈达玛变换可以求出方程组 $\boldsymbol{AB} = 0$ 的解[20]。

离散哈达玛变换:一个长度为 $n = 2^m$ 的离散序列 $[f_0, f_1, \cdots, f_{n-1}]$,它的哈达玛变换为

$$\begin{bmatrix} B_{f_0} \\ B_{f_1} \\ \vdots \\ B_{f_{n-1}} \end{bmatrix} = \frac{1}{n} \boldsymbol{H}_n \begin{bmatrix} f_0 \\ f_1 \\ \vdots \\ f_{n-1} \end{bmatrix} \tag{5.83}$$

那么,以 n 个二元域 m 维向量为系数组成二元域方程组,通过哈达玛变换,遍历二元域方程组的解,进而可以求出满足最多方程等于的方程组解的估计值,使得在解二元域方程组具有了容错性。

3）欧几里得算法

与循环码识别类似,1/2 卷积码也可以使用欧几里得算法识别其生成多项式。欧几里得算法适用于求多项式 $a(x)$ 和 $b(x)$ 的最大公约式 $d(x)$。得到 $d(x)$ 可以表示成如下线性关系:

$$v(x)a(x) + w(x)b(x) = d(x) \tag{5.84}$$

对于 1/2 卷积码,由卷积码的编码过程可知,信息多项式 $u(D)$,卷积码生成多项式矩阵 $\boldsymbol{G}(D) = [g_1(D), g_2(D)]$ 和编码多项式 $c_1(D)$、$c_2(D)$ 存在如下关系:

$$\begin{cases} c_1(D) = u(x)g_1(D) \\ c_2(D) = u(x)g_2(D) \end{cases} \tag{5.85}$$

可以得到

$$\begin{cases} c_1(D)g_2(D) = c_2(D)g_1(D) \\ c_1(D)g_2(D) + c_2(D)g_1(D) = 0 \end{cases} \tag{5.86}$$

1/2 卷积码识别中,已知 $c_1(D)$ 和 $c_2(D)$,所要求的生成多项式 $g_1(D)$ 和 $g_2(D)$。基于欧几里得算法的递归运算可以获得阶数最小的 $g_1(D)$、$g_2(D)$,文献[18]对经典欧几里得算法进行了修正,修正后的算法步骤如下。

（1）参数初始化:

$$\begin{cases} g_{1,-1}(D) = 0, \quad g_{2,-1}(D) = 1, \quad r_{-1}(D) = c_1(D) \\ g_{1,0}(D) = 1, \quad g_{2,0}(D) = 0, \quad r_0(D) = c_2(D) \end{cases} \tag{5.87}$$

（2）对 $i \geq 1$,定义 $q_i(D)$、$r_i(D)$,满足

$$r_{i-2}(D) = q_i(D)r_{i-1}(D) + r_i(D) \tag{5.88}$$

式中: $q_i(D)$、$r_i(D)$ 分别是 $r_{i-2}(D)$ 除以 $r_{i-1}(D)$ 所得的商多项式和余数多项式。

（3）递归计算:

$$\begin{cases} g_{2,i}(D) = g_{2,i-2}(D) - q_i(D)g_{2,i-1}(D) \\ g_{1,i}(D) = g_{1,i-2}(D) - q_i(D)g_{1,i-1}(D) \end{cases} \tag{5.89}$$

（4）停止条件：$\deg(r_i(D)) \leqslant L'$，设此时 $i = n$ 可以得到

$$\begin{cases} g_1(D) = g_{1,n}(D) \\ g_2(D) = g_{2,n}(D) \end{cases} \tag{5.90}$$

如果接收数据序列足够长，只要满足 $L' > L$，L' 的大小并不影响计算复杂度。

5.6　Turbo 码识别

Turbo 码本质上属于级联编码，常见的 Turbo 码主要包括并行级联 Turbo 码（Parallel Concatenated Convolutional Code，PCCC）、串行级联 Turbo 码（Serial Concatenated Convolutional Code，SCCC）和混合级联 Turbo 码（Hybrid Concatenated Convolutional Code，HCCC）。目前，通信系统中普遍使用的是典型 PCCC，本书主要讨论并行级联 Turbo 码（以下简称 Turbo 码）的识别方法，其编码器结构由两个递归系统卷积码（RSC）分量编码器并行级联而成，分量编码器之间用交织器相连。两个分量编码器之前各有一个归零结构。各路数据输出经过复用得到最终的 Turbo 码序列[21]。图 5.13 为 Turbo 码基本编码结构。

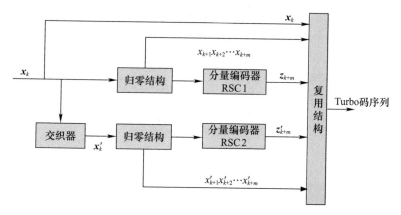

图 5.13　并行级联 Turbo 码典型编码结构

由 Turbo 编码器结构可以得出，Turbo 码的识别可以分解为编码结构识别和编码参数识别两部分，其中编码结构识别主要判断是否为归零结构，识别编码速率和码长；编码参数识别主要是对分量编码器参数和交织参数的识别。

5.6.1　Turbo 码编码结构识别

Turbo 码编码结构识别就是对 Turbo 码流本身结构进行识别，目的是从看似无

规律的二进制码流中获取 Turbo 码长、码起始点、归零模式和复用模式的信息,明确 Turbo 码流中各位置码元的意义。

5.6.1.1 Turbo 码长识别

1) 归零 Turbo 码起始点识别

归零 Turbo 码整体上具有线性分组码的特点,故可以通过分析矩阵秩的特征对其进行码长识别。将截获的码流按不同列数排列成分析矩阵,当矩阵列数正好为归零 Turbo 码长或其倍数时,矩阵的各行中至少存在一组位置完全对齐的完整 Turbo 码,由于各组归零 Turbo 码是由同一生成矩阵生成,码组之间的线性关系必然导致矩阵秩不等于矩阵列数,从而有如下引理。

由定理 5.1 可以得出,对码长为 n 的归零 Turbo 码建立 $q \times q$ 分析矩阵,若 q 为 n 或 n 的整数倍,则此时矩阵的秩不等于列数 q。通过将识别矩阵统一为方阵,这样在 q 较小时将明显减小分析矩阵运算量,提高识别速率。算法流程如图 5.14 所示。

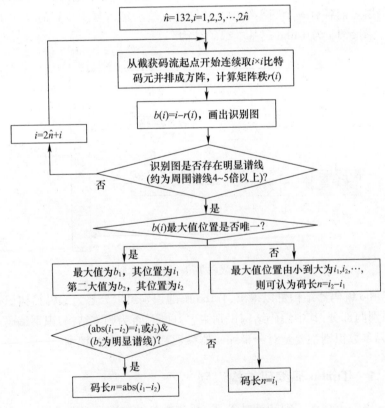

图 5.14　归零 Turbo 码长识别流程

该识别算法的具体步骤总结如下。

（1）确定 $\hat{n}$ 为码长 n 初始的估计值，考虑 WCDMA 协议中 k 最小值为 40，n 最小值为 132（不考虑删余），故 $\hat{n}=132$，i 分别取 $1,2,3,\cdots,2\hat{n}$。

（2）设截获到的 Turbo 码流为 c，从起点 c_1 开始连续取 $i \times i$ 比特码元，将所取码流按行排列成 $i \times i$ 矩阵 $\boldsymbol{C}$，计算矩阵秩 $r(i)$。

（3）设 $b(i)=i-r(i)$，以 i 为横坐标，$b(i)$ 为纵坐标画出识别图；如识别图存在至少一根明显谱线（周围谱线长度 4~5 倍以上），则可认为码长已包含于 $2\hat{n}$ 内，否则，i 分别取 $2\hat{n}+1,\cdots$，重复步骤（2）和步骤（3）继续搜索，直至满足上述条件。

（4）若 $b(i)$ 中最大值的位置唯一，设 $b(i)$ 中最大值为 b_1，其位置为 i_1，第二大值为 b_2，其位置为 i_2，若 $\mathrm{abs}(i_1-i_2)=i_1$ 或 i_2，且 b_2 也为明显谱线，则可认为码长 $n=\mathrm{abs}(i_1-i_2)$。若不满足 $\mathrm{abs}(i_1-i_2)=i_1$ 或 i_2，或虽然满足但 b_2 不为明显谱线，则可认为码长 $n=i_1$。

（5）若 $b(i)$ 中最大值的位置不唯一，其位置由小到大为 $i_1,i_2,\cdots$，则可认为码长 $n=i_1-i_2$。

除明显谱线外，码长识别图中矩阵列数 i 不等于码长及其倍数时也可能存在较小谱线，这是由误码或巧合造成的。适度的误码和巧合有可能导致矩阵秩 $r(i)$ 不等于矩阵列数 i，但是它们之差 $b(i)=i-r(i)$ 不会很大，谱线不会很明显。当误码率很高时，误码引起的谱线将会对码长识别造成影响。

例 5.8 Turbo 码采用 WCDMA 协议编码结构如图 5.15 所示，非归零码交织参数为 $k=40\mathrm{bit}$ 时，m 为 RSC 寄存器长度 3，其真实码长 $n=3k+4m$，在误码率为 0.4% 条件下得出码长识别图，识别结果如图 5.15 所示。

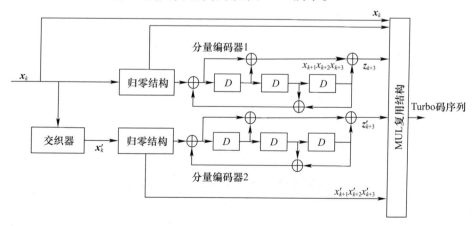

图 5.15　WCDMA 协议中 Turbo 码编码结构

从图 5.16 中可以看出存在两个明显谱线，$i_1 = 132 \text{bit}$，$i_2 = 264 \text{bit}$，$\text{abs}(i_1 - i_2) = i_1 = 132 \text{bit}$，故可认为码长 $n = 132 \text{bit}$，由前面论述可知，码长 $n = 3 \times k + 12$，可知识别结果正确。

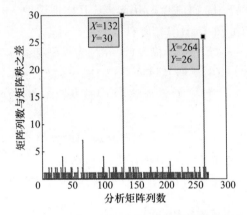

图 5.16　$k = 40 \text{bit}$ 归零码长识别图（见彩图）

2）非归零 Turbo 码起始点识别

非归零 Turbo 码长识别原理与归零 Turbo 码基本相同[22]。考虑到非归零 Turbo 码不含归零结构，各码组之间相互影响，导致其不像归零 Turbo 码一样从整体上来说等价于线性分组码，而更类似于卷积码。因此，除分析矩阵列数等于码长及其倍数之外，其他情况下也将会有明显谱线，这些谱线可以用于区分该 Turbo 码是否有归零。

例 5.9　采用图 5.15Turbo 码编码结构，设置非归零码交织参数为 $k = 40 \text{bit}$ 时，m 为 RSC 寄存器长度 3，其真实码长 $n = 3k$，在误码率为 0.4% 条件下得出码长识别图，识别结果如图 5.17 所示。

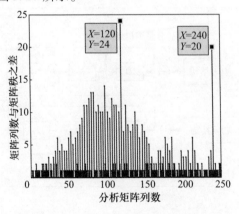

图 5.17　$k = 40 \text{bit}$ 非归零码长识别图（见彩图）

从图中可以看出, $i_1 = 120\text{bit}$, $i_2 = 240\text{bit}$, $\text{abs}(i_1 - i_2) = i_1 = 120\text{bit}$, , 故可认为码长 $n = 120\text{bit}$, 由前述可知码长 $n = 3k$ 可知, 识别结果正确。对比图 5.16 和图 5.17 可以看出, 非归零 Turbo 码基本上每隔 3bit 会有一条较为明显的谱线, 原因是非归零 Turbo 码在结构上类似于 1/3 码率卷积码, 当分析矩阵列数为 3 的倍数时, 矩阵行与行之间会有一定的线性关系, 导致分析矩阵的秩不等于分析矩阵列数。

5.6.1.2 Turbo 码归零模式判定

为了正确了解 Turbo 码流结构, 还需要对 Turbo 码是否采用归零结构进行判定。如之前所述, 考虑到非归零 Turbo 码不含归零结构, 各码组之间相互影响, 导致其不像归零 Turbo 码一样从整体上来说等价于线性分组码, 而更类似于卷积码。因此, 除分析矩阵列数等于码长及其倍数之外, 其他情况下也将会有明显谱线, 这些谱线可以用于区分该 Turbo 码是否有归零[23], 通过对比图 5.16 与图 5.17 可以看出。

在识别出码长之后, 可以码长为矩阵列数将截获码流排列分析矩阵, 并对矩阵进行初等变换化简, 其中归零 Turbo 码化简结果图与非归零 Turbo 码化简结果图如图 5.18 和图 5.19 所示。

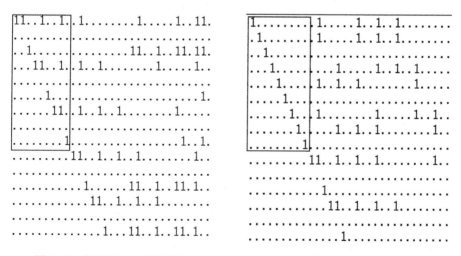

图 5.18　归零 Turbo 码化简图　　　　　图 5.19　非归零 Turbo 码化简图

图 5.18 为交织帧长度 $k = 40\text{bit}$、码长 $n = 132\text{bit}$ 的归零 Turbo 码以码长 n 为矩阵列数排成矩阵并化简所得矩阵的左上角。图 5.19 为交织帧长度 $k = 40\text{bit}$、码长 $n = 120\text{bit}$ 的非归零 Turbo 码以码起始点为矩阵起点、以码长 n 为矩阵列数排成矩阵并化简所得矩阵的左上角。对比图 5.18 和图 5.19 可以看出, 由于非归零 Turbo 码具有类似卷积码的结构, 其化简图左上角具有单位阵结构, 如黑框中所

示,而归零 Turbo 码则没有此单位阵。此特征可以用于判定 Turbo 码是否含有归零结构。

5.6.1.3 Turbo 码复用模式判定

复用就是 Turbo 码三路数据的排列规则,目的是将三路数据整合为一路最终的 Turbo 码编码序列。Turbo 码的复用方式比较复杂,根据不同的协议及应用可能有不同的复用规则,因此对其识别难度也相当大。考虑到一般 Turbo 码应用中只采用两种复用模式:顺序复用和交叉复用,本章主要针对这两种复用模式进行识别。其中交叉复用模式为三路数据交叉排列,归零码元及其输出码元排列在结尾;顺序复用则是将三路数据按顺序排列,后接归零码元及其输出码元。由于非归零 Turbo 码前两路约束性较强,为了译码方便,一般只采用类似于卷积码的交叉复用方式。Turbo 码编码结构如图 5.17 所示情况下,两种复用方式表示如下。

交叉复用:

$$x_1 z_1 z_1' x_2 z_2 z_2' \cdots x_k z_k z_k' x_{k+1} z_{k+1} x_{k+2} z_{k+2} x_{k+3} z_{k+3} x_{k+1}' z_{k+1}' x_{k+2}' z_{k+2}' x_{k+3}' z_{k+3}' \quad (5.91)$$

顺序复用:

$$x_1 x_2 \cdots x_k z_1 z_2 \cdots z_k z_1' z_2' \cdots z_k' x_{k+1} x_{k+2} x_{k+3} z_{k+1} z_{k+2} z_{k+3} x_{k+1}' x_{k+2}' x_{k+3}' z_{k+1}' z_{k+2}' z_{k+3}'$$

$$(5.92)$$

以上两种复用方式在应用矩阵秩特征进行码长识别时,由于排列方式不同导致码内约束关系不同,从而导致分析矩阵秩不等于列数情况也不同,如图 5.20 和图 5.21 所示。

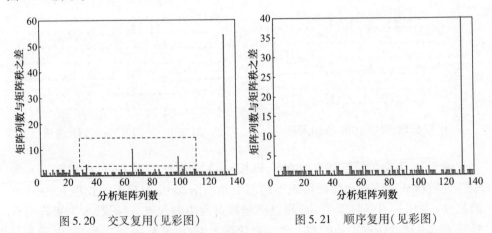

图 5.20 交叉复用(见彩图)   图 5.21 顺序复用(见彩图)

图 5.20 和图 5.21 分别是在交织帧长度为 40、误码率为 0.2% 的情况下,利用

线性矩阵分析法分析交叉复用和顺序复用方式的码长识别图。从图 5.20 中可以看出,交叉复用方式的情况下,除分析矩阵列数等于码长时有明显谱线,矩阵列数等于码长的 1/4、2/1、3/4 时也出现较明显谱线,说明此时矩阵秩也不等于列数,如图 5.20 中虚框所示,而顺序复用模式则无此现象。此现象可以用于复用模式的识别。

　　类似于归零判定,在识别出码长之后,可以以码起始点为矩阵起始点、码长为矩阵列数将截获码流排列分析矩阵,并对矩阵进行初等变换化简,其中顺序复用归零 Turbo 码化简结果图与交叉复用归零 Turbo 码化简结果图如图 5.22 和图 5.23 所示。

图 5.22　顺序复用归零 Turbo 码化简图

图 5.23　交叉复用归零 Turbo 码化简图

251

图 5.22 为交织帧长度 $k = 40$ bit、码长 $n = 132$ bit 的顺序复用归零 Turbo 码以码起始点为矩阵码长 n 为矩阵列数排成矩阵并化简所得矩阵的前 40 行;图 5.23 为交织帧长度 $k = 40$ bit、码长 $n = 132$ bit 的交叉复用归零 Turbo 码以码起始点为矩阵起始点、码长 n 为矩阵列数排成矩阵并化简所得矩阵的前 40 行。由图 5.22 可以看出,由于顺序复用归零 Turbo 码组中前 40 bit 为原始信息比特,故将其按码组排成矩阵并化简之后,矩阵的前 40 行 40 列为单位阵,为第一路生成矩阵;接下来40 bit 为第二路输出序列,将其化简后为分量编码器 RSC1 的生成矩阵,即第二路生成矩阵;再接下来 40 bit 为第三路输出序列,化简后为第三路生成矩阵,最后 12 bit 为归零码元及其输出码元。图 5.23 所示交叉复用则无此特征。

5.6.2 Turbo 码编码参数识别

5.6.2.1 分量编码器参数识别

Turbo 码结构正确识别的基础上,根据识别出的 Turbo 码编码结构对截获的数据码流进行拆分,取出第 1 路和第 2 路数据,归零 Turbo 码需要把归零码元及其输出码元进行删除,可以得到 x_k 和 z_k 两路数据。考虑分量编码器的一般结构,如图 5.24所示。

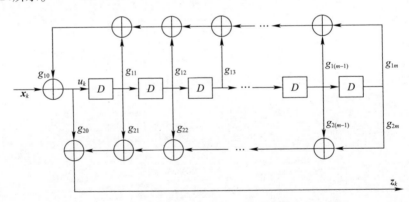

图 5.24　分量编码器基本结构

分量编码器输入输出关系如下:

$$z_k = \sum_{i=0}^{m} g_{2i} u_{k-i} u_k = x_k + \sum_{i=1}^{m} g_{1i} u_{k-i} \tag{5.93}$$

可得

$$z_k = \sum_{i=0}^{m} g_{2i} u_{k-i} x_k = \sum_{i=0}^{m} g_{1i} u_{k-i} \tag{5.94}$$

可以看出,如以 u_k 为输入,x_k 和 z_k 为输出,则式(5.94)所表示的关系正是码率为 1/2 的普通卷积码的输出。可以将 Turbo 码前两路结构与码率为 1/2 的无反馈非系统卷积码等效起来,便可应用各种卷积码识别方法来对 Turbo 码中 RSC 分量编码器参数进行识别。针对不同识别算法的优缺点,有选择、有针对性地将其应用于 Turbo 码的识别中[23]。

鉴于 Turbo 码 RSC 编码器的特征,只考虑 1/2 码率的 $(2,1,m)$ 卷积码,其校验多项式矩阵为

$$\boldsymbol{H}(D) = [h_1(D), h_2(D)] \tag{5.95}$$

其中

$$\begin{cases} h_1(D) = h_{1,m}D^m + h_{1,m-1}D^{m-1} + \cdots + h_{1,0} \\ h_2(D) = h_{2,m}D^m + h_{2,m-1}D^{m-1} + \cdots + h_{2,0} \end{cases} \tag{5.96}$$

于是,码的基本校验矩阵为

$$\boldsymbol{h} = [h_{1,m}h_{2,m} \quad h_{1,m-1}h_{2,m-1} \quad \cdots \quad h_{1,0}h_{2,0}] \tag{5.97}$$

设接收到的含错码序列 $\boldsymbol{c}$ 为 $\cdots c_{i,1}c_{i,2}c_{i+1,1}c_{i+1,2}\cdots c_{i+m,1}c_{i+m,2}\cdots$,取 $2(m+1)$ 个码段,则根据校验矩阵的性质有

$$\begin{bmatrix} c_{i,1}c_{i,2} & c_{i+1,1}c_{i+1,2} & \cdots & c_{i+m,1}c_{i+m,2} \\ c_{i+1,1}c_{i+1,2} & c_{i+2,1}c_{i+2,2} & \cdots & c_{i+m+1,1}c_{i+m+1,2} \\ \vdots & \vdots & & \vdots \\ c_{i+2m+1,1}c_{i+2m+1,2} & c_{i+2m+1,1}c_{i+2m+2,2} & \cdots & c_{i+3m+1,1}c_{i+3m+1,2} \end{bmatrix} \begin{bmatrix} h_{1,m} \\ h_{2,m} \\ \vdots \\ h_{1,0} \\ h_{2,0} \end{bmatrix} = \begin{bmatrix} 0 \\ 0 \\ \vdots \\ 0 \\ 0 \end{bmatrix}$$

$$\tag{5.98}$$

如 Turbo 码采用归零模式,如前所述,归零抹去了 Turbo 码组之间的联系,抹去了寄存器信息,所以式中每个码段必须选在同一 Turbo 码组内,即

$$(c_{i+j,1}c_{i+j,2}c_{i+j+1,1}c_{i+j+1,2}\cdots c_{i+j+m,1}c_{i+j+m,2}) \in (c_{1,1}c_{1,2}c_{2,1}c_{2,2}\cdots c_{k,1}c_{k,2}) \tag{5.99}$$

式中:$j \in [0, 2m+1]$;$c_{1,1}c_{1,2}c_{2,1}c_{2,2}\cdots c_{k,1}c_{k,2}$ 为一个 Turbo 码组的前两路输出序列。

校验矩阵的求解实际上就是求解式(5.98)所述含错方程组。在未知 $h_1(D)$、$h_2(D)$ 次数时,可以把其次数适当设大一些,在求解得出结果后约去公因式,最终次数最低的多项式即为子校验多项式。

生成矩阵 $\boldsymbol{G}(D)$ 为

$$\boldsymbol{G}(D) = [g_1(D), g_2(D)] \tag{5.100}$$

由卷积码性质可知生成矩阵与校验矩阵的关系:

$$g_1(D) = h_2(D) , g_2(D) = h_1(D) \tag{5.101}$$

卷积码识别一节中已经给出 1/2 卷积码的识别方法。

例 5.10 如图 5.15 中 Turbo 码编码器结构,可得其生成多项式:

$$g_1(D) = D^3 + D^2 + 1 , \quad g_2(D) = D^3 + D + 1$$

对其结构进行分析,可知此 RSC 结构等价于如图 5.25 所示的 1/2 码率的 (2,1,3) 卷积码。

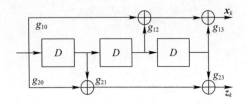

图 5.25　等效的 1/2 码率卷积码结构

当 $k = 40\text{bit}$、误码率为 5% 条件下,以 Walsh – Hadamard 变换进行求解可得各解向量位置的值如图 5.26 所示。

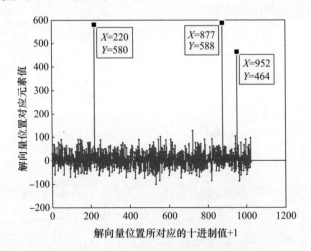

图 5.26　$m = 3$ 情况下各解向量位置的值

从图 5.26 中可以看出,共有 3 个解向量值明显大于置信度。取对应元素值最大的解向量,其地址为 877,所以方程组正解为 876 的二进制表示:$[1101101100]$,可得校验多项式为

$$\begin{cases} h_1(D) = D^3 + D + 1 \\ h_2(D) = D^3 + D^2 + 1 \end{cases} \tag{5.102}$$

进而得到生成多项式为

$$\begin{cases} g_1(D) = D^3 + D^2 + 1 \\ g_2(D) = D^3 + D + 1 \end{cases} \tag{5.103}$$

5.6.2.2 交织器输出序列的确定

根据 Turbo 码流结构取出第 3 路数据,即分量编码器 RSC2 输出序列 z'_k,以及识别出的分量编码器生成多项式,利用解方程的方法可以解出交织器后分量编码器 RSC2 前的序列 x'_k。由归零 Turbo 码长 $n = 3k + 4m$,非归零 Turbo 码长 $n = 3k$,根据识别出的码长 n 可确定交织帧的长度 k。码起始点即为交织帧的起点,故交织器参数识别只需识别交织方式。交织器参数识别可以归纳为已知交织器前后码流及同步来识别交织方式的问题。

1)码重分析法

将交织前、后序列分别写成每行 k bit 的矩阵格式,并分别将两矩阵各行按列相加得到 $1 \times k$ 的向量。由于各帧间交织置换关系完全相同,所得的 $1 \times k$ 向量中各元素分别对应交织帧长内各位置权重,如果某一位置的权重值独一无二,通过对比交织前后 $1 \times k$ 向量中此权重的位置可得此位置的交织关系,利用不同的信息序列重复对比即可获得所有位置的置换关系。

例 5.11 随机产生一段 4900bit 的信息序列 a:

10000100110000000111110110110100100111100101…

交织帧长为 7,交织关系如表 5.7 所列。

表 5.7 交织前后序列对照表

交织前序列次序	x_1	x_2	x_3	x_4	x_5	x_6	x_7
交织后序列次序	x_5	x_1	x_4	x_7	x_3	x_6	x_2

交织后序列 b 为

01000100000101101101001111110000011101101001 …

将 a、b 分别按每一帧为一行写成矩阵格式 A、B:

$$A = \begin{bmatrix} 1 & 0 & 0 & 0 & 0 & 1 & 0 \\ 0 & 1 & 1 & 0 & 0 & 0 & 0 \\ 0 & 0 & 0 & 1 & 1 & 1 & 1 \\ 1 & 0 & 1 & 1 & 0 & 1 & 1 \\ 0 & 0 & 1 & 0 & 0 & 1 & 0 \\ 1 & 1 & 0 & 0 & 1 & 0 & 1 \\ \vdots & \vdots & \vdots & \vdots & \vdots & \vdots & \vdots \end{bmatrix} \quad B = \begin{bmatrix} 0 & 1 & 0 & 0 & 0 & 1 & 0 \\ 0 & 0 & 0 & 0 & 1 & 0 & 1 \\ 1 & 0 & 1 & 1 & 0 & 1 & 0 \\ 0 & 1 & 1 & 1 & 1 & 1 & 0 \\ 0 & 0 & 0 & 1 & 0 & 0 & 1 \\ 1 & 1 & 0 & 1 & 0 & 0 & 1 \\ \vdots & \vdots & \vdots & \vdots & \vdots & \vdots & \vdots \end{bmatrix}$$

$$\tag{5.104}$$

分别将矩阵 A、B 各行按列相加,可得 2 个 1×7 向量 a'、b':

$$a' = \begin{bmatrix} 341 & 346 & 364 & 353 & 334 & 369 & 335 \end{bmatrix}$$

$$b' = \begin{bmatrix} 334 & 341 & 353 & 335 & 364 & 369 & 346 \end{bmatrix}$$

对比上式可得交织置换关系。此方法运算速度较快,但是容错性能很差。若序列中存在误码,1bit 的误码就会影响交织帧内某一位置的权重,使交织前后位置权重不一样,从而导致识别失败。

2)列向量对比法

之前的码重分析法当中,将交织前后的分析矩阵按列相加对比码重,利用的信息较少,列向量对比法对其进行改进,直接对比交织前后的分析矩阵列向量,其基本原理如下。

设交织前序列为 a,交织后序列为 b,将 a、b 分别按每一帧为一行写成矩阵格式 A、B 两矩阵列数为交织帧长 k,行数为所取交织帧数 N。设判定门限为 $g(0 < g < N)$。对于 A 中每一列向量 $a_i(1 \leq i \leq L)$,分别与 B 中所有列向量 $b_j(1 \leq j \leq L)$ 做异或,所得向量设为 c_{ij},则 c_{ij} 中非零元素的个数即为两向量中同一位置元素不同的个数,若 $\mathrm{sum}(c_{ij}) \leq g$,则可认定 j 为 i 交织后的位置,对 A 中每一列向量进行上述分析则可确定交织关系。

对比传统码重分析法,此算法增加了容错性能。通过设定判定门限,对于分析矩阵每一列将误码数小于门限的误码影响抹去,提高了算法的实用性。

例 5.12 以例 5.9 为例,若交织前后矩阵如下式所示,假设矩阵 B 中存在误码,误码用方框标出。

$$A = \begin{bmatrix} 1 & 0 & 0 & 0 & 0 & 1 & 0 \\ 0 & 1 & 1 & 0 & 0 & 0 & 0 \\ 0 & 0 & 0 & 1 & 1 & 1 & 1 \\ 1 & 0 & 1 & 0 & 1 & 1 & 1 \\ 0 & 0 & 1 & 0 & 0 & 1 & 1 \\ 1 & 1 & 0 & 0 & 1 & 0 & 0 \\ \vdots & \vdots & \vdots & \vdots & \vdots & \vdots & \vdots \end{bmatrix} \quad B = \begin{bmatrix} 0 & 1 & 0 & 0 & \boxed{1} & 1 & 0 \\ 0 & 0 & 0 & 0 & 1 & 0 & 1 \\ 1 & 0 & 1 & 1 & 0 & 1 & 0 \\ 0 & 1 & 1 & 1 & 1 & 1 & 0 \\ 0 & 0 & 0 & 1 & \boxed{0} & 1 & 0 \\ 1 & 1 & 0 & 1 & 0 & 0 & 1 \\ \vdots & \vdots & \vdots & \vdots & \vdots & \vdots & \vdots \end{bmatrix}$$

从上式中可以看出,B 中第 5 个列向量 b_5 中存在两个误码。假设只根据 A、B 中前 6 帧数据判断。对于 A 中第 3 个列向量 a_3,分别与 B 中所有列向量 $b_j(1 \leq j \leq 7)$ 做异或,所得向量分别为 c_{31}、c_{32}、c_{33}、c_{34}、c_{35}、c_{36}、c_{37},分别求 $\mathrm{sum}(c_{3j})(1 \leq j \leq 7)$,结果如表 5.8 所列。

表 5.8　$\text{sum}(c_{3j})$ 计算结果

j	1	2	3	4	5	6	7
$\text{sum}(c_{3j})$	5	4	3	3	2	3	3

由表 5.8 可知，$\text{sum}(c_{35})=2$ 最小，故可以认为交织前第 3 个位置的码元交织后为第 5 个位置，若设置判决门限 $g=2$，便可正确识别。

5.7　小　结

本章首先介绍了信道编码识别在通信信号侦察中的作用，从信道编码数学模型出发，描述识别过程所利用的信道编码三大约束关系，并且结合当前通信系统中常用信道编码的自身特点，力求全面地介绍各种信道编码特征在识别过程中的运用方法。然而，本章未能涵盖当前信道编码识别的全部研究成果，仅使读者初步了解信道编码识别的一般性思路和方法。在通信信号侦察领域中，信道编码识别仍存在很多理论和工程应用问题，如自动化识别流程设计、高容错下的参数识别、交织＋信道编码的识别、级联信道编码识别、新式信道编码识别等。近年来，机器学习方法为解决信道编码识别难题提供了新的解决思路。随着通信技术的快速发展，作为重要的差错控制技术，信道编码的理论和应用也在不断发展，开展通信侦察的技术研究和工程应用必须紧跟信道编码技术发展的步伐才能做到"知己知彼，有的放矢"。

参考文献

［1］王新梅,肖国镇. 纠错码原理与方法［M］. 西安:西安电子科技大学出版社,2001.

［2］刘玉君. 信道编码［M］. 郑州:河南科学技术出版社,2006.

［3］张永光,楼才义. 信道编码及其识别分析［M］. 北京:电子工业出版社,2010.

［4］陈卫东,刘健,杜宇峰,等. 一种容误码的 RS 码编码参数盲识别方法［P］. 中国专利:CN101534168A,2009 – 9 – 16.

［5］朱联祥,李荔. 改进的二进制循环码盲识别方法［J］. 计算机应用,2013,33(10):2762 – 2764.

［6］包昕,陆佩忠,游凌. 基于伽罗华域傅里叶变换的 RS 码识别方法［J］. 电子科技大学学报,2016,45(1):30 – 35.

［7］包昕,周磊砢,何可,等. LDPC 码稀疏校验矩阵的重建方法［J］. 电子科技大学学报,2016,45(2):191 – 196.

［8］于沛东,彭华,巩克现,等. 基于寻找小重量码字算法的 LDPC 码开集识别［J］. 通信学报,2017,(6):108 – 117.

[9] CANTEAUT A,CHABAUD F. A new algorithm for finding minimum – weight words in a linear code:Application to McEliece's cryptosystem and to narrow – sense BCH codes of length 511 [J]. IEEE Transactions on Information Theory,1998,44(1):367 – 378.

[10] 杨晓静,刘建成,张玉. 基于求解校验序列的(n,k,m)卷积码盲识别[J]. 宇航学报,2013, 34(04):568 – 573.

[11] 刘健,陈卫东,周希元,等. 一种容误码的卷积码编码参数盲识别方法[P]. 中国专利: CN10557233A,2009 – 10 – 14.

[12] LU P Z,SHEN L,ZOU Y,et al. Blind recognition of unctured convolutional codes[J]. Science in China ,Ser. F ,Information Sciences,2005,48(4):484 – 498.

[13] 陆佩忠,沈利,邹艳,等. 删除卷积码的盲识别[J]. 中国科学 E 辑技术科学,2005,35(2): 173 – 185.

[14] BEGIN G,HACCOUN D. High – rate punctured convolutional codes:Structure properties and construction techniques[J]. IEEE Transactions Communication,1989,37(11):1381 – 1385.

[15] 刘健. 信道编码的盲识别技术研究[D]. 西安:西安电子科技大学,2010.

[16] 邹艳,陆佩忠. 关键方程的新推广[J]. 计算机学报,2006,29(05):712 – 718.

[17] 刘健,王晓君,周希元. 基于 Walsh – Hadamard 变换的卷积码盲识别[J]. 电子与信息学报,2010,32(4):884 – 888.

[18] WANG F H,HUANG Z T. A Method for blind recognition of convolution code based on euclidean algorithm[C]. IEEE Inter. Conference on Wireless Com. Networking and Mobile Computing, Shanghai,2007,1414 – 1417.

[19] 胡征,樊昌信. 沃尔什函数及其在通信中的应用[M]. 北京:人民邮电出版社,1980.

[20] 刘健,王晓君,周希元. 基于 Walsh – Hadamard 变换的卷积码盲识别[J]. 电子与信息学报,2010,32(4):884 – 888.

[21] DIVSALAR D,POLLARA F. Turbo codes for deep – communication[J]. JPL TDA Progress Report,1995,42(120):29 – 39..

[22] 李啸天,李艳斌,昝俊军,等. 一种基于矩阵分析的 Turbo 码长识别算法[J]. 无线电工程, 2012,42(4):23 – 26.

[23] 李啸天,张润生,李艳斌. 归零 Turbo 码识别算法[J]. 西安电子科技大学学报,2013,40 (4):161 – 166.

第6章

通信目标识别

6.1 引　言

　　对通信信号进行侦察可分别用于两个不同的目的:一是形成通信侦察信号情报;二是形成通信对抗支援参数信息。在形成通信侦察信号情报方面,通过对特定区域活动的通信目标信号进行截获、分析、测向定位,获取目标的信号特征参数、位置信息、活动信息、通联信息等,关联融合处理形成不同层级的通信目标信息,生成目标活动态势;在形成通信对抗支援参数信息方面,在已有通信侦察数据库的支持下,实时侦察截获敌方采用无线通信进行指挥控制和信息传输的情况,提取干扰引导参数,引导干扰设备设置准确的干扰参数,对敌方目标实施不同模式的干扰。

　　不论是形成通信侦察情报还是生成干扰引导参数,都需要针对通信侦察截获的各类参数进行通信目标识别。本章简要讨论针对侦察分析结果对通信目标进行识别,包括无线通信电台目标、承载无线通信电台的平台目标、平台所属的组织目标等。

6.2　通信目标识别的三个层次

　　将一个发射无线电信号的通信设备统称为无线通信电台。无线通信电台一般都是装载在某一个特定平台,平台的形式可能是空中飞机、水面舰船、地面车辆、地面固定站点等。同一个平台可能装载了多部无线通信电台,如一条作战舰艇上装载有短波电台、超短波电台、卫星通信终端等。一个平台又属于某个组织,一个组织的下属可能有多种平台形式,一个组织又从属于上一级的组织,组织内的不同平台和组织之间形成网络关系。图6.1给出了通信目标层级关系分类。

　　根据图6.1的分类,从3个目标层级对通信目标进行识别,分别如下。

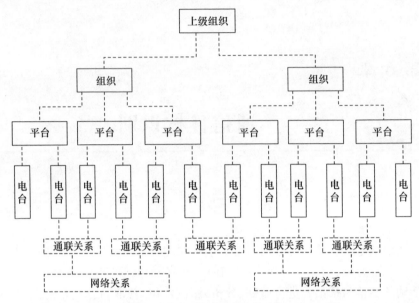

图 6.1　通信目标层级关系模型

（1）无线通信电台目标。

（2）装载通信设备的平台目标。

（3）平台所属的网络关系目标。

这 3 个层级的目标分别具备不同的属性，根据侦察结果进一步分析综合，获得每个层级目标的特定属性。

6.2.1　无线通信电台目标

在空中截获到一个无线电信号，必然对应一个发射这个信号的无线通信电台。通过对无线通信电台采用的传输系统进行识别，可以判定这个无线通信电台的业务种类；为了进一步获得无线通信电台的身份信息，可以通过特定传输系统中所携带的与特定无线通信电台对应的地址码、代码信息等，或从通信的内容中提取呼号、IP 地址等信息；每个无线通信电台由于器件的差异造成辐射信号中存在仅属于特定无线通信电台的独特信息，通过对辐射信号进行细微特征分析，提取无线通信电台的无意调制信息，可以获得无线通信电台的个体信息。对无线通信电台目标的识别包括以下内容。

（1）无线通信电台目标所传输的业务属性识别。

（2）无线通信电台目标的身份属性识别。

（3）无线通信电台目标的个体信息识别。

6.2.2　平台目标

承载无线通信电台的平台有不同的类型,包括地面固定、机动、水面、空中等;每种类型的平台有不同的型号,如机载平台可能包括民航飞机、战斗机、侦察机等;每个型号的平台又有独特的身份编码信息。通过对无线通信信号的侦察,利用对无线通信电台的定位信息、速度信息、方位变化信息等,或通过平台采用的特定传输系统的用途信息,可以推断平台目标的类型;在一个区域内活动的平台型号一般在一段时间内比较稳定,可以建立一个平台目标库,描述平台的物理特性以及装载的不同类型的无线通信电台,在截获到不同的无线通信电台信号后,可以通过建立平台型号和无线通信电台的关联矩阵,通过截获信息对关联矩阵进行评估,获得平台不同型号的证据参数,推理得到平台型号;平台的身份信息可以通过特定传输信息中携带的平台地址信息、通信建立过程中的呼号等信息来建立。平台目标识别的内容包括以下几种。

(1)平台目标的类型识别。

(2)平台目标的型号识别。

(3)平台目标的身份识别。

6.2.3　网络关系目标

承载无线通信电台的平台必然隶属于某个组织,该组织的成员之间存在通信关系。通过对通信的侦察截获,可以获得多个不同的通联过程,建立起通联关系;多次通联的综合,可以构建出多个通信无线通信电台之间的通信网络关系;根据通信网络拓扑,可以推测通信网络成员之间的组织结构。网络目标识别的内容包括以下两方面。

(1)网络关系分析识别。

(2)组织关系分析识别。

3 个层级的关系模型如图 6.2 所示。

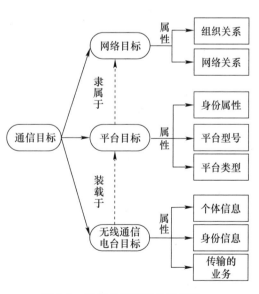

图 6.2　通信目标层级关系模型

6.3　无线通信电台目标识别

无线通信电台目标识别包括无线通信电台业务属性识别、无线通信电台身份识别、无线通信电台个体识别 3 个方面的内容。

6.3.1　无线通信电台业务属性识别

根据对通信信号分析处理的深度,分为两类情况对传输业务进行属性识别:一类是能够对目标进行解调解码得到信源信息的情况,通过传递的信息从中提取必要的关键词进行目标识别;另一类是在不能恢复信源信息的情况,通过流量分析进行目标活动分析。识别流程如图 6.3 所示。

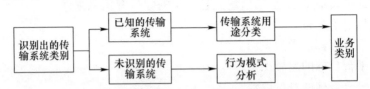

图 6.3　无线通信电台业务属性识别原理图

6.3.1.1　针对所采用的传输系统进行识别

不同的应用场景,实体之间需要传递不同的业务种类信息。一般根据所需要传输的业务类型特点、实体之间传输信道特点等综合考虑,设计适合这种业务传输的数据包装格式,形成一种特定的传输系统。传输系统采用特定的通信规程,将底层的载频、调制方式、编码方式、时间约束等信息组装为特定的帧格式,一般包括前导序列、同步序列、训练序列、数据载荷体、消息结束符等。

传输系统协议种类繁多,协议和协议间层次关系明显,每层的协议特征作为传输系统特征的子集。传输系统特征提取是通过信号分析手段从各个层次的协议信号/数据中提取各层协议特征的过程。传输系统协议特征是进行传输系统识别的关键,能够表征特定目标和网络的特征通常具有如下特点。

(1)稳定性。特征本身是稳定的,不因环境变化而发生显著的变化。

(2)唯一性。不同特定目标和网络的特征总是存在各种各样的差别。

(3)可测性。特征应是可测量的,并且测量精度能达到分类的要求。

传输系统特征可包括信号的射频参数、空间参数、时频特征、扩频参数、调制参数、编码特征以及协议报文格式特征等,按协议分层传输系统特征如表 6.1 所列。

表 6.1　传输系统协议特征参数表

协议层	信号/数据形式	特征参数
物理层（信号级）	射频信号	方位、时间、频段、极化等
	中频信号/基带信号	时频特征 调制样式 载波频率 符号速率 多址样式 星座样式 扩频参数
物理层/链路层 （比特级）	比特流	星座代码映射 差分编码 校验方式 信道编码样式 交织样式及参数 扰码方式及参数
链路层/高层协议 （网络级、信息级）	协议报文	帧结构参数 同步字段 协议类型指示 报文格式 报文长度 报文校验 地址信息 计数信息 网络时间信息 流量特征 通联特征

　　传输系统特征及提取流程如图 6.4 所示,协议层次越深,特征值越丰富,能够更加精确地区分传输系统类别,因此,要对传输系统进行精确识别,应尽可能获取更深层次的协议特征。

　　以构建的传输系统模型数据库作为基准,基于参数模板匹配的传输系统识别方法是将被测信号的结构和特性与数据库中候选模型的结构和特性进行比较。所选模型是对于被测信号提供了最匹配的模型。这种方法的最大约束是要求每个候选系统在数据库中有一个模型以便被识别。库中没有的传输系统,可以通过基于聚类的传输系统归类的方法对传输系统进行分类,这种情况就是说侦察方即便不知道传输系统的名称(可以认为是侦察方尚未认知的新型传输系统),但是侦察方能够利用特征聚类区分各个未知传输系统,甚至在未来该系统信号再次出现时也

263

能够准确判定它。传输系统的识别流程如图6.5所示。

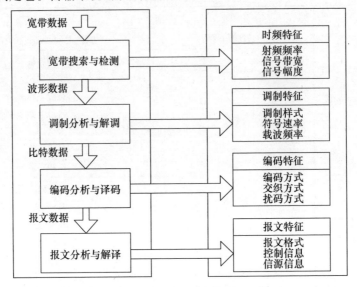

图 6.4　传输系统特征及提取流程

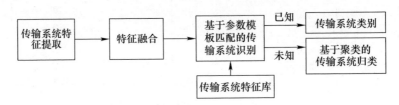

图 6.5　传输系统的识别流程

　　基于参数模板匹配的传输系统识别方法是基于提取的传输系统特征,利用分类器进行传输系统类型判别。所谓分类器,是根据一定的判别准则,判定待分类的元素与既定集合的从属关系的处理过程。常见的分类器包括 K 近邻、决策树、神经网络、支持向量机线性判决分析等。由于传输系统可以表征为协议特征树的形式,因此基于参数模板匹配的传输系统识别常选用决策树作为分类器,通过对决策树进行构建可以兼顾传输系统识别的准确性和快速性。

6.3.1.2　通过通信流量分析业务属性识别

1) 信源内容分析

在能够得到信源信息时,分析员可通过自动或人工参与的方法对截获的内容进行语义分析,获得平台目标的身份信息、所属的组织、通信的主题、通信的关键词等。

2) 通信流量分析

流量分析是从发送者和接受者之间往返的信息流中提取工作模式的一种规

则。通信双方在进行不同的通信业务交流时,往往会采用不同的通信模式,这体现在通信流量模式上的差异,因此使得通过流量分析获取有用的信息成为可能。当用户在业务信道传输的信息采用了加密方式,或由于用户采用的新的调制编码方法以致无法恢复信源信息时,可以采用流量分析的方法,根据通信双方通信交互的间隔、时间长短等,判断用户的通信业务、话音或数据等。

通过无线通信传输的越来越多的是无线 IP 数据。根据截获的数据包、数据流进行分析,获取通过无线通信传输的业务类型。首先,定义能够识别和区分 IP 流量不同业务应用的特征,这些特征通过对多个数据包进行计算得来的,包括数据包的最大长度、最小长度、平均长度、数据流持续时间、包间到达时间标准方差、空闲时间分布、包间到达间隔傅里叶变换等,不同网络应用对应的这些参数是不同的;然后,采用统计的方法或机器学习训练的方法对网络业务进行分类,推断通信传输中的业务类型,如 VOIP、EMAIL、HTTP、P2P、FTP 等。

6.3.2　无线通信电台身份属性识别

通过对无线通信电台信令子系统所传输信息的截获,可以分析提取平台目标在链路建立过程中传输的主叫呼号、被叫呼号、地址码等信息,这些信息可以作为平台的身份标识信息,以区别于其他的平台目标。

呼号是指无线电通信中使用的各种代号,也表示广播电台名称的字母代号。呼号在世界范围内具有唯一性。通过对选择性呼叫号码或地址码等关键内容提取,得到电台目标的身份编码信息,可以作为区分其他电台目标的唯一标识。

无线通信电台身份属性识别原理如图 6.6 所示。

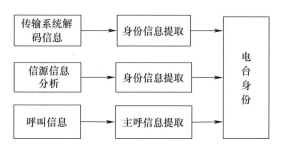

图 6.6　无线通信电台身份属性识别原理图

6.3.3　无线通信电台个体识别

通信信号细微特征是信号本身所具有的,能够反映信号个体差异的技术特征,差异特征是由于无线通信电台在制造过程中的各种随机因素造成的,这些差异会体现在无线通信电台输出的信号上,并具有一定的稳定性和各不相同的变化规律。因此,可以通过对信号细微差异特征的分析完成对相同通信体制、调制样式和工作频率的无线通信电台个体识别。能够反映通信个体差异的细微差异特征应具有如下属性。

(1) 特征的普遍性。即用于通信电台个体识别的信号特征对于任意个体是普遍存在的,而不是仅仅存在于一部分个体。

(2) 特征的唯一性。即用于区别个体的不同电台信号的特征各不相同。

(3) 特征的稳定性。特征具有高的稳定性,才能使其不因时间的推移或环境的变化而发生显著改变,从而具有高的置信度。

(4) 特征的可检测性。即用于个体识别的特征能利用当前先进的技术手段从有限观测数据中检测和分析出来,这样才具有实用意义。

根据目前的探索研究方向,个体特征可分为暂态特征和稳态特征。稳态特征指的是设备进入稳定工作时信号所携带的特征。稳态特征成因复杂,并且稳态特征差异细微难以提取。暂态特征主要是指设备开关机或工作状态发生变化时,辐射信号所持有的特征。由于设备开关机及工作状态模式改变时设备电流会发生突变,暂态信号主要反映非线性和非平稳性特征。

1) 稳态特征提取技术

稳态信号持续时间长,表现出的特征比较稳定并且不需要起始点的检测操作。目前对稳态特征的提取主要从频率稳定度、码元速率、调制参数信号包络以及杂散输出等方面进行研究。稳态特征的表现形式多样且更加的微小,因而提取难度比较大。

2) 暂态特征提取技术

暂态特征提取主要是利用无线发射机的暂态信号特征进行设备辨识。由于暂态信号更多地表现出非平稳性,使得研究集中在利用分形理论、小波分析和时频分析等工具来提取无线通信电台系统的细微特征信息。

目前,在个体识别中被用来作为无线通信电台个体识别的个体特征通常有信号的频率特性、信号包络、调制参数、噪声特性、功率放大器的非线性特性、码元速率及其稳定性等。

6.4 平台目标识别

平台目标识别包括平台的类型识别、平台的型号识别以及平台的身份信息识别3个方面的内容。

6.4.1 平台类型识别

平台类型包括地面、水面和空中3种平台类型,可以通过不同侦察截获信息隐含的信息,对平台类型进行推断。根据平台的位置信息、运动轨迹信息判断平台的物理属性,确定该平台是机载、舰载、地面移动、地面固定等。

有些通信业务中携带目标的位置信息,则可以通过解析通信内容中携带的位置信息,对平台的物理属性进行判别;还可以通过解读通信的内容,从通信内容中推测判断平台的物理属性信息。此外,还可通过对无线通信信号进行测向、多站交会定位、时差定位等手段来实现。识别原理如图6.7所示。

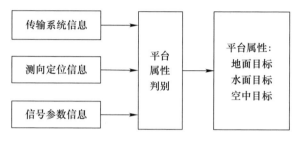

图6.7 平台属性识别原理图

6.4.1.1 通过传输系统信息推断平台类型

不同的传输系统有不同的用途。根据截获信号所采用的传输系统,即可初步判断承载无线通信电台的平台类型。

1)用于空中控制的传输系统

如飞机通信寻址与报告系统(Aircraft Communications Addressing and Reporting System,ACARS)、广播式自动相关监视(Automatic Dependent Surveillance – Broadcast,ADS – B)、战术空中导航系统(Tactical Air Navigation System,TACAN)等,平台类型为空中目标。

2)用于水面的传输系统

用于水上规避的船舶自动识别系统(Automatic Identification System,AIS),承载平台类型为各类水面目标。

3)用于地面的传输系统

移动通信、集群通信等。

4)通过信源内涵信息判断平台类型

根据监听分析信源所携带的信息,分析判断平台类型。

6.4.1.2 通过目标位置信息判断平台类型

利用对无线通信电台目标定位的位置信息、运动信息、速度信息,可以综合判断平台类型。地面目标:定位位置信息在地面。又可根据连续监视定位信息,进一步分为地面固定目标和地面移动目标。水面目标:位置定位在水面;目标位置长时间的运动特性符合水面目标的规律。空中目标:方位信息连续变化;方位变化率较大;连续定位,形成目标空中运动航迹。

6.4.1.3 通过信号参数判断目标类型

通过信号参数的特征推断目标类型。

(1)通过信号幅度的稳定度推断。

固定站:功率大、信号稳定。

移动站:功率小、幅度变化大。

(2)通过空中目标高速运动带来的信号变化推断。

运动目标存在多普勒频率漂移特征。

6.4.2 平台型号识别

在确定了平台类型之后,需要进一步判断平台的型号。根据文献[7],可以采用假设生成、假设评估、假设选择3个步骤实现对平台类型的判定。

(1)假设生成阶段。接收侦察截获的输入数据,根据输入数据和平台型号目标数据库生成假定目标可能型号关联矩阵。首先建立完善的平台型号数据库,尽可能将能够遇到的全部平台及无线通信电台参数信息全部列入数据库。平台数据库存放的是各种潜在目标的可能身份特殊信息,构成了分类器使用的先验模式集。根据平台型号数据库,生成假设矩阵,全面列举平台与无线通信电台参数特征之间的关联性。区分目标的能力基于通过无线通信电台参数测量获得的目标位置、速度、属性、身份等信息。设计者对关于目标运动、传感器精度、信号传播、目标一致性、环境条件甚至敌人的作战条令的可信程度,影响到假设生成矩阵的技术和策略选择。根据输入和平台型号数据库关联,形成假设矩阵。

(2)假设评估阶段。采用各种评估算法,对关联矩阵列举的可能关联类型进行评估,给出不同平台型号假设的似然值(概率指标、相似度测量、距离积分、似然函数等)。

(3)假设选择阶段。搜索最佳关联假设评估结果,向用户推荐置信度最高的目标型号。根据计算结果,选择最可能的平台类型;给出备选的平台类型序列,不同的置信度表征不同的可信程度。

6.4.3 平台身份识别

1)根据承载无线通信电台的身份信息,获取平台的身份信息

上一节已经介绍对无线通信电台的身份属性识别方法。根据无线通信电台的身份信息,进一步识别平台的身份信息。包括两种情况。

（1）对于特定的传输系统,如 AIS、ACARS、ADS－B 等,每种传输系统都有专门的编码格式,从中提起相应的平台地址码信息,将其与平台身份数据库比对,即可获得平台的身份信息。

（2）通过从通信内容中恢复得到的内容,提取得到平台身份信息。

通信过程中采用的呼号、地址码等,对应到特定平台,以此确定平台身份信息;对通信内容进行监听,从恢复信源得到平台的身份信息。

2）根据承载无线通信电台的个体信息,确定平台的身份信息

无线通信电台的个体信息具有唯一性特征,根据确定的无线通信电台的个体特征,通过数据库比对的方法,确定承载平台的身份。一般包括平台目标对应的无线通信电台个体特征采集建库的构建和针对特定无线通信电台个体推理平台目标身份两个过程。

（1）建立特征库。对于已知身份的平台,通过抵近侦察等手段,采集已知平台目标所承载的各无线通信电台发射的信号,对其进行无线通信电台目标个体特征提取,建立无线通信电台目标个体特征数据库。

（2）针对个体信息推理平台目标。在已经存入数据库的平台目标再次出现时,通过对该平台无线通信电台发射信号的个体特征识别,判断出平台目标所承载无线通信电台的个体信息,从而进一步推断该平台的身份信息。

6.5　网络关系目标识别

侦察设备截获到一个通信信号,表明当前存在一条通信链路。对通信双方交替发射的信号被连续监视分析,就能够形成一次通联过程。对多次通联积累,可提取一段时间内不同通信节点之间的交互关系,形成通信网络。将通信网络的每个节点对应到承载平台,并根据节点之间的通信流量,可以进一步判断这些平台之间的组织关系。识别流程如图 6.8 所示。

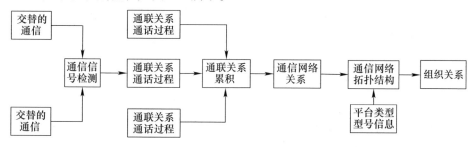

图 6.8　网络关系目标识别原理图

6.5.1　网络关系分析

6.5.1.1　通联关系分析

通联关系是指网络上的通信实体在特定的应用或服务平台上进行数据交换而产生的关系。通联关系包括进行通信的通信节点实体和以及通信节点之间的联络关系。

1）通过呼号及地址码判断通联关系

在能够解读通信内容时，通过截获通信中的主呼号/被呼号、源地址/目的地址判断一次通联过程。在传输系统中，根据定义的格式取出相应的地址或呼号报文，构建通联关系。在对协议负载分析提取的基础上，数据包中某些关键信息可以反映协议的行为特征。例如，常见的 TCP 在建立连接过程中的握手步骤，提取"SYN""SYN、ACK""ACK"的相关信息关联判断两个通信实体在传输层的成功连接。在会话过程中提取协议的行为特征，辨别目标协议的轨迹，以及通过协议分析得到的特定命令参数的内容进一步获得用户的详细信息。

2）通过信号的交替关系判断通联关系

在无法解读通信内容时，根据通信双方信号的交替关系，可以判断一次通联。以无线通信为例，在一次通话过程中，通信双方分别发射信号时发射机到达侦察站点出的信号存在以下特征：位置的差异导致来波方位不同、交替通信的信号电平不同、时序上能够相互衔接、通信电台之间发射信号的交替。通过这些特征，判断一次通联过程。

6.5.1.2　网络关系构建

1）通过相同的呼号、地址吗进行网络构建

在呼号、地址码等信息可用时，将一段时间积累得到的不同节点间通话过程数据进行分析，一次通话代表两个节点之间存在网络连接关系，对参与的节点扫描，将新出现的节点和链接关系添加到网络中，形成网络关系。

2）通过节点参数聚类分析进行网络构建

通过对多个复杂事件的积累，形成一定时间内的多次通联过程。根据节点之间的联络关系构建网络。将多个通联关系中公共的节点连接起来，拓展为多个节点之间的通信网络关系。

6.5.2　组织关系分析

组织结构（Organizational Structure）是表明组织各部分排列顺序、空间位置、聚散状态、联系方式以及各要素之间相互关系的一种模式，是整个管理系统的"框架"。一个组织内部可能存在不同的平台目标，这些平台目标在组织关系上构成上下级指挥关系或彼此对等关系;一次数字通信过程代表着存在一条链路,通过这条链路将两个或多个平台目标连接到一起。某一个平台目标 A 在某一时间段内与平台目标 B 存在通信关系,在另一时间段内与目标 C 存在通信关系,则经过时间积收集截到多个平台之间的通信联络,利用发射时间、工作频率、活动区域、特定信号类型、呼号、IP 地址等参数进行综合分析,构造出这些平台目标之间的网络连接关系。

组织内的每一个平台目标可能具备多种无线电台通信手段。通过对每一类电台目标的通信侦察积累,可以形成组织目标内的不同平台之间采用某一种特性无线通信手段形成的网络。同一平台目标内的不同电台目标参与的是不同的网络,对其进行综合,形成组织内的多个网络属性,如图 6.9 所示。

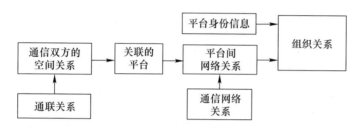

图 6.9 组织关系分析原理图

对一段时间内的平台目标参与通信的活跃程度和通信业务类型进行分析,容易获得网络之内的活跃节点,活动频繁的链路等信息。在一段时间内截获的网络节点之间的通信活动进行分析,可能获得网络内平台节点之间的活动规律,出联次序,分析整理得到这个组织目标的电子战斗序列(EOB)。通过长期监视和实时截获,还可以及时识别发现 EOB 的变化,这可能隐含着组织内部的平台目标数量、指挥关系、活动区域的变化。

6.6 小 结

作为数字通信信号侦察处理结果的总结,本章进一步讨论了利用侦察分析结果对通信目标进行识别的相关内容,从无线通信电台目标、平台目标、网络关系目标 3 个层级分析了能够通过通信侦察获得的目标属性;后续进一步的处理是将侦察结果输入多源融合处理系统,与其他传感器获得的目标信息进一步融合处理。

参考文献

[1] HALL D L,LINAS J. 多传感器数据融合手册[M]. 杨露菁,耿伯英,等译. 北京:电子工业

出版社,2008.

[2] APPRIOU A. 不确定性理论与多传感器数据融合[M]. 郎为民,余亮琴,陈红,等译. 北京:机械工业出版社,2016.

[3] CALLADO A,KAMIENSKI C. A Survey on internet traffic identification[J]. IEEE Communications Surveys & Tutorials ,2009,11(3):37−52.

[4] NGUYEN T T T,ARMITAGE G. A Survey of techniques for internet traffic classification using machine learning[J]. IEEE Communications Surveys & Tutorials,2008,10(4):56−76.

[5] ITU. International telecommunication union radio regulations[S]. Geneva:ITU,2012.

[6] ITU. International telecommunication union spectrum monitoring handbook[S]. Geneva:ITU,2011.

[7] VALIN P,BOSSÉ E. Using A priori databases for identity estimation through evidential reasoning in realistic scenarios[C]//Military Data and Information Fusion,RTO MEETING PROCEEDINGS MP−IST−040,2004:P12.

[8] POISEL R A. Information warfare and electronic warfare systems[M]. Boston:Artech House,2013.

[9] 王小非,周永丰. C3I 系统中的数据融合[M]. 哈尔滨:哈尔滨工程大学出版社,2012.

[10] 张宗恕,路正国. 基于粗糙集的多源通信网络信息分析方法[J]. 无线电工程,2017,47(5):1−5.

[11] 黄健航,雷迎科. 基于深度学习的通信无线通信电台指纹特征提取算法[J]. 信号处理,2018,34(1):31−38.

[12] 王金明,徐玉龙,徐志军,等. 基于指纹特征融合的通信无线通信电台个体识别研究[J]. 计算机工程与应用,2014,(19):217−221.

主要缩略语

ACARS	Aircraft Communications Addressing and Reporting System	飞机通信寻址与报告系统
ADC	Analog – to – Digital Converter	模数转换器
AGC	Automatic Gain Control	自动增益控制
ALRT	Average Likelihood Ratio Test	平均似然比检测
AM	Adaptive Metropolis	自适应梅特罗波利斯(算法)
AMC	Automatic Modulation Classification	自动调制类型识别
APCMA	Asymmetric Paired Carrier Multiple Access	非对称模式成对载波多址接入
APRX	All – Digital Parallel Receiver	全数字并行接收机
ASK	Amplitude Shift Keying	幅移键控
AWGN	Addition White Gauss Noise	加性高斯白噪声
BCH	Bose、Ray – Chaudhuri、Hocquenghem	BCH 码
BM	Berlekamp Massey	BM 迭代
BPSK	Binary Phase Shift Keying	二进制相移键控
BTP	Burst Time Plan	突发时间计划
CDMA	Code Division Multiple Access	码分多址
CMA	Constant Module Algorithm	恒模算法
CNN	Convolutional Neural Network	卷积神经网络
CP	Cyclic Prefix	循环前缀
CPFSK	Continual Phase Frequency Shift Keying	连续相位频移键控
CSA	Cyclic Spectrum Analyzer	循环谱分析器
DAC	Digital – to – Analog Converter	数模转换器
DD	Decision Directed	判决指向
DF	Data Fusion	数据融合
DFE	Decision Feedback Equalizer	判决反馈均衡器
DFT	Discrete Fourier Transform	离散傅里叶变换
DSB	Double Sideband	双边带(调制)
DSSS	Direct – Sequence Spread Spectrum	直接序列扩频
DVB – S	First – Generation Digital Video Broadcasting Standard	第一代数字视频广播标准
DVB – S2	Second – Generation Digital Video Broadcasting Standard	第二代数字视频广播标准
EOB	Electronic Order of Battle	电子战斗序列
ES	Electronic Support Measures	电子支援措施

EW	Electronic Warfare	电子战
FCN	Full Convolutional Network	全卷积网络
FD	Frequency Detector	鉴频器
FFT	Fast Fourier Transform	快速傅里叶变换
FIR	Finite Impulse Response	有限长冲激响应(滤波器)
FPGA	Field – Programmable Gate Array	现场可编程门阵列
FM	Frequency Modulation	频率调制
FPN	Feature Pyramid Network	特征金字塔网络
FSK	Frequency Shift Keying	频移键控
GCD	Greatest Common Divisor	最大公约数/式
GF	Galois Field	伽罗华域
GFFT	Galois Field Fourier Transform	伽罗华域傅里叶变换
GLRT	Generalized Likelihood Ratio Test	广义似然比检测
GMSK	Gaussian Minimum Shift Keying	高斯最小频移键控
GT	Ground Truth	真实包围框
HCCC	Hybrid Concatenated Convolutional Code	混合级联 Turbo 码
HLRT	Hybrid Likelihood Ratio Test	混合似然比检测
HOS	High Order Statistics	高阶统计量
Hz	Hertz	赫兹
ICI	Inter – Channel Interference	信道间干扰
IFFT	Inverse Fast Fourier Transform	逆傅里叶变换
IoU	Intersection over Union	交并比
JDL	Joint Directors of Laboratories	联合领导实验室
KE	Key Equation	关键方程
KME	Key Module Equation	关键模方程
KNN	K – Nearest Neighbor	k 最近邻
LCM	Lowest Common Multiple	最小公倍数/式
LDPC	Low Density Parity Check	低密度奇偶校验(码)
LF	Likelihood Function	似然函数
LMS	Least Mean Square	最小均方
LPI	Low Probability of Intercept	低截获概率
LPF	Low – Pass Filter	低通滤波器
LRN	Local Response Normalization	局部响应归一化
MAC	Media Access Control	介质访问控制
MAPSK	Multiple Amplitude Phase Shift Keying	多进制幅度相移键控
MASK	Multiple – Amplitude Shift Keying	多进制振幅键控
MCMA	Modified Constant Modulus Algorithm	修正系数恒模算法
MCMC	Markov Chain Monte Carlo	马尔可夫链蒙特卡罗

mEVD	modified Eigen Value Decomposition	改进的特征值分解法
MH	Metropolis – Hastings	梅特罗波利斯－黑斯廷(算法)
ML	Maximum Likelihood	最大似然
MLE	Maximum Likelihood Estimate	最大似然估计
MQAM	Multiple Quadrature Amplitude Modulation	多进制正交幅度调制
MSK	Minimum Shift Keying	最小频移键控
MSMF	Multiple Scale Morphological Filter	多尺度形态滤波
NCO	Numerically Controlled Oscillation	数控振荡器
NP	Neyman – Pearson	尼曼－皮尔逊准则
OFDM	Orthogonal Frequency Division Multiplexing	正交频分复用
OQPSK	Offset Quadrature Phase – Shift Modulation	偏移正交相移键控
PCC	Probability of Correct Classification	正确识别概率
PCCC	Parallel Concatenated Convolutional Code	并行级联 Turbo 码
PCMA	Paired Carrier Multiple Access	成对载波多址接入
P – CPICH	Primary Common Pilot Channel	主公共导频信道
PD	Phase Detector	鉴相器
PDF	Probability Density Function	概率密度函数
PFD	Frequency and Phase Detector	相位和频率检测器
PN	Pseudonoise	伪随机噪声
PRACH	Physical Random Access Channel	物理随机接入信道
PSK	Phase Shift Keying	相移键控
PSCH	Primary Synchronization Channel	主同步信道
QAM	Quadrature Amplitude Modulation	正交幅度调制
QC – LDPC	Quasi Cyslic Low Density Parity Check	准循环低密度奇偶校验码
QPSK	Quadrature Phase Shift Keying	正交相移键控
R – CNN	Region Convolutional Neural Network	区域卷积神经网络
RC	Reduced Constellation	简化星座法
RELU	Rectified Linear Unit	线性整流函数
ResNet	Residual Net	残差网络
RLS	Recursive Least Squares	递归最小二乘算法
RoI	Regoin of Interest	感兴趣区域
RPN	Region Proposal Network	区域候选网络
RS	Reed Solomon	里德－所罗门
RSC	Recursive Systematic Convolutional	递归系统卷积码
SCAM	Single Component Adaptive Metropolis	单分量自适应梅特罗波利斯(算法)
SCCC	Serial Concatenated Convolutional Code	串行级联 Turbo 码

SCF	Spectral Correlation Function	谱相关密度函数
SNR	Signal – to – Noise Ratio	信噪比
SSB	Single Sideband	单边带(调制)
SSCH	Secondary Synchronization Channel	辅同步信道
STFT	Short – Time Fourier Transform	短时傅里叶变换
TCC	Turbo Convolutional Code	Turbo 卷积码
TCN	Temporal Convolutional Network	时间卷积网络
TED	Timing Error Detector	定时误差检测器
TPC	Turbo Product Code	Turbo 乘积码
TR	Target Recognition	目标识别
Vsat	Very Small Aperture Terminal	甚小口径卫星终端站
WCDMA	Wideband Code Division Multiple Access	宽带码分多址接入
WMN	Wireless Mesh Network	无线 Mesh 网络
WVD	Wigner – Ville Distribute	魏格纳威利分布

内 容 简 介

本书从数字通信信号侦察分析面临的挑战出发,系统介绍通信侦察分析需要完成的工作及关键技术。全书共分为6章,重点介绍对数字通信信号的信号检测、调制参数估计及调制样式识别方法、对数字调制信号的非合作解调方法、对数字调制信号的编码分析和通信目标识别等内容。可应用于无线电通信侦察、无线电频谱感知等技术领域。

读者对象:从事数字通信侦察专业方向的工程技术人员、科技工作者和相关专业高校师生。

Introduction

This book starts from the challenges faced by digital communication signal reconnaissance and analysis, and systematically introduces the work and key technologies needed for communication signal reconnaissance analysis. The book is divided into 6 chapters, focusing on the signal detection, modulation parameter estimation, modulation pattern recognition method of digital communication signals, non – cooperative demodulation method of digital modulation signals, coding analysis of digital modulation signals, communication target recognition and other related contents. It can be used in radio communication reconnaissance, radio spectrum sensing and other technical fields.

Target readers: engineers, technicians, teachers and students of relevant colleges and universities who are engaged in digital communication reconnaissance.

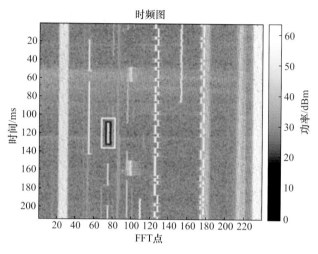

图 2.14 时频分布灰度图

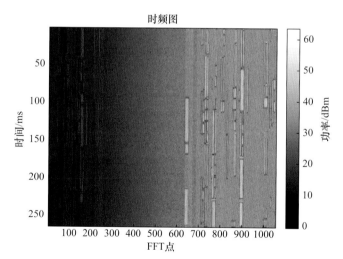

图 2.21 二维信号图像样本检测结果

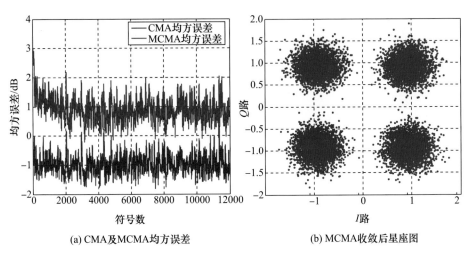

(a) CMA及MCMA均方误差　　　　(b) MCMA收敛后星座图

图 4.38　MCMA 算法均方误差及均衡收敛后的星座图

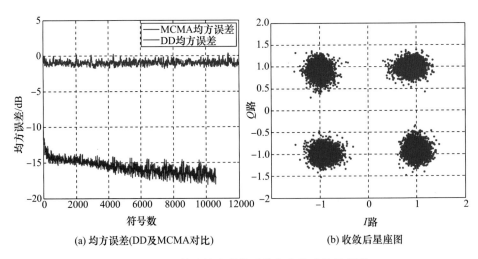

(a) 均方误差(DD及MCMA对比)　　　　(b) 收敛后星座图

图 4.40　DD 算法均方误差及均衡收敛后的星座图

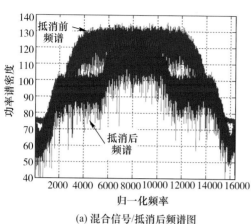

(a) 混合信号/抵消后频谱图

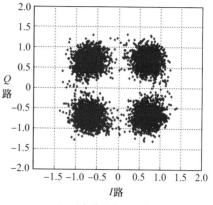

(b) 反向信号解调星座图

图 4.91   APCMA 信号解调结果

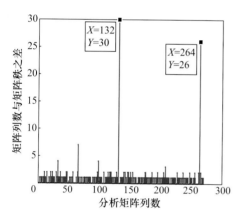

图 5.16 $k = 40\text{bit}$ 归零码长识别图

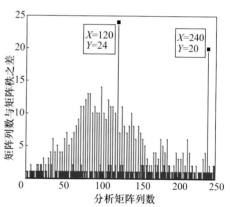

图 5.17 $k = 40\text{bit}$ 非归零码长识别图

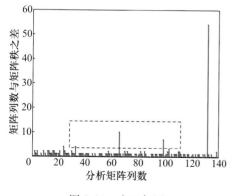

图 5.20   交叉复用

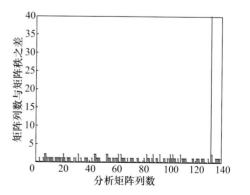

图 5.21   顺序复用